# 都市の技術（改訂版）
## 首都大学東京大学院 都市基盤環境学域

Technology
of
Urban Infrastructure

技報堂出版

書籍のコピー,スキャン,デジタル化等による複製は,
著作権法上での例外を除き禁じられています。

# 改訂版 まえがき

　21世紀の幕開け2001年5月に本書初版が発行されてから約15年が経過した．この間，大学を取り巻く環境は劇的に変化した．2004年4月，国立大学は国立大学法人に移行し，東京都立大学は，2005年4月に都立大を中心として都立4大学が統合され，東京都唯一の公立大学法人である「首都大学東京」という大学の後に「東京」がくっつくユニークな大学となった．これに伴い，大学院工学研究科土木工学専攻は大学院都市環境科学研究科都市基盤環境学域に改組され，人員も大幅に削減された．

　2008年，日本の人口は1億2,800万人余のピークに達し，その後減少し始め，日本の長い歴史おいて初めての経験となる少子超高齢化社会に突入した．そして，2011年3月11日午後2時46分，三陸沖を震源とした我が国観測史上最大となるマグニチュード9.0の地震とそれに伴う巨大な津波が，東北地方から関東地方にかけての広い地域を襲った．この東日本大震災では「想定外」という言葉が繰り返された原発事故も発生し，国土の危機管理を念頭に置いた社会・都市システムの再編成が喫緊の課題となった．また，2012年12月2日には，山梨県の笹子トンネル天井板落下事故が起こり，社会・都市インフラの老朽化問題が大きくクローズアップされ，長年築き上げてきたインフラの維持管理・更新は待ったなしの状況であることが広く認識されるようになった．さらに，地球規模の環境悪化や資源逼迫もより顕在化し，何より地球温暖化による気候変動の広範囲に及ぶ様々な影響がマスコミにもセンセーショナルに取り上げられ，気候変動そして特に都市域におけるヒートアイランド現象への緩和・適応策が大いに注目されるようになった．

　このような劇的なパラダイムシフトのもと，都市問題はさらに複雑化し，また近年の都市の技術の進歩は著しく，問題を解決するための総合的で新たなハード・ソフトの技術の必要性を鑑み，今回，『都市の技術』を全面的に見直し，新しい改訂版として再編することとした．

首都大学東京は東京都唯一の公立大学法人であり，メガシティ東京を具体的な対象フィールドとして，都市問題の解決に向け教育・研究を行っている．本書は，これから都市問題を学ぼうとする初学者(教養課程の大学生を含む)や一般の人々を対象として，都市に関わる様々な問題の基本的な考え方とそこに使われる技術や手法を，具体的な例を挙げながらわかりやすく解説することを意図している．

　初版は東京都立大学大学院工学研究科土木工学専攻に属する18名により分担執筆されたが，改訂版では首都大学東京大学院都市環境科学研究科都市基盤環境学域に属する15名での分担執筆(そのうち7名は初版の分担執筆者)となっている．本書が都市問題の理解と解決に役立つことを節に願う次第である．

2016(平成28)年2月

著　者

# まえがき(旧版)

　都市は常に成長，発展し，変化していく．都市が都市としての機能を発揮し，都市に住む人々の快適な生活や能率的な社会経済活動を維持するためには，都市にふさわしい社会的な制度と都市を支える上下水道，交通，電力，通信などの都市基盤施設が必要である．いうまでもなく都市は安全なものでなくてはならない．都市が発展すればするほど高い安全性が要求される．発展の過程で常に都市基盤施設は補強，改善されなければならない．

　都市は計画的に造られているものもあるが，その多くは自然発生的に核が形成され，周辺に発展していくという形態をとる．周辺への発展もまた自然発生的に無秩序に進むことが多く，わが国では特にその傾向が強い．常に都市基盤施設の整備は後追いの形になっている．努力を怠ると都市機能は停滞し，安全性に欠けると都市となり，時にはスラム化することにもなりかねない．

　また，社会の変化や人々の意識や関心あるいは価値観の変化によって都市では次々に新しい問題が発生する．現在大きな問題となっている環境問題やごみ問題は都市が過密化し，また，人々のライフスタイルの変化がもたらしたものである．高齢化という社会の変化によって都市にはまた新しい仕組みと施設の改善が求められている．

　これからの時代は地球規模での環境問題を視野に入れた取組みが必要である．都市は膨大なエネルギーなどの資源を消費するシステムであると同時に非常に効率的な構造を有している．都市の問題をこのような視点から捉え，快適で安全な生活を創造するとともに環境への負荷を少なくしていくことが求められることになるのは必然的な方向であると考えることができる．このため，都市，特に中心部の抜本的な再開発が求められる時代になっている．また，やすらぎ，潤いが強く求められる時代になっている．都市という人工空間の中でどのように調和を図っていくか検討すべき点が多い．

都市問題は非常に複雑であり，問題を解決するためには総合的で高度なハード，ソフトの技術が必要であり，行政のやるべきことと考えられている．しかし，都市問題は行政や専門家のみの問題ではなく，むしろ都市に住む人々自身の問題である．人々が問題を意識し，解決策を選択していくことが基本である．一般の人々は顕在化している具体的な問題に関しては苦情をいうが自身の問題として広い視野から発言することは少なく，都市基盤の整備では地権者などの直接的な関係者との調整に関連する問題が喧伝されることが目に付く．

　変化する都市において都市としての機能を維持し，より良い都市としていくためには，都市に住む人々が都市にはどのような問題が存在し，どのようなことが行われ，どのような技術が使われ，どのような選択肢が問題の解決のために存在するのか知り，都市というものを的確に認識することが必要である．

　巨大都市東京の公立大学である東京都立大学土木工学科では都市問題を専門とする学生のみでなく，一般の学生の都市問題に対する的確な理解が都市の健全な発展にとって重要であると認識し，全学生を対象とする教養課程の科目として「都市の技術」と題する科目を行っている．本書はこれを基にして，都市における様々な問題とそこに使われる具体的な技術，手法を一般の人々にわかりやすく解説することを意図して，東京都立大学工学研究科土木工学専攻の教員が分担して執筆したものである．本書が都市問題の理解に役立つことができれば幸いである．

平成13年4月

著　者

荒井 康裕 ［准教授 （環境システム分野／水・環境工学グループ） 3.1, 3.3, 3.4.1, 3.4.2］

石倉 智樹 ［准教授 （社会基盤分野／計画・交通グループ） 1.3, 6.1］

稲員とよの ［教授 （環境システム分野／水・環境工学グループ） 3.2, 3.4.3, 3.4.4］

上野 敦 ［准教授 （安全防災分野／コンクリートグループ） 4.1］

宇治 公隆 ［教授 （安全防災分野／コンクリートグループ） 4.2］

梅山 元彦 ［教授 （環境システム分野／海岸グループ） 2.3, 7.3］

小田 義也 ［准教授 （安全防災分野／地盤工学グループ） 7.2］

小根山裕之 ［教授 （社会基盤分野／計画・交通グループ） 6.2, 6.3］

河村 明 ［教授 （環境システム分野／水文グループ） 1.2, 2.1, 7.4］

小泉 明 ［名誉教授・特任教授 （環境システム分野／水・環境工学グループ） 1.1, 3.1, 3.3］

中村 一史 ［准教授 （社会基盤分野／橋梁・構造グループ） 4.4］

西村 和夫 ［教授 （安全防災分野／トンネル・地下空間グループ） 5.1〜5.3］

野上 邦栄 ［教授 （社会基盤分野／橋梁・構造グループ） 4.3］

横山 勝英 ［准教授 （環境システム分野／環境水理グループ） 2.2］

吉嶺 充俊 ［准教授 （安全防災分野／地盤工学グループ） 5.1, 7.1］

# 執筆者名簿

（太字：執筆箇所）

（50音順. 2016年2月現在）

（所属：首都大学東京大学院 都市環境科学研究科 都市基盤環境学域）

# 目　次

## 第1章　都市を考える　1

### 1.1　都市とシビルエンジニアリング　1
- 1.1.1　都市の歴史　1
- 1.1.2　シビルエンジニアリングとは何か　2
- 1.1.3　都市における安全で快適な生活　4
- 1.1.4　環境とのバランスを考える　5
- 1.1.5　社会基盤施設の持続　6

### 1.2　都市と地球を考える時空間スケール　8
- 1.2.1　巨視的な時空間スケール　8
- 1.2.2　地球年　8
- 1.2.3　地球の半生を擬人的に振り返る　9
- 1.2.4　地球長　12
- 1.2.5　環境問題の巨視的考察　13

### 1.3　都市の形成　14
- 1.3.1　都市形成・発展の要因　14
- 1.3.2　産業集積をもたらす経済的要因　15
- 1.3.3　都市成長と社会基盤　17
- 1.3.4　日本における都市形成・都市発展の実態　18

## 第2章　都市を育む　23

### 2.1　水の循環と水資源　23
- 2.1.1　水は巡る　23
- 2.1.2　世界の水問題　24
- 2.1.3　日本の水資源　27
- 2.1.4　日本の水利用　30
- 2.1.5　健全な水循環　32

### 2.2　都市と水環境　33
- 2.2.1　川の治水・利水と環境の関係　33
- 2.2.2　ダム貯水池の水環境　35
- 2.2.3　河川の環境　38
- 2.2.4　河口域の環境　41

### 2.3　港湾，空港，海岸，海洋　44

　　　　2.3.1　開港と築港　*44*
　　　　2.3.2　港を守る技術　*48*
　　　　2.3.3　沿岸域の開発と沖合空港　*51*
　　　　2.3.4　陸上施設から海上施設へ　*53*

## 第3章　都市を活かす　*57*

　　3.1　上水道の計画と管理　*57*
　　　　3.1.1　上下水道の歴史　*57*
　　　　3.1.2　上水道の現況　*59*
　　　　3.1.3　浄水処理プロセス　*61*
　　　　3.1.4　水道の計画　*63*
　　　　3.1.5　水道の管理　*65*

　　3.2　下水道の役割と処理プロセス　*65*
　　　　3.2.1　下水道の役割　*65*
　　　　3.2.2　下水道の構成　*66*
　　　　3.2.3　下水処理場の処理プロセス　*69*
　　　　3.2.4　都市の下水道‐東京都の場合‐　*71*
　　　　3.2.5　下水道の維持管理と今後の課題　*73*

　　3.3　都市廃棄物問題とリサイクル　*74*
　　　　3.3.1　廃棄物発生の現状　*74*
　　　　3.3.2　廃棄物の収集輸送　*76*
　　　　3.3.3　廃棄物の処理処分　*78*
　　　　3.3.4　廃棄物のリサイクル　*81*

　　3.4　資源循環型社会の形成と水環境の保全　*82*
　　　　3.4.1　社会経済システムと環境　*82*
　　　　3.4.2　「スーパーエコタウン」と「都市鉱山」　*83*
　　　　3.4.3　水循環と水循環計画　*85*
　　　　3.4.4　閉鎖性水域の富栄養化問題　*88*

## 第4章　都市を造る　*93*

　　4.1　循環型都市の建設　*93*
　　　　4.1.1　都市を支えるコンクリート　*93*
　　　　4.1.2　コンクリートと環境　*97*

　　4.2　社会資本であるコンクリート構造物　*102*

　　　　4.2.1　コンクリート構造物の特徴および種類　*102*
　　　　4.2.2　コンクリートで造られる構造物　*107*
　　　　4.2.3　コンクリートの施工方法　*112*
　　　　4.2.4　コンクリート構造物の劣化　*115*
　　　　4.2.5　コンクリート構造物の寿命　*116*
　　　　4.2.6　ライフサイクルコストへの意識改革　*119*
　　　　4.2.7　コンクリート構造物の劣化防止策および補修・補強　*120*
　　　　4.2.8　まとめ　*122*
　　4.3　鋼橋の設計法の高度化　*123*
　　　　4.3.1　事故の教訓と設計への反映　*123*
　　　　4.3.2　設計法の高度化　*132*
　　4.4　都市インフラの維持管理　*135*
　　　　4.4.1　都市インフラのストックの現状　*135*
　　　　4.4.2　鋼構造物の劣化と対策　*137*
　　　　4.4.3　インフラ構造物の性能と維持管理　*141*
　　　　4.4.4　長寿命化に向けた取組み　*143*

# 第5章　都市を支える　*147*

　　5.1　都市の地盤　*147*
　　　　5.1.1　地盤を観察してみる　*147*
　　　　5.1.2　地盤を調査する　*149*
　　　　5.1.3　東京の地盤の形成史　*150*
　　　　5.1.4　構造物の基礎　*152*
　　　　5.1.5　埋立地盤　*154*
　　5.2　都市のトンネル，地下空間の建設　*155*
　　　　5.2.1　都市のトンネル　*155*
　　　　5.2.2　開削トンネル　*156*
　　　　5.2.3　シールドトンネル　*159*
　　　　5.2.4　NATMトンネル　*161*
　　　　5.2.5　沈埋トンネル　*163*
　　5.3　都市のトンネル，地下空間の利用　*165*
　　　　5.3.1　地下空間の利用例　*165*
　　　　5.3.2　地下空間の特徴　*172*
　　　　5.3.3　大深度地下利用制度　*175*

## 第6章　都市を営む　179

### 6.1　都市の変容と都市計画　179
- 6.1.1　都市における社会基盤政策　179
- 6.1.2　都市計画　180
- 6.1.3　都市計画の上位計画　182
- 6.1.4　政策評価　185

### 6.2　都市の交通システム　188
- 6.2.1　都市における交通の役割　188
- 6.2.2　都市交通の特性　189
- 6.2.3　都市交通計画　190
- 6.2.4　東京都市圏と交通　191
- 6.2.5　都市と環境と交通　194

### 6.3　道路交通の管理・運用　196
- 6.3.1　道路交通　196
- 6.3.2　交通渋滞　198
- 6.3.3　交通渋滞の原因と対策　200
- 6.3.4　情報化の進展とITS　202

## 第7章　都市を守る　209

### 7.1　地盤の液状化　209
- 7.1.1　なぜ土が液状化するのか？　209
- 7.1.2　液状化の被害　211
- 7.1.3　液状化対策　213

### 7.2　地震による揺れを予測する　216
- 7.2.1　地震と地震動　216
- 7.2.2　日本の地震活動　216
- 7.2.3　震度とは　217
- 7.2.4　東京都の被害想定（震度分布）　219
- 7.2.5　地震動を予測する　221
- 7.2.6　地下を可視化する物理探査　224

### 7.3　海岸の津波・高潮対策　226
- 7.3.1　温暖化と津波・高潮対策　226
- 7.3.2　浮体構造物を用いた新しい洪水対策の考え方　228
- 7.3.3　浮体構造物を用いた都市の例　231

7.4　都市型水害とその対策　*235*
　　7.4.1　最強の自然災害は地震か？　*235*
　　7.4.2　水害のリスク　*237*
　　7.4.3　治水対策の変遷　*237*
　　7.4.4　都市水害と都市型水害　*238*
　　7.4.5　都市型水害への対策　*242*

**索　引**　*251*

# 第1章　都市を考える

## 1.1　都市とシビルエンジニアリング

### 1.1.1　都市の歴史

　都市という言葉は，広辞苑によれば，「一定地域の政治，経済，文化の中核をなす人口の集中地域」と記されており，英語では，「city」あるいは「urban community」といった表現になる．都市には，生活や産業活動を行うための社会基盤施設（インフラストラクチャ）が必要である．例えば，道路，鉄道，橋梁，トンネル，河川構造物，港湾，上水道，下水道，電気，ガス，電話，情報ネットワーク，公園，ごみ処理施設等々で，これらに学校や病院をはじめ，住宅等の建築物が存在することにより，現代人は都市において活動することができる．社会基盤施設の中でも，道路，鉄道をはじめ，上水道，下水道，電気，ガスといったライフラインは，都市の存続に欠かせないものであり，巨大地震が発生した場合や台風が襲来した際には，ライフラインの強靭性によって自然災害による被害の大きさが左右されることになる．
　ここで，都市の歴史を振り返ってみる．地球が誕生して46億年の時間が経過し，人類の誕生から数百万年が過ぎたと言われているが，都市というものはいったい何時から存在するのだろうか．歴史に学べば，世界の4大文明は，ナイル川，メソポタミアのチグリス川とユーフラテス川，インダス川，黄河という大河川の流域に発生した．この時，都市は既に形成されていたと思われる．すなわち，人々が特定の地域に集合した時，都市が形成されたと言ってもよいであろう．エジプト文明，メソポタミア文明，インダス文明，黄河文明は，いずれも今から5千年以上も昔の有史以前のことになる．これらの文明の考古学的な根拠として，日干し煉瓦や焼成煉瓦が発掘されており，石材等も使って神殿や都市住宅が建設されていた．

**写真 1.1.1** ポンペイの遺跡（著者撮影）

その後，ヨーロッパではギリシャ時代，ローマ時代を迎えることになるが，数多くの建造物をはじめ，道路，上水道，下水道をはじめとする都市基盤施設，すなわち都市を形成するインフラストラクチャ（以下，インフラと略す）が遺跡として残されている．とくにヨーロッパでは地震や台風といった自然災害が少なく，建造物も石や煉瓦で造られてきたことから，世界遺産にも登録されるような数多くの建物やインフラ施設が，2千年以上も昔に存在した都市の姿を我々に見せてくれる．写真 1.1.1 は，世界遺産となっているイタリアのポンペイで撮影したものである．ポンペイは，西暦79年8月24日，ベスビオ火山の大噴火で火山灰に埋もれてしまったが，およそ1,700年の時を経て始まった本格的な発掘により，時間が止まったままの古代都市が出現している．現れたポンペイの町は，整然と区画され，住居はもちろん，劇場や公衆浴場，上水道や下水道まで完備されていた．

日本の歴史では，平城京や平安京といった都市造りにはじまり，その後は城や寺院あるいは商業等を中心とした都市が各地に形成されてきたと言えよう．日本の首都である東京は，明治時代以前には江戸と呼ばれ，江戸城は徳川幕府の中心的存在であった．なお，歴史的には徳川家康が江戸に移る以前，太田道灌（1432-1486）が江戸城を築いたと言われている．このように，日本の多くの都市は各地の風土と歴史の上に成り立っている．ただし，人工的に開発された研究学園都市やベッドタウン，工業団地等も存在しており，歴史的に見れば，比較的新しい都市も数多く開発されている．

### 1.1.2 シビルエンジニアリングとは何か

シビルエンジニアリングとは，「civil engineering」のカタカナ読みで，直訳すれば市民工学，この日本では「土木工学」という呼称で長年にわたり親しまれてきた．現在も，公務員試験をはじめ，民間企業やコンサルタントといった現実の社会では土木工学，あるいは単に土木という愛称で呼ばれている．本来，「civil engineering」と

は「military engineering」(軍事工学)と対比される言葉で，戦争ではなく，市民のために役立つ工学という意味を有している．すなわち，「世のため人のため」の工学であり，月曜日から日曜日までの1週間に2度も出てくる土・木という言葉は素晴らしいものである．

さらに言えば，土木という言葉は，今から2千年以上も前の『淮南子』という古い書物に残されている．『淮南子』は，漢の高祖である劉邦の孫にあたる劉安(BC.179-BC.122)が編纂したもので，この書物の中に「築土構木」という言葉が出てくる．話の内容は，人々は沢や穴に住んでいたので，冬の霜や雪，夏の暑さや蚊・ブヨを避けることができなかったが，聖人が現れ，土を築いて盛り上げ(築土)，木を使って構え(構木)，これで家屋とし，棟木を上に構え，その下に部屋を作って家屋としたため，人々は安心して生活ができるようになった，というものである．まさに，人々の生活を守る原点に土木という言葉が発生していると言ってもよい．

しかしながら，最近では社会的風潮のためか，土木工学ではなく，都市，社会，基盤，建設，環境，地球といった言葉を単独もしくは組み合わせて，都市基盤工学や社会基盤工学，都市環境工学や社会環境工学，建設環境工学や地球環境工学，さらには都市基盤環境工学といった多くの呼称に変更されている．これは，高度経済成長の時代以降，公共事業に関する政治的，社会的な数多くの事件が新聞やマスコミに報道されるに従い，土木のイメージが低下してしまったことによる．本来の土木工学は，市民の生活や産業のために，水資源や砂防のためのダムを建設し，道路や橋梁，河川や港湾を整備し，鉄道やバスを運行し，上水道，下水道や適正なごみ処理，電気やガスの供給等を行うとともに，土地の整備や環境の保全を図る役割を有している．つまり，自然の脅威に対して，人々が安心して暮らせるような国土を創造するというきわめて重要な役割を担っていると言ってもよい．

原生林に人が住むには大変な危険があるが，土木工学は人々が安心して生活できる環境を創造するための学問分野である．この地球上に約70億の人類が生存していることは驚くべきことであり，これだけの人類が生存し続けるためには，食料や水，医療や生産技術にも劣らず必要となるのが土木工学であると言えよう．今後も人口の増加が続けば，将来的には地下空間土木，海洋土木はもとより，砂漠やツンドラ(永久凍土)，さらには宇宙空間における土木工学の領域も大いに活発化するはずである．

## 1.1.3　都市における安全で快適な生活

　人々が都市において安全で快適な生活を営むためには，何が必要であろうか．この当たり前の質問に対して，例えば，原生林や広野に取り残されたことを想像してみる．生命を維持するためには，第一に必要となるのが「水」であり，地球が「水の惑星」と呼ばれる原点がここにある．人体の7割近くが水分であることからも，飲用できる水の確保がまずは必要になる．そして第二に，食料や衣料を生産するためには農業や工業が必要となり，あるいは購入するためには商業ということになる．これは，まさに人類の歴史とも言えよう．

　都市を形成するためには，道路や鉄道，橋梁やトンネル，河川構造物，港湾，空港をはじめ，上水道，下水道，ごみ処理，電気，ガス，情報通信といった土木施設が必要であることは言うまでもないであろう．しかし，こうしたインフラが完備した中で快適な生活をしていると，現在の有り難さが次第に忘れがちとなる．日本を離れ発展途上国に出掛けた際，水道の水が飲めず，街中にごみが散乱し，下水道がなく河川や水路が汚濁している光景や，道路の整備状態が悪く渋滞や大気汚染といった状況に出会うことがある．このような時，安全で快適な生活とは何かを実感することになる．都市における快適性や利便性を考えると，しっかりとした都市のインフラ整備はその根幹をなすものである．

　一方，日本は地震や台風といった自然災害が多い国土にある．地震大国，台風銀座という言葉に代表されるように，自然条件が厳しい国土の中，世界に冠たる技術力を研鑽してきたと推測している．地震について言えば，世界におけるマグニチュード6以上の地震のうち約2割が日本周辺で発生している．これは，日本列島がユーラシア，北米，太平洋，フィリピン海という4枚のプレートが重なる位置にあるため地震が多発することによる．さらには，火山性地震もあるため地震の発生頻度は高い値となっている．したがって，いつでも，どこでも大きな地震が発生する可能性があり，地震に対する備えは盤石を期すべきである．地震に対しては，耐震，免震，制震といった考え方があり，一日も早い地震対策の普及が期待されている．

　また，台風による風水害に対しても，ダムや河川堤防等による万全な防御をしなければならない．台風だけでなく，最近では，都市域における集中的な降雨(ゲリラ豪雨)による床上・床下浸水を防ぐための雨水排除システム(下水道雨水幹線)の整備は必須であり，これらのインフラ整備なくして都市の安全を保つことはできな

い．

　さらに，都市における生活を快適にするためには，公園，散策路，水辺空間といった憩いの場も大切である．人間にとって，緑や水は精神的にも重要な役割を占めており，ジョギング等の運動にもこれらの都市インフラは役立つ．このように，都市における生活には，様々な側面からの配慮が必要であり，総合的な視点からの検討が今後も大きな課題として残されている．

### 1.1.4　環境とのバランスを考える

　環境基本法[平成5(1993)年11月]によれば，「環境への負荷」とは，人の活動により環境に加えられる影響で，環境の保全上の支障の原因となる恐れのあるものと定義されている．また，この法律における「地球環境保全」とは，人の活動による地球全体の温暖化またはオゾン層の破壊の進行，海洋の汚染，野生生物の種の減少，そのほかの地球の全体またはその広範な部分の環境に影響を及ぼす事態に係る環境の保全であって，人類の福祉に貢献するとともに国民の健康で文化的な生活の確保に寄与するものとされている．そして，「公害」とは，環境の保全上の支障のうち，事業活動そのほかの人の活動に伴って生ずる相当範囲にわたる「大気の汚染」，「水質の汚濁」，「土壌の汚染」，「騒音」，「振動」，「地盤の沈下」，および「悪臭」によって人の健康または生活環境に被害が生ずることをいう．これらの項目は，大規模開発事業等を行う際，環境への影響を事前に調査する環境アセスメント(環境影響評価)において予測，評価の対象となっている．

　都市の発展に伴い，環境への配慮が大きな課題となる．つまり，環境とのバランスをいかにして図るかという問題に直面する．一例として，河川の水質汚濁を考えてみる．都市に人口が集中し，産業や経済が発展すると，水使用量も増大する．様々な都市活動の結果として排出される汚水が処理されなければ，河川の水質は汚濁することになる．一方，費用を掛けて下水道や工場排水処理施設を完備することにより，汚水を処理したうえで放流することができれば，河川の水質が悪化することはない．河川水質と処理費用との間にはトレードオフの関係が存在し，河川水質を向上させようとすれば，当然のことながら処理費用が増大することになる．逆に，処理費用を掛けなければ，河川水質はますます悪化することになる．

　日本においても，戦後の高度経済成長に伴い水俣病をはじめとする公害問題が顕著となった時代があった．当時，大気汚染の問題等も含め，現在の環境問題とは比較にならないような公害が全国で発生していた．水質については，昭和45(1970)

年の公害国会の後，水質汚濁防止法が公布され，下水道の整備や工場排水の処理が進み，現在のような河川の水質環境を取り戻すことができている．

しかしながら，現在の発展途上国には，半世紀前の日本のように経済発展を優先し，環境への配慮をおろそかにしている都市が数多く見られる．例えば，東南アジアの地方都市の例では，自動車をはじめオートバイや携帯電話といった利便性のある機器は相当に普及しているものの，水道水の安全性は保たれておらず，下水道の普及も未整備のままである．表面的には立派な都市に見えるが，環境のバランスがとれていない．このような時，公害先進国である日本の果たす役割はきわめて大きいと思われる．経済発展と環境保全を同時並行的に行う技術援助が必要であろう．

都市の発展のためには，いかにして環境とのバランスを図ることが大切であるかを市民が認識する必要がある．つまり，市民が存在してこその都市であり，健全な都市であるからこそ市民が安心して生活できるのである．人々にとって住みやすい環境を整えるためには，それなりの費用を要するが，経済の発展と環境の整備を同時に推進することが重要である．

### 1.1.5 社会基盤施設の持続

人間が老化するように，都市も老化することは事実である．身体の健康管理が大切なように，都市の社会基盤施設のメンテナンス(維持管理)が重要であることは言うまでもない．また，人が生まれ変わるように社会基盤施設も老朽化により大きな事故が発生する前にリプレイス(更新，再構築)されなければならない．

写真 1.1.2 セゴビアの水道橋(著者撮影)

前述のように，古代における4大文明が大河流域で発生したことは，生活と水がいかに密接な関係にあるかを示しており，かの有名なローマの水道も千年近く存続した帝国の重要な社会基盤であった．今日では，ヨーロッパ各地にローマ時代の水道橋等が残されているだけであるが，素材が石や煉瓦であったことから今日でも遺跡として見ることができる．写真 1.1.2 はス

ペインのセゴビアに残る水道橋であり，往時の雄姿は世界遺産となっている．

しかし，現在の社会基盤施設は，基本的な素材が鉄とコンクリートであり，適切な更新や維持管理がなされなければ，100年を待たずして崩壊してしまうことは目に見えている．我々は，社会基盤施設の機能を継続することが，単に施設を構築することよりも難しいという現実に直面している．今世紀最大の課題は，日常生活や経済活動に必須となっている社会基盤施設の「適切な維持管理」であり，かつ老朽化した施設の「循環的な更新」である．超長期的な観点から，この課題に適切に対処することができれば，次世代においても都市が存続することができることになり，「持続」という命題に対応可能と思われる．

以下，水道施設を例に話を進めてみたい．戦後の日本において，水道は，経済発展とも相まって世界にも類がないほどに急速に整備された．ボトムアップとして地域の人々の水道普及に対する熱望に支えられ，トップダウンとして国の補助制度もあり，全国津々浦々に至るまで水道が普及し，どこに行っても安全で安心な水道水が蛇口から飲めるという世界に冠たる素晴らしい水道システムが構築されている．

その一方で，水道の有り難さ，重要性が体験されることもなくなり，例えば，落雷による停電で電気が消えたとしても，2系統受電により多くの水道は給水することが可能である，という安全レベルに達している．この結果，断水の経験もほとんどなくなり，遠い将来を思い遣る習慣が消えてしまった結果，水道に対する本来の価値観も薄れ，しかも現在の水道システムが永遠に存続するものと錯覚している感がある．

この水道の例は，現在におけるすべての社会基盤施設に言えることである．道路や鉄道，橋梁やトンネル，河川構造物や港湾・空港，上水道・下水道やごみ処理施設，公園や緑地等々，すべての社会基盤施設は適切な維持管理が必要である．そして，施設による時間差はあるものの，一度造った人工物は永久に存在するのではなく，時間の経過に従って必ず老朽化することから，しっかりと更新することが必要である．次世代においても安全で快適な都市生活を営むためには，循環的に適切な更新を継続することが求められている．現在の21世紀は，20世紀までに築き上げた社会基盤施設を再構築する時代であるとも言えよう．

## 1.2 都市と地球を考える時空間スケール

### 1.2.1 巨視的な時空間スケール

　ノーベル平和賞を 2007 年に受賞した元米国副大統領アル・ゴアの著作・映画『不都合な真実』[1]のヒットと相まって，近年，地球環境問題，とくに地球温暖化問題がかつてないほど狂騒的な盛り上がりを見せている．ある物事，例えば環境教育として地球環境問題を考える場合，その時間的・空間的スケールを大きくとってみると，意外とその新たな側面や本質が見えてきたりする．大学生には，総合的学問センスが期待され，またしばしば，巨視的な時間・空間スケールで物事を俯瞰的に見るセンスが必要とされる．本節では，「地球の気持ち」（？）を人間スケールで理解するために，極端に大きな時空間スケールで都市と地球を考えてみる．

### 1.2.2 地球年（ちきゅうねん）

　『コスモス（宇宙）』[2]の著書およびテレビ番組で有名な元コーネル大学教授のカール・セーガン博士（1996 年 12 月 20 日，62 才の若さで亡くなる）が，宇宙の始まりのビッグバンから現在までの 150 億年（現在では 138 億年と推定されている）を 1 年間の年表に収めてみた「宇宙カレンダー」は，時間スケールを 150 億分の 1 に縮め，宇宙の時間スケールを我々人間の感覚にマッチさせるという画期的なアイデアであった．また，地球誕生から現在までの 46 億年を 1 年間の年表に収めてみる「地球カレンダー」も大変よく使われている[3,4]．さらに，ビッグバンから現在までを 24 時間の時計に当てはめてみる（時間をおよそ 5 兆分の 1 に縮める）という場合もある[5]．これらはどれも非常に興味深いのではあるが，地球の時間スケールを実感するという意味では，とくに子供を対象とした環境教育の場合，なかなか難しいものがあった．そこで，ここでは筆者が平成 11（1999）年に提唱し，地球の時間スケールを感覚的に実感できる「地球年」[6]（地球の年齢という意味から命名）という時間スケールを紹介する．

　「地球年」の時間スケールは単純で，1 億年を 1 年と考え，時間スケールを 1 億分の 1 に縮めて考えるものである．すなわち，46 年前の 1 月 1 日 0 時に地球が誕生し，今ちょうど 46 歳の誕生日を迎えたと考えるのである．考え方は単純であるが，この考えの画期的な点は，こう考えることで，ちょうど地球の寿命が 100 歳程度（す

なわち，あと50億年程度で地球は消滅する[7,8]）となり，長寿な人間の一生と同じ時間感覚で地球を捉えることができる点である．なぜ地球が100歳くらいで死んでしまうかというと，その時，太陽が赤色巨星となって地球の軌道を飲み込み，地球は完全に蒸発してしまうからである．ちなみに，太陽等の恒星の一生がどうなるかは，その質量等からほぼ正確に推定されている[8]．なお，現在ではギリギリ飲み込まれないらしいと推定されているが，ここでは潔く死んでもらうこととする．

### 1.2.3 地球の半生を擬人的に振り返る

ここでは，「地球年」で地球の半生を擬人的に簡単に振り返ってみる（図1.2.1, 1.2.2参照）．自分が地球の立場に立ったとすると（46歳の人ならそのものズバリ），地球は，直径10 kmぐらいの微惑星が10億個程度衝突合体してできた火星サイズの原始惑星が，10個ほど衝突合体して誕生した[9,10]．「月」は，地球が0歳の頃，最後の原始惑星が地球に衝突合体した時，斜めに衝突したため地球の一部が削り取られ，その飛び散った破片が再び集まって誕生した兄弟である（ジャイアントインパクト説）[4,5,9,10]．

生命の源である地球の「海」は，地球誕生の頃から現在まで存在し続けている[10,11]が，液体の水（海）で覆われた惑星は地球以外にその存在が発見されておらず[12]，

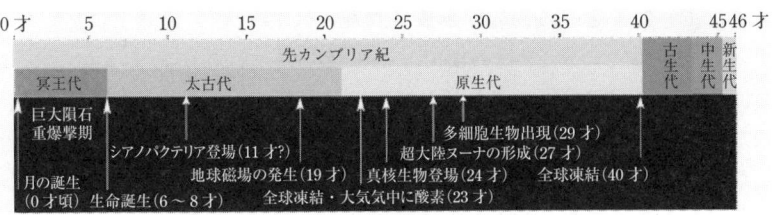

**図1.2.1** 地球年による地球誕生から現在まで

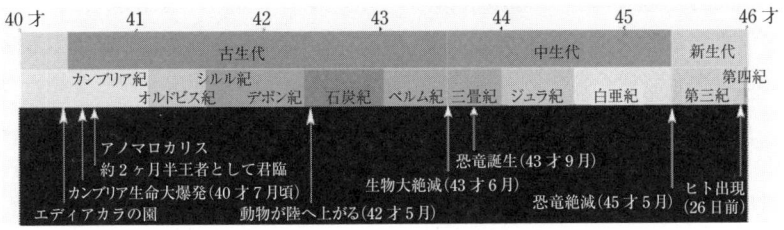

**図1.2.2** 地球年による40歳から46歳まで

このきわめてユニークな特性は，とくに地球の大きさと太陽からの距離が，偶然にも奇跡的にちょうど適したものだったからである[3,12]．ただし，地球が8歳になるぐらいまでは，直径数百kmの巨大隕石が頻繁に衝突し，そのたびに海水は一滴残らず蒸発し，海底さえ溶け出す「巨大隕石重爆撃期」と呼ばれる過酷(？)な幼少期を過ごしている[4,12]．

いずれにしても，地球のこの幸運な偶然の産物である「海」のお陰で，我々の究極の先祖である最初の生命が海の中で誕生したのが6～8歳の頃(小学校1年の頃)であり，何と，その最初の生命の遺伝子(DNA)は，一度も途切れることなく現在まで連綿と続いているのである[4,12]．すなわち，現在の地球上の生命はすべて，その最初の生命の子孫であり，途中から誕生した生命は存在しない．現在，地球上には3,000万種以上の動物や50万種の植物が繁栄している[3]が，そのすべての種において祖先を辿っていくと，最初の生命に行き着くことができる．しかし逆に，最初の生命から現在のある種に辿り着ける確率はごく僅か(0.01％未満)しかない．言い換えると，これまでに地球上に出現した種の99.99％以上は絶滅している[3]．

さて，光合成(生物進化の中で最大のものと言われる)を行うシアノバクテリア(ラン藻)が登場したのが11歳の頃[3](現在，出現年代に関しては不明[10])，そのコロニー(生物集団)であるストロマトライトが浅い海で大繁殖し，このお陰で23歳頃からようやく大気に酸素が含まれるようになった[9〜11]．地球に宇宙からの有害な高エネルギー粒子を遮る磁場が形成されたのは19歳頃，地球上に初めて超大陸ヌーナが形成されたのが27歳の頃で，その後，大陸移動が始まった[7,11]．あっという間に，激しい天変地異に満ちた青春時代が過ぎていった．我々の先祖が，膜で覆われた細胞内に核を持つ真核生物となったのが24歳頃，ようやく多細胞生物に進化したのが29歳の頃である[4]．

そして，およそ6年前，すなわち中年の40歳の時，地球全体が完全に氷で閉ざされ，平均気温は－50℃，陸地は現在の南極大陸のように厚い氷で覆われ，海は千mの深さまで凍りつく全球凍結(スノーボールアース)[4,9,10]を経験した(実は，23歳の頃にも複数回全球凍結を経験している)．これは，我々がよく耳にする氷河期の氷期とは次元が全く異なるものである．あのマンモスがうろうろしていたウイスコンシン氷期(最終氷期)は，地球年でほんの2時間前のもので，気温は現在より5～10℃低い程度の寒さで，熱帯には珊瑚礁も広がっていた[4,9]．なお，氷河期(氷期・間氷期のサイクル)が始まったのは259万年前(地球年で約9日前)の最も新しい地質区分である新生代第四紀からである[9]．そして，この全球凍結が地球年で

1ヵ月続いた後には，今度は気候ジャンプで平均気温50℃の灼熱地獄が待ち受けていた[4,10]．

いずれにしても，全球凍結，灼熱地獄を境に，ようやく我々の先祖を含む地球上の生物が，微生物から目に見える大きさにまで進化した．これら大きくなった動物群は，海の中で食うものも食われるものもいない平和な「エディアカラの園」と呼ばれる時を過ごした．しかし，世の常（？）で，幸せは永くは続かず，現存するすべての動物門が突然出現する生物の爆発的多様化「カンブリア爆発」が40歳の半ばに起こり[10]，生物が効率よく生きていくために，この時，生物は肉食という禁断の木の実に手を出し[3]，弱肉強食の食物連鎖・競争社会（？）が始まった[9]．この頃，体調が1mほどもあるアノマロカリスというカンブリア紀最大の生物が，三葉虫等を補食しながら動物の王者として地球上（と言っても，陸上に生物はまだいないので海）を，地球年で2ヵ月半も支配し君臨していた[3]．そして，やっと我々の先祖が生存競争に敗れ，仕方なく海から川へ，川から陸へと上がってきたのは，地球にオゾン層（植物が排出した酸素が空気中に蓄積し紫外線と反応してできた）が既に形成されていた42歳の5月頃になってからである．

さらに43歳の6月末，想像を絶する巨大噴火により地球史上最大の生物大絶滅が起こり，実に生物種の95％以上が絶滅し，古生代の終焉となった[4]．これにより，今度は有名な恐竜が出現したのは，つい2年3ヵ月前の地球が43歳の9月の時である．恐竜は大繁栄をし，実に地球年で1年7ヵ月もの長きにわたり地球上で王者として君臨した．その間，我々の先祖は恐竜の影に怯えながらひっそりと生活していた[4]．その恐竜も，8ヵ月前の地球が45歳の5月上旬，幼少期の巨大隕石重爆撃期の隕石に比べると随分小粒な，しかし生物にとってはとてつもなく大きな直径約10kmの隕石が，偶然，現在のメキシコ湾ユカタン半島辺りに衝突（結果，直径180kmものクレーターを形成）した「衝突の冬」により絶滅し，中生代は終わった[4,9]．そのお陰で，我々ほ乳類が繁栄する新生代というチャンスが巡ってきた．

人類がサルとの生存競争に敗れ，森林を追われ草原へと歩み出したのがおよそ700万年前とする[4]と，それは，僅か26日前の地球が45歳の12月6日である．その26日の間に，人類は，猿人，原人，旧人，新人と進化し，20種類もの人類が生まれては滅亡していく中で，我々と同じ種の人類であるホモ・サピエンスが誕生したのが20万年前とする[4]と，それは，たった18時間前である．なお，一緒に生きてきたネアンデルタール人は，約3時間前に絶滅した．

人類が誕生して26日間のライフスタイルは，ほとんど変わらず狩猟採取であっ

た[3]．しかし，最終氷期が終わり，間氷期となった53分前（実時間1万年前），突然，ホモ・サピエンスは農耕牧畜生活を始め，ついに動物としての食物連鎖から逸脱し，これ以降，人間が異常に繁栄し，はびこることとなる．都市が形成されたのは，地球年では約25分前（紀元前3,500～2,500年）の4大文明発祥の時であり，それ以降，文明（civilization）の語源である「都市化」（civilisatio）が進行し，時には，終わりなき進歩に向かい，暴走して滅びるという歴史を辿っている[13]．

キリストが誕生された（西暦が始まった）のは，人類の歴史では遠い昔であるが，地球から見ればわずか10分36秒前である．ちなみに，長寿な人間の一生を100年とすると，30秒強の人生であり，20歳の大学生は6秒前に生まれたに過ぎないのである．

### 1.2.4　地球長（ちきゅうちょう）

巨視的な空間スケールとして，例えば，「地球年」のようにその縮尺を1億分の1にとると，地球全体は直径12.7 cmの小さな地球儀となり，究極の小縮尺地図として表される．縮尺を1千万分の1にとると，直径1 m 27 cmの人間スケールの地球儀となり，「地球の気持ち」を擬人的に理解しやすくなる．それもそのはず，もともと1 mは，地球の北極から赤道までの子午線上の長さの1千万分の1として決められたからである[14]．

ここでは，地球の極直径を単位長さの1 mにとって擬人的に考えてみる．そして，これを地球の身長ということで「地球長」と名付ける[6]．わかりやすく言うと，地球を直径1 mの球として考えるもの（厳密には，地球は球ではなく地球楕円体であるが）で，考え自体は単純かつ自然なものである．すなわち，「地球長」は長さを約1,271万分の1に縮めることである．

地球長で擬人的に考えると，「地球君」自体は，胴回り3 mの超肥満体となってしまうが，表面で最も出っ張っているエベレスト山は0.7 mmの高さ，また最も窪んでいるマリアナ海溝チャレンジャー海淵でも0.86 mmの深さとなり，地球君の表面は見た目にはほとんど凹凸がない．地球上に存在する水の量は，地球誕生の時よりほとんど変わらず，およそ14億 km$^3$（そのうちの96.5%は海の水）と推定されている[15]が，このとてつもなく大量と感じられる地球上すべての水の総量は，地球長で約680 mL（ビール大瓶1本ほど）しかなく，地球の体積の0.1%に過ぎない．また，すべての水を地球君の表面に均一の厚さで覆ってみると，その厚さは僅か0.2 mmの厚さでしかなく，これは人間の皮膚の表皮の厚さに相当する薄さである．

太陽からの有害な紫外線を吸収してくれる地球のオゾン層は，人間が作り出したいわゆるフロンガスにより破壊され，極地方でのオゾンホールが問題となっているが，地球のオゾンは，実は地表から地上約50 kmの成層圏上端にわたって分布している[16]．しかし，その大半は上空20 km前後の成層圏に集中していてオゾン層と呼ばれている．我々には，オゾン層がはるか上空の遠い存在のように感じられるが，地球長で見たオゾン層は，地球君の表面のわずか1〜2 mm上空にあり，オゾン層は地球君にうっとうしく(？)へばり付いているイメージとなる．なお，上空では気圧が低いため，10 km程度の厚さで広く散らばっているオゾン層のオゾン全部を地表(1気圧)に集めて換算した場合，その厚さは(地球長ではなく実長で)僅か3 mmほどである[16]．

　あたりを見回すと，地球君から30 m離れた所に身長27 cmの「月さん」がいて，11.8 km向こうには身長109 mの巨人「太陽さん」が輝いている．そして，時速85 kmの電車で太陽さんに会いに行くと8分強かかるが，実はこれが地球長での光の速さに相当する．すなわち，時速85 kmより速い乗り物はこの宇宙には存在しない．

　地球長で見ると，地球君に住んでいる我々人間の大きさは，何と偶然にも0.1 $\mu$m(ミクロン)ほどになる．実は，この大きさは，細菌よりも一回り小さいちょうどウィルスの大きさに当たる．それが地球表面にへばりつき(？)，「地球年」でほんの数分間に増殖を繰り返し，活発に活動した結果，地球環境問題を引き起こしているのである．

### 1.2.5　環境問題の巨視的考察

　我々にとっては，1億年前も1万年前も同じように遠い過去にしか感じられないが，「地球年」で考えると，これは実は1年前と1時間前の大違いになることが実感できるのである．例えば，化石燃料に関して，「地球(生物)が数億年かけて作り出したものを人類は300〜400年で使い切ろうとしている」と言ってもピンと来ないが，地球年で考えると，地球というお父さんが4年ぐらいかけて出稼ぎで(？)せっせと稼いだお金を，18時間前に現れ，15分前に都市を造り，1分ちょっと前に産業革命を成し遂げた人間が，産業革命以降の何と2,3分で使い切ろうとしていることが実感できるのである．

　地球年40年の偶然の繰返しにより，我々の祖先は，二度とは起こらない進化の過程を辿り，たまたま「地球長」でウィルスの大きさの我々人間が，短時間で増殖し，現在地球上で最も繁栄している．その結果，人間の総重量は，全陸上動物の総重量

の約20%を占め、さらに人間の食料となる家畜を含めると80%以上に達する[9]。そして、現在、環境意識の高まりからか、巷(ちまた)では「地球にやさしく」とか「地球を守ろう」といった類(たぐい)の言葉で互いを諌(いさ)め合っているところである[6]。そのように人間から言われている地球は、実は、その半生の間に隕石による全球蒸発を何度も経験し、また全球凍結も何度か経験している。「地球を守ろう」と保護者のようなことを言うこと自体、地球の半生を知らない人間の傲慢さと言えよう。「地球にやさしく」しなければならないのは、決して地球のためではなく、環境変化に耐えられない脆弱な現代文明の恩恵にあずかっている我々を守るためであり、その言葉は、本来、「人間にやさしく」と言い換えるべきであろう[4]。

　人類は、現在、核問題や地球環境問題等で、あと何時間、いや、あと何分もしくは何秒生き残れるかわからない。こうしてみると、アノマロカリスは偉大だったし、恐竜とはいかに大繁栄した動物であったかが理解できる。人類は地球が一眠りした間に気付かないうちに、いなくなっているのかもしれない。

## 1.3　都市の形成

### 1.3.1　都市形成・発展の要因

　都市とは、人々が集まって活動を行う場。すなわち、多くの人々が居住し、就労し、消費する所である。東京に代表されるような人口100万人を超える大都市はもちろん、行政単位としての「市」ではない町や村も、小規模ではあっても都市としての機能を果たしている。都市が存在しない世界を想像してみよう。逆説的に考えれば、人々が集積する場がないわけであるので、粗密の差がなく一様に人口が分布していることになるであろう。しかし現実には、そうした均一な世界にはなっていないのは明白である。

　それでは、なぜ都市が形成されるのであろうか。都市が誕生するきっかけ、都市が形成される要因については、一つの正解があるわけではない。例えば、日本では城下町、門前町、宿場町といった言葉があるように、都市形成の歴史や起源は多様である。こうした都市の形成において、軍事的理由、宗教的理由、政治的理由等、その場所に人々が集まることとなった歴史的背景は様々である。このことは海外の都市についても、おおむね同じことが言える。

　しかし、何らかの理由で発生した都市がすべて輝かしい繁栄の道を歩むとは限ら

ない．ある都市ではより多くの人口が集積し，発展を継続させ大都市となるが，発展の機会に恵まれず人口が流出し，それとともに経済衰退を迎えてしまった都市も存在する．都市の発展と衰退を分かつ要因は一体何であろうか．

　都市形成のきっかけは多様であるが，長期にわたって発展を継続している都市には共通点が多い．とくに産業革命以降の社会においては，産業活動が機械化され大量生産が可能となったことで，経済活動の特性が都市の形成に大きく関わるようになった．美しさや街のイメージといった心理的な要素だけでは，都市に人は集まらない．人が居住地を選ぶ時には，もっと現実的な，切実なことが考慮される．市民が生活を継続していくためには，所得を得て，必要なモノやサービスの消費に対して支出する必要がある．つまり，働く場所が存在することと，消費を満たすモノやサービスが供給されることが，人々が居住するための必要条件となる．そしてこれらの水準が高い所は，より（経済的に）豊かな生活を営むことができるので，より多くの人々を惹き付ける都市になりやすいのである．すなわち，産業活動が集積することで，多くの就業機会を提供し，市民の消費需要を十分に満たせることが，都市発展のための重要な要因なのである．

## 1.3.2　産業集積をもたらす経済的要因

　現在では都市に産業が集中し，大都市へと発展するためのプロセスにおいて，大別すると，3つの経済的特性が働いていることが知られている[17,18]．これらの特性は，都市における産業集積の度合いが拡大するにつれて，そのフェイズごとに重要な意味を持つものであるので，以下では，都市発展のフェイズに応じて説明する．

　一つ目は，規模の経済と呼ばれる特性であり，一つの企業の生産において，大規模生産により優位性が生じることを表すものである．

　産業活動によって生成されるものは，経済学の用語では財（有形のものを財，無形のものをサービスと区別することもある）と言う．財の生産においては，財を構成する材料や労働力，そして生産活動を行うための向上等の施設資本が必要となる．これらのすべてに費用が必要となるが，この費用については，生産規模に依存しない固定費用と，生産規模に依存して変化する可変費用に分けて考えることができる．例えば，財の物的な素材を構成する材料の購入費用は，生産量にほぼ比例して増えるので，可変費用とみなすことができる．これに対して，生産施設となる工場の資本費用は，生産量が多くても少なくても，工場の生産能力範囲においては大きく変化することはなく，固定費用とみなすことができる．

固定費用が存在する状況下では，財の総生産額を総生産量で除した平均費用は，生産規模に応じて逓減する傾向がある．可変費用が生産規模に比例する場合には，容易にその特性を示すことができる．このように，平均費用が生産規模に対して逓減することを「規模の経済」と呼ぶ．規模の経済が存在すると，大量生産によって単位費用を低下させることができるため，大規模生産のインセンティブが働く．このことが，大都市成長の初期のフェイズにおいて観察される．なぜなら，企業規模が増大することにより，そこで働く労働者(やその家族)が増え，結果的にその都市の人口も増大するためである．一般に，「企業城下町」と言われる多くの都市は，この典型例と考えられ，トヨタ自動車のある豊田市や日立製作所のある日立市が例として挙げられる[17]．

二つ目の特性は，「地域特化の経済」と呼ばれ，同種産業が集中して立地することによりメリットが生じることを意味する．より具体的には，同一産業分野内にある企業が特定の地域に集中して立地することにより，それらが離れて立地する場合よりも産業全体としての産出量が増大することを，地域特化の経済が存在する，と言う[17]．

地域特化の経済が働くのはなぜであろうか．同種産業が近接して立地すると，ライバル企業が増えることで企業間競争が激しくなることが想定されるが，それを上回るメリットが存在しなければならない．理由はいくつか考えられる．

例えば，原材料の調達を共同化することで費用を削減できたり，機械施設の使用や機材のメンテナンス，販売チャネル等の共同利用することで費用を圧縮するなどの効果が期待され，同一産業の企業が集中して立地する誘因となり得る．また，特定の産業に必要な技能を持った労働力を迅速かつ安価に調達できることも期待される．そうしたスキルを持った労働者も，自らの技能を生かせる企業が多く立地する都市に魅力を感じて集まってくるので，雇用する側にとっても雇用される側にとっても，時間や費用が節約できるというメリットがある[18]．

規模の経済は，単一企業の費用構造によるものであるため，その効果のみでは企業規模の限界が都市規模の限界となるため，大都市は形成されない．地域特化の経済は，同種の多数企業が集積することにより生じる効果であるので，より大きな都市の形成要因ともなり得るが，小規模事業所が多数集積するような地場産業的な都市において観察されることが多い．鯖江市における眼鏡産業や瀬戸市の窯業等は，地域特化の経済が働いた例として考えられるが，米国のシリコンバレーも同様である．また，前述の豊田市や日立市は，単一企業のみならず関連企業も近接して立地

しているので，やはり地域特化の経済の例として捉えることもできる．ただし，同種産業に特化した都市は，その産業の需要動向に依存して都市人口が左右されるため，産業自体の衰退に伴って都市全体が衰退に向かってしまう危険性を孕んでいる．エネルギー革命に伴って衰退した炭鉱都市や，鉄鋼業に依存した都市では，人口が大きく減少した例も見られる．

三つ目の特性は，「都市化の経済」と呼ばれるものであり，現代の大都市形成の主要因として考えられている．これは，多数の産業分野の企業が特定の地域に集中的に立地することにより，各企業の産出水準が増加することとして定義される．

多種多様の企業や人々が集中することで，異なるバックグラウンドを持つ人々との交流の機会が増大し，その結果として新たなアイデア，技術，デザインやビジネスチャンスが生まれることが期待される．異種企業間の交流や取引においては，様々な情報の交換が必要不可欠であるが，最も安価に大量の情報を伝達収集する手段は，フェイス・トゥ・フェイス・コンタクトである[19]．多数の企業が集中的に立地していると，フェイス・トゥ・フェイス・コンタクトに必要な時間と費用が大幅に削減できる．

上記のような企業の生産活動プロセスでのメリットに加え，消費者にとっても多様な財を選択可能になるというメリットがある．多様な産業が立地する大都市では，小都市においては販売されていない財を購入できることがある．例えば，超高級ブランド衣料品の販売店は大都市にのみ立地しており，実物を手に取って購入するためには，大都市まで足を運ばねばならない．近年の輸送技術や通信技術の発展により，多くの財はインターネットを通じて購入することが可能になり，居住地と販売地が離れていることの障害は低下したが，直接的なサービスを消費する場合には，サービスの供給地でないと享受することができない．したがって，消費者として居住地を選択する場合においても，多種多様な財やサービスへのアクセスが容易であることは魅力の要素であり，人口が大きく多様な産業が集中する都市であること自体が，より人口を集中させる要因になりうる．東京，ニューヨーク，ロンドン等，現代の大都市では，すべて多種多様産業が集中している．

### 1.3.3 都市成長と社会基盤

これまで見てきたように，都市が形成され，大都市へと成長する過程においては，人々の経済活動（とくに産業活動）の特性が主要な役割を果たすこととなる．これらの特性は，自然条件によって規定されるものばかりではなく，人間の手によって制

御可能であることが多い．とくに，大都市の形成に対して重要な要因である都市化の経済が顕在化するためには，人と人とのコミュニケーションや物資や人の移動等が円滑かつ安価に行われることが必須条件となる．すなわち，通信・交通社会基盤が十分に整備されてこそ，そうしたメリットを享受し，大都市として発展することが可能なのである．

都市が持続的に成長・発展するためには，都市成長の要因を伸ばし，そして成長要因を阻害しないような社会基盤政策が不可欠である．これには，安心して居住，産業活動が行えるような，上下水道，電力，ガス等のライフラインの整備や，自然災害から人々を守るための社会基盤の整備ももちろん含まれる．社会基盤の整備は，都市が形成・発展するための「必要条件」である．

### 1.3.4 日本における都市形成・都市発展の実態

ここまで，都市形成と都市発展のプロセスと要因について，概念的な要点を記述してきたが，日本の都市，とくに大都市では実際にどのような発展経路を辿っているのであろうか．都市を眺める視点は様々であるが，最も基本的な都市規模の指標である都市人口に注目して，最近の都市発展の特徴を考えてみる．

表 1.3.1 は，5 年ごとに全国規模で実施されている国勢調査に基づいて，各調査年次における市町村人口の上位 30 都市について，その人口を並べたものである．まず，上位 10 位までについては，市町村合併により平成 17(2005)年にさいたま市が 10 位となったこと以外，この間の 10 年間に順位変動はない．人口 100 万人を超える大都市は，おおむね多様な産業が集積している都市であり，都市化の経済が働いていると考えられる．100 万人都市の中での例外は北九州市であり，製鉄業に関する地域特化の経済により都市が発展したため，産業自体の縮小が都市人口の減少にも直結した例と言える．

日本における都市発展の特徴をより表しているのは，これら 100 万人都市に続く都市の規模についての動態である．各年の第 20 位に相当する都市の人口と第 30 位に相当する都市の人口を比較すると，いずれも平成 12(2000)年での人口よりも平成 22(2010)年の人口の方が多い．とくに，第 20 位都市の人口は，平成 12 年における船橋市の 55 万人から，平成 22 年における静岡市の 71.6 万人へと，大きく増加している．この間にも市町村合併が進み，その結果として，行政単位である市としての人口が飛躍的に増加した例もあるが，表 1.3.1 に表れているように日本の中でも規模の大きな市では，人口集積が進展していることがわかる．

表 1.3.1 市町村人口上位都市の人口の推移(国勢調査結果に基づき著者が作成)(単位：千人)

| 順位 | 2000(平成12)年 | | 2005(平成17)年 | | 2010(平成22)年 | |
|---|---|---|---|---|---|---|
| 1 | 特別区部 | 8,135 | 特別区部 | 8,490 | 特別区部 | 8,946 |
| 2 | 横浜市 | 3,427 | 横浜市 | 3,580 | 横浜市 | 3,689 |
| 3 | 大阪市 | 2,599 | 大阪市 | 2,629 | 大阪市 | 2,665 |
| 4 | 名古屋市 | 2,172 | 名古屋市 | 2,215 | 名古屋市 | 2,264 |
| 5 | 札幌市 | 1,822 | 札幌市 | 1,881 | 札幌市 | 1,914 |
| 6 | 神戸市 | 1,493 | 神戸市 | 1,525 | 神戸市 | 1,544 |
| 7 | 京都市 | 1,468 | 京都市 | 1,475 | 京都市 | 1,474 |
| 8 | 福岡市 | 1,341 | 福岡市 | 1,401 | 福岡市 | 1,464 |
| 9 | 川崎市 | 1,250 | 川崎市 | 1,327 | 川崎市 | 1,426 |
| 10 | 広島市 | 1,126 | さいたま市 | 1,176 | さいたま市 | 1,222 |
| 11 | 北九州市 | 1,011 | 広島市 | 1,154 | 広島市 | 1,174 |
| 12 | 仙台市 | 1,008 | 仙台市 | 1,025 | 仙台市 | 1,046 |
| 13 | 千葉市 | 887 | 北九州市 | 994 | 北九州市 | 977 |
| 14 | 堺市 | 792 | 千葉市 | 924 | 千葉市 | 962 |
| 15 | 熊本市 | 662 | 堺市 | 831 | 堺市 | 842 |
| 16 | 岡山市 | 627 | 浜松市 | 804 | 新潟市 | 812 |
| 17 | 相模原市 | 606 | 新潟市 | 785 | 浜松市 | 801 |
| 18 | 浜松市 | 582 | 静岡市 | 701 | 熊本市 | 734 |
| 19 | 鹿児島市 | 552 | 岡山市 | 675 | 相模原市 | 718 |
| 20 | 船橋市 | 550 | 熊本市 | 670 | 静岡市 | 716 |
| 21 | 八王子市 | 536 | 相模原市 | 629 | 岡山市 | 710 |
| 22 | 東大阪市 | 515 | 鹿児島市 | 604 | 船橋市 | 609 |
| 23 | 新潟市 | 501 | 船橋市 | 570 | 鹿児島市 | 606 |
| 24 | 浦和市 | 485 | 八王子市 | 560 | 八王子市 | 580 |
| 25 | 姫路市 | 478 | 松山市 | 515 | 姫路市 | 536 |
| 26 | 松山市 | 473 | 東大阪市 | 514 | 松山市 | 517 |
| 27 | 静岡市 | 470 | 姫路市 | 482 | 宇都宮市 | 512 |
| 28 | 尼崎市 | 466 | 川口市 | 480 | 東大阪市 | 510 |
| 29 | 松戸市 | 465 | 松戸市 | 473 | 川口市 | 501 |
| 30 | 川口市 | 460 | 倉敷市 | 469 | 松戸市 | 484 |
| | 人口 | 126,926 | | 127,768 | | 128,057 |

　都市部への人口集中の実態を表1.3.2に示す．全人口に対する各市町村の人口の比率を見ると，より明確になる．人口上位30都市における対全国の人口シェアが上昇傾向であることがよくわかる．このことは，日本全体で都市部への人口集積が進んでいることを意味している．逆に，この現象の裏側には，非大都市部において

表 1.3.2 市町村人口上位都市の対総人口比率の推移（国勢調査結果に基づき著者が作成）（単位：%）

| 順位 | 2000(平成 12)年 | | 2005(平成 17)年 | | 2010(平成 22)年 | |
|---|---|---|---|---|---|---|
| 1 | 特別区部 | 6.41 | 特別区部 | 6.64 | 特別区部 | 6.99 |
| 2 | 横浜市 | 2.70 | 横浜市 | 2.80 | 横浜市 | 2.88 |
| 3 | 大阪市 | 2.05 | 大阪市 | 2.06 | 大阪市 | 2.08 |
| 4 | 名古屋市 | 1.71 | 名古屋市 | 1.73 | 名古屋市 | 1.77 |
| 5 | 札幌市 | 1.44 | 札幌市 | 1.47 | 札幌市 | 1.49 |
| 6 | 神戸市 | 1.18 | 神戸市 | 1.19 | 神戸市 | 1.21 |
| 7 | 京都市 | 1.16 | 京都市 | 1.15 | 京都市 | 1.15 |
| 8 | 福岡市 | 1.06 | 福岡市 | 1.10 | 福岡市 | 1.14 |
| 9 | 川崎市 | 0.98 | 川崎市 | 1.04 | 川崎市 | 1.11 |
| 10 | 広島市 | 0.89 | さいたま市 | 0.92 | さいたま市 | 0.95 |
| 11 | 北九州市 | 0.80 | 広島市 | 0.90 | 広島市 | 0.92 |
| 12 | 仙台市 | 0.79 | 仙台市 | 0.80 | 仙台市 | 0.82 |
| 13 | 千葉市 | 0.70 | 北九州市 | 0.78 | 北九州市 | 0.76 |
| 14 | 堺市 | 0.62 | 千葉市 | 0.72 | 千葉市 | 0.75 |
| 15 | 熊本市 | 0.52 | 堺市 | 0.65 | 堺市 | 0.66 |
| 16 | 岡山市 | 0.49 | 浜松市 | 0.63 | 新潟市 | 0.63 |
| 17 | 相模原市 | 0.48 | 新潟市 | 0.61 | 浜松市 | 0.63 |
| 18 | 浜松市 | 0.46 | 静岡市 | 0.55 | 熊本市 | 0.57 |
| 19 | 鹿児島市 | 0.43 | 岡山市 | 0.53 | 相模原市 | 0.56 |
| 20 | 船橋市 | 0.43 | 熊本市 | 0.52 | 静岡市 | 0.56 |
| 21 | 八王子市 | 0.42 | 相模原市 | 0.49 | 岡山市 | 0.55 |
| 22 | 東大阪市 | 0.41 | 鹿児島市 | 0.47 | 船橋市 | 0.48 |
| 23 | 新潟市 | 0.40 | 船橋市 | 0.45 | 鹿児島市 | 0.47 |
| 24 | 浦和市 | 0.38 | 八王子市 | 0.44 | 八王子市 | 0.45 |
| 25 | 姫路市 | 0.38 | 松山市 | 0.40 | 姫路市 | 0.42 |
| 26 | 松山市 | 0.37 | 東大阪市 | 0.40 | 松山市 | 0.40 |
| 27 | 静岡市 | 0.37 | 姫路市 | 0.38 | 宇都宮市 | 0.40 |
| 28 | 尼崎市 | 0.37 | 川口市 | 0.38 | 東大阪市 | 0.40 |
| 29 | 松戸市 | 0.37 | 松戸市 | 0.37 | 川口市 | 0.39 |
| 30 | 川口市 | 0.36 | 倉敷市 | 0.37 | 松戸市 | 0.38 |

人口シェアが減少しているという事実があることを忘れてはいけない．都市部において人口集中が起こるのは，その他の地域からの人口移動が大きく寄与している．

**参考文献**

1) アル・ゴア著，枝廣淳子訳：不都合な真実，ランダムハウス講談社，2007.
2) カール・セーガン著，木村繁訳：Cosmos（上下巻），朝日新聞社出版局，1980.
3) NHK取材班：NHKサイエンススペシャル生命－40億年はるかな旅（全5巻），日本放送出版協会，1995.
4) NHK「地球大進化」プロジェクト編：NHKスペシャル地球大進化－46億年・人類への旅（全6巻），日本放送出版協会，2004.
5) クリストファー・ロイド著，野中香方子訳：137億年の物語－宇宙が始まってから今日までの全歴史，文藝春秋，2012.
6) 嘉幡久敬：地球の気持ち―自滅へ進む人類憂う，九大理系研究室，pp.228-232，南方新社，2005.
7) 丸山茂徳：46億年地球は何をしてきたか？，岩波書店，1993.
8) NHK「宇宙」プロジェクト編：NHKスペシャル宇宙－未知への大紀行（全4巻），日本放送出版協会，2001.
9) 白尾元理，清川昌一：地球全史－写真が語る46億年の奇跡，岩波書店，2012.
10) 田近英一：地球環境46億年の大変動史，化学同人，2009.
11) 竹内均編：Newton別冊改訂版 地球大解剖 - 海・空・大地がおりなす壮大なドラマ，ニュートンプレス，2002.
12) 松本俊博：たぐいまれな地球－今，私たちがここにいる不思議，日本放送出版協会，2002.
13) 小川滋編著：森林環境と流域生態圏管理，日本治山治水協会，2015.
14) 高木仁三郎：新版単位の小辞典，岩波書店，1995.
15) 沖大幹：水危機ほんとうの話，新潮社，2012.
16) 山田國廣：地球汚染からの脱出－水循環とエントロピー，アグネ承風社，1991.
17) 黒田達朗，田淵隆俊，中村良平：都市と地域の経済学[新版]，有斐閣ブックス，2008.
18) 佐々木公明，文世一：都市経済学の基礎，有斐閣アルマ，2000.
19) 八田達夫編：東京一極集中の経済分析，日本経済新聞社，1994.

# 第2章　都市を育む

## 2.1 水の循環と水資源

### 2.1.1 水は巡る

　地球上の生物は，その生命を維持するために本能として水を摂取する．人間も生物の一種であるから，その生理的機能を維持するため必要最小限の水は不可欠である．しかし，人類は自らの生活の場を快適な環境に改善するため，その必要最小限の量を超えて，水を多種多様な用途に利用してきた．人類の歴史は，水の恵みのもとで始まっており，我々の生活，文化，経済等は，水に支えられて発展してきた．そして今日，水は生活の基盤をなす貴重な資源として認識され，都市の発展においても，水は重要な制約要因となっている[1]．

　水資源とは，人類が地球上に存在する水を資源として利用していることを意味している．水を資源として見る時，他の資源(例えば，石油等の化石燃料)とはかなり違った特徴を持っている．化石燃料等は使用し続けていけば，いずれは枯渇してしまう(地球環境に悪影響を及ぼす二酸化炭素等の温室効果ガス等に変換され，再利用することは困難である)が，地球上の水は，その存在量は限られているものの，地球誕生以来一定であり，なくなることはない．すなわち，水は，気体，液体，個体と各相の態様をとりながら，主として太陽エネルギーにより絶えず地球表面付近を循環しているに過ぎない．地球上の水は，海や陸から蒸発して雲となり，雨や雪となって地上に降り，さらに河川等の表流水や地下水となってやがてまた海に戻ってくる[1]．これを水文循環(hydrologic cycle)と呼んでいる．ちなみに，水文学(hydrology)とは，いろいろと定義されるものの，「水」にまつわる森羅万象を対象とする学問である[2]．これは，天文学が「天」(宇宙)のことなら何でも扱う学問であり，

人文学が「人」に関するすべてを扱う学問であるのと同様である[2]．

地球は，水の惑星と呼ばれ，表面の70.8％が海洋で覆われ，「地球」ではなく「海球」ではないかとも思われるが，地球上に存在する水の総量を見てみると，(多くの推計があるが)およそ14億 km$^3$で，これは，地球の体積の約0.1％，重さでは約0.02％でしかない[2,3]．そして，地球上に存在する水のうち，およそ96.5％が海水，約1％が海洋下の塩水地下水，そしておよそ0.007％が塩水湖であり，淡水は地球上の水の僅か2.5％程度である[2,3]．しかも，この淡水の約70％は南極，北極，グリーンランドの氷として，また残りの30％はほぼ地下水として存在している[3,4]．これ以外の淡水の形態としては，永久凍土，淡水湖，土壌水，大気中の水，河川水，動植物体内の水等がある．

一般に水資源と言う時，現段階では，海水や塩分の混じった水および淡水であっても我々の手に容易に届かない水は除いて考えるので，我々が水資源として直接利用できる水は，河川水，湖沼水，そして地下水の一部で，そのうちの河川や湖沼等の表流水は，地球上の水の僅か0.01％に過ぎず[4]，人間が水資源として手近に利用できる水の量は意外と少ないことがわかる．ちなみに，この量は，1.2.4で述べた「地球長」で考えると，0.068 mLとなり，僅か目薬1滴(0.05 mL)ちょっとの量である．

しかし，水はその量において使ってもなくならない循環資源であるので，淡水の貯留量はあまり問題ではなく，その利用可能な循環量を考えることが重要である．実は，陸地，海洋を含め地球全体で，年間平均1,000 mm弱の降水量(雨や雪の量)が循環し，陸への降水量の約6割は蒸発散量(地面，水面等からの「蒸発」と植物の葉面からの「蒸散」を合わせた量)として大気に戻る[2]．降水量から，水資源としては使用できない蒸発散量を差し引いた量を「水資源賦存量(ふぞん)」と呼び，その地域で人間が水資源として期待できる極限の値，すなわち利用可能最大量となる[2,4]．循環する再生資源としての地球陸上での水資源賦存量は，年間4万～5万 km$^3$(大雑把に降水量300 mm相当)と推定されている[2]．

### 2.1.2 世界の水問題

水問題として，「too much water」と「too little water」の問題があり，前者は洪水等の多すぎる水の量的問題で，後者は旱魃等の少なすぎる水資源に関する水量と水質の問題である．日本は，世界でも有数の多雨地帯であるアジアモンスーン地帯に位置しており，また河川は急峻で短く，河況係数(ある一定期間の最大流量と最小流量の比率)が大陸河川に比べ著しく大きいため，洪水も渇水もともに起こりやすい．

そのため，日本では両方の水問題が共存している[2]．さらに，日本では，今後，地球温暖化に伴う気候変動の影響として，極端な大雨の頻度や総降水量に対する大雨の割合が増加する一方で，無降水日の増加や積雪量の減少が予測されており，水問題は両極端化すると予測されている[4]．本節では，「too little water」の問題に焦点を当てるが，この問題は簡単に言えば，供給を上回る水需要によって生じる．

平成7(1995)年，世界銀行で水問題を担当していた当時の副総裁イスマエル・セラデルディン氏が「20世紀には石油争奪をめぐり戦争が勃発したが，21世紀は水争奪をめぐり争いが発生するであろう」と発言した[2,5]．その頃，欧米では，多くの開発途上国での深刻な水不足，水汚染が重大問題として報じられており，ビッグニュースとして報じられた[5]．複数の国々を流れる国際河川の流域は，全陸地の約45％を占める普遍的な存在であり，国際河川をめぐっては，特に中近東の河川，アフリカのナイル川，アジアのガンジス川，メコン川等，国家間の争いが絶えない[5]．なお，現実には，国家間の水問題が表面的に激しい紛争に至ることは希で，2国間の融和や和平につながる方が多い[2]．

現在，世界中で，河川のみならず，湖沼等の地表水，さらには地下水の過剰使用により水資源が量的に不足し，また質的にも汚染されて水資源として利用できず，様々な深刻な水問題が発生している[2,5,6]．その結果，水不足と水汚染が原因で，毎日約1万人が亡くなり，その過半はアジア，アフリカでの途上国の5歳以下の乳幼児である[5]．また，10人に1人は安全な水が飲めず健康リスクを負い，3人に1人は屋内にトイレを持たず，最寄りの川や池，窪地や藪の中で危険を冒して用を足している．

こうした世界の水問題解決へ向け，昭和52(1977)年，最初の水会議がアルゼンチンのマル・デル・プラタで開催され，その後，平成4(1992)年のブラジルのリオ・デ・ジャネイロで開催された「地球サミット」をはじめとして多くの国際会議を経て[5]，平成12(2000)年に国連ミレニアム宣言が採択された．その中で行動目標を定めた国際的な枠組みとして「ミレニアム開発目標」が設定され，「2015年までに，飢えに苦しむ人々とともに，安全な飲料水および基礎的な衛生設備(トイレ等)を継続的に利用できない人々の割合を(1990年に比べて)半減する」という目標を掲げた[衛生設備については平成14(2002)年追加][2,4]．そして，安全な水へのアクセスに関しては平成22(2010)年に半減(22％から11％に)し，目標は達成されたが，それでも今なお8億人弱の人々が安全な水にアクセスできていない[2]．基礎的な衛生設備に関しては，平成23(2011)年に51％から36％へと改善したものの，まだ目標は

達成しておらず，いまだに約 25 億人の人々がトイレ等の衛生設備を継続的に利用できない状態にある[4]．

国連食糧農業機関 (FAO) によると，世界の平成 18(2006) 年頃の水使用量は，年間約 3,902 km$^3$ で，このうち農業用水が全体の 69％ を占め，続いて工業用水が 19％，生活用水 12％ となっている[4]．20 世紀の 100 年間に人口は 3.7 倍に急増したが，水の総需要量の方はそれをはるかに上回る 6〜10 倍も増加したと推定されている[2,5]．世界の総人口は，平成 25(2013) 年現在，約 71 億 6,000 万人で，2050 年には 96 億人に達すると推計されている[4]が，人口の増加とともに経済の発展や生活水準の向上と相まって，水の需要は今後大幅に増加することが予想されている[4]．なお，後述するように，日本では人口が平成 20(2008) 年をピークとして減少し始めたが，水使用量は平成 4(1992) 年をピークに減り続けている．

一方，供給量としての世界の水資源賦存量は，前項で述べたように年間 4 万〜5 万 km$^3$ の循環資源で，世界全体ではそのうちの 1 割程度しか利用していないことになる．では，なぜ水不足が起こるのであろうか．それは，水という資源が，根本的に空間的にも時間的にも極端に偏在しているからである．空間的には，ほとんど雨の降らない沙漠地帯や飲み水が石油よりも高い中近東の国々から，日最大雨量が 1,000 mm を超え，年最大降水量が 2 万 mm を超えるようなインドのアッサム地方まで様々である[1]．また，時間的には，雨季と乾季で季節変動が非常に大きい地域や，気候変動等による経年変化が大きい地域もある．そして，これら空間的，時間的に偏在することを平準化することが水資源開発ということになる．

水資源の大きな特徴として，水の値段は極端に安く，経済的に運搬移動には適さないことが挙げられる．例えば，日本における重さ 1 t 当たりの価格は，ゴミのリサイクルである古紙でも 1 万円以上であるのに対し，水道水で約 170 円(ただし，自治体ごとに 10 倍以上の地域差がある)，工業用水で 20 数円，農業用水は利用料と負担金から算定すると 3〜4 円程度となっている[2,7]．なお，ミネラルウォーターの価格は水道水のざっと 1,000 倍程度(1 t 当たり 10 万円相当)であるので，経済的に運搬移動に値する．すなわち，水資源の基本原則は，流域を越えて運べないローカルな資源ということであり[2]，やむを得ず水のような安い流体を輸送する場合は，経済的には安価な水路やパイプラインを用いるしかない．

空間的，時間的に偏在する水資源を平準化し，安定して利用するためには，水を効率よく貯留，輸送，浄化，配分することが肝要であり，そのためのインフラ整備が必要不可欠となる．実際，世界で慢性的に水不足に悩んでいる国や地域は，水資

源賦存量の自然条件だけでなく，どちらかというと，水を安定して供給できる社会基盤が整備されているかどうかに左右されている．すなわち，水問題は，富の偏在，分配の問題に起因している[2]．

### 2.1.3 日本の水資源

日本は水資源に恵まれていると言われる．「湯水の如く使う」という諺は，日本の豊富な水資源を如実に言い表している[8]．水資源の源は，つまるところ，天からのもらい水，すなわち降水である．そして，それが水文循環として，川に流れ出て，また一部は地下水となって，我々が水資源として利用することになる．

地球上の気候は，マクロ的に見れば緯度とともに変化する．水資源としての供給総量である年降水量は，平均的に見ると，赤道付近で最も大きく，北・南半球とも緯度が高くなるとともに小さくなっていき，40〜55°付近で再び大きくなる．その後，降水量は，極に近づくにつれて小さくなり，極地方で最も小さい[9]．そして，同じ緯度でも海上の方が陸上よりも降水量は大きい．日本の北緯30〜45°の緯度

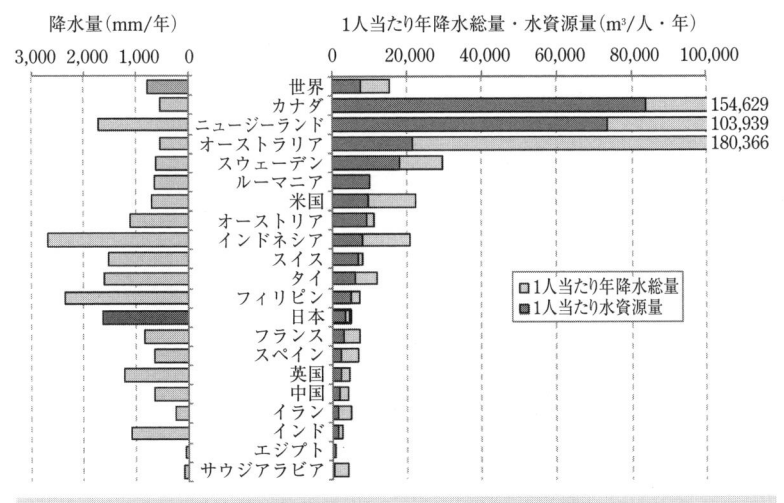

(注)1. FAO（国連食糧農業機関）「AQUASTAT」の2014年4月時点の公表データに基づきに国土交通省水管理・国土保全局水資源部が作成
2. 「世界」の値は「AQUASTAT」に「水資源量[Total renewable water resources(actual)]」が掲載されている177カ国による．

図 2.1.1 世界各国の降水量，1人当たり年降水総量・水資源量［出典：国土交通省水管理・国土保全局水資源部[4]］

帯は，温帯の中ではむしろ年降水量が少ない所になっているが，日本の年間降水量は，図 2.1.1 に示すように世界平均約 800 mm の 2 倍程度の約 1,690 mm（1981 年〜2010 年の 30 年間の全国約 1,300 地点の資料より算出）もあり，温帯に位置する国としてはずば抜けて多く，熱帯並みの降水量である[8]．これは，日本が世界でも有数の多雨地帯であるアジアモンスーン地帯に位置しているためである．しかし，日本は狭い国土に人口が多く，図 2.1.1 に示すように，人口 1 人当たりの年間降水量は約 5,000 m$^3$ で，世界平均 1 万 6,000 m$^3$ のおよそ 3 分の 1 程度しかなく，この視点から見れば，日本の降水量は必ずしも豊富とはいえない．

ここで，図 2.1.2 を参考に日本の水資源の年間収支を大雑把に見てみる．上記の年間平均降水量に日本の国土面積 37 万 8,000 km$^2$ を掛けると，年間の日本国土への降水量は約 6,400 億 m$^3$ となる．日本では，平均的に見て降水量の約 3 分の 1 に当たる約 2,300 億 m$^3$ が蒸発散量として天に戻り，その結果，日本全国の水資源賦存量は約 4,100 億 m$^3$ と推定されている[4]．さらに，降水量のおよそ半分に相当する 3,300 億 m$^3$ は，洪水その他となって流れ，水資源どころか甚大な水害を引き起

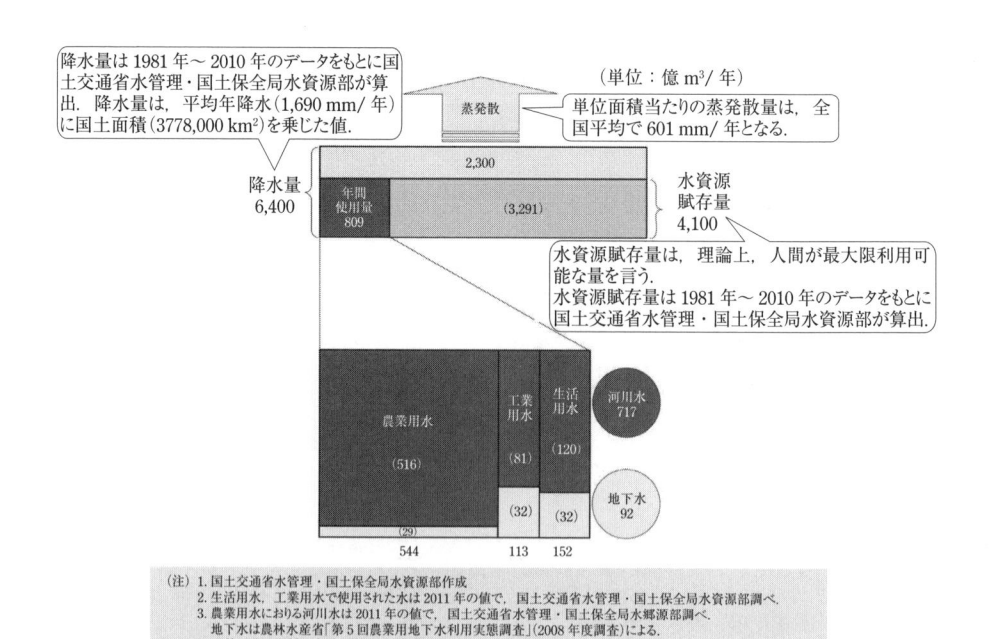

（注）1. 国土交通省水管理・国土保全局水資源部作成
2. 生活用水，工業用水で使用された水は 2011 年の値で，国土交通省水管理・国土保全局水資源部調べ．
3. 農業用水における河川水は 2011 年の値で，国土交通省水管理・国土保全局水郷源部調べ．地下水は農林水産省「第 5 回農業用地下水利用実態調査」（2008 年度調査）による．
4. 四捨五入の関係で合計が合わない場合がある．

**図 2.1.2** 日本の水資源賦存量と使用量［出典：国土交通省水管理・国土保全局水資源部[4]］

こしながら海へと流れていく．また，上記の水資源賦存量は，平年並みに降水がある年の場合で，水資源計画で対象となる渇水年（おおむね10年に1度起こると推定される少雨の年）の水資源賦存量は，約2,800億m$^3$と推定されている[4]．この渇水年の水資源賦存量の約7割に当たる約2,000億m$^3$が，日本において水資源として利用できる一応の限界であると想定されている[10]．

なお，降水量は，狭い日本国内においてさえ，地域的および季節的に大きく変動する．地域的に言えば，太平洋側の夏期多雨・冬期乾燥型，日本海側の冬期多雪型，瀬戸内沿岸，関東内陸，東北の太平洋側および北海道の少雨型といった具合である．さらに，水資源賦存量は，降水量の経年変化に直接対応し，降水量の経年変化として少雨区間，多雨区間，周期的に変動が現れる区間等が存在することが知られている[1,11]．また，近年，地球温暖化による気候変動や世界各地の異常気象が話題となっている．日本では，無降水日の増加，少雨日の減少，多雨日の増加，積雪量の減少が予測されており[4]，このような気候変動および異常気象の発生は，将来の水資源確保という点から見て，不安定で不確実な要因として懸念される．

水資源開発とは，地球上を循環している水を，より多くの人間の生存活動に利用するため，その循環過程を変え空間的，時間的な偏在を平準化することであると解釈される．この場合，海水や地下水，そして汚濁した水が容易に利用できれば問題ないが，そのいずれもが多くの問題を抱えているため，水資源開発が人類にとって重要な課題となっている．水資源開発の方法には，具体的に以下のような範疇の方法が考えられる．

① 水の地表滞留時間の増加，すなわち，ダムや溜め池等による貯留や貯水池からの蒸発抑制等，
② 地下水の揚水や涵養，
③ 水の運搬移動による地域間融通，
④ 質の純化による再生利用：海水の淡水化，下水処理水の再生利用等，
⑤ 既存水利用の改善：農業用水等の既得水利の合理化，水道水の漏水量の減少等，
⑥ 気象制御：人工降雨や台風・低気圧の進路制御等，
⑦ 水需要抑制策：節水意識の高揚，節水機器の普及，給水制限規則等，
⑧ 海水の直接利用：海水揚水式発電，海洋深層水の利用，

等が挙げられる．なお，各方法の詳細に関しては，例えば，参考文献[1,4,8,9]を参照されたい．

日本では，様々な社会基盤が長い年月をかけて開発され，維持されてきたため，

ようやく最近になって水不足で困る機会が減ってきた[2]．一般に，水の貴重さに対する認識は，日常生活や経済社会活動に影響が出る渇水時にのみ関心が寄せられ，水道の栓をひねりさえすれば水が得られる平常時の生活状況においては，ほとんど念頭から離れてしまう宿命にある．しかし，高度に水資源開発を行うほど逆に水需要に対する弾力性は減少し，いったん水不足に陥った時の被害は増大することを忘れてはならない．日常生活や都市活動の中で，水に依存する度合いが従来にも増して高まっている現在，適正な社会活動，都市活動を維持していくためにも渇水に対する利水安全度を向上させなければならない[1]．とくに近年では，急速に進行する水インフラの老朽化問題，地震等の大規模災害に対する備え，地球温暖化に伴う気候変動による渇水リスクの懸念等，対応すべき問題が山積している[4]．

## 2.1.4 日本の水利用

水の使用目的としては，①農業用水，②生活用水，③工業用水のほかに，④発電用水，⑤環境用水，⑥消流雪用水，⑦養魚用水等が挙げられるが，年間の水使用量を量的に考える場合，上記の④〜⑦の用水は実質的に考慮されていない．と言うのは，これらの用水は，水の持つ位置エネルギーや熱エネルギー，そして心理効果等を利用するもので，水を実際に消費してその水質を著しく変化させるものではなかったり，その使用量が相対的に小さいからである．

本項では，日本の水がどのようにどの程度使われているかその大枠を見てみよう．図 2.1.3 は，日本の水使用量の推移を取水量ベースで示したものであるが，平成 23（2011）年の使用量は 809 億 $m^3$ と推定されている．このうち，農業用水が約 544 億 $m^3$ で全体の 67% を占めている．そして，生活用水が約 152 億 $m^3$（19%）で，工業用水が約 113 億 $m^3$（14%）となっている．なお，生活用水と工業用水を合わせて「都市用水」と呼んでいる．

農業用水は，水田灌漑用水，畑地灌漑用水および畜産用水に大別されるが，このうち水田灌漑用水が用水量の大部分を占めている．生活用水は，飲料水，調理，洗濯，風呂，水洗トイレ，掃除，散水等の「家庭用水」として，また，営業用水（飲食店，デパート，ホテル等），事業所用水（事務所等），公共用水（噴水，公衆トイレ等），消火用水等の「都市活動用水」として使われている．工業用水は，工業分野で，ボイラー用水，原料用水，製品処理用水，洗浄用水，冷却用水，温調用水等に使われる水を総称したものである[1]．工業用水においては，一度使用した水を再利用する回収利用が進んでおり（2011 年の回収率は 78.5%），上記の工業用水使用量は新

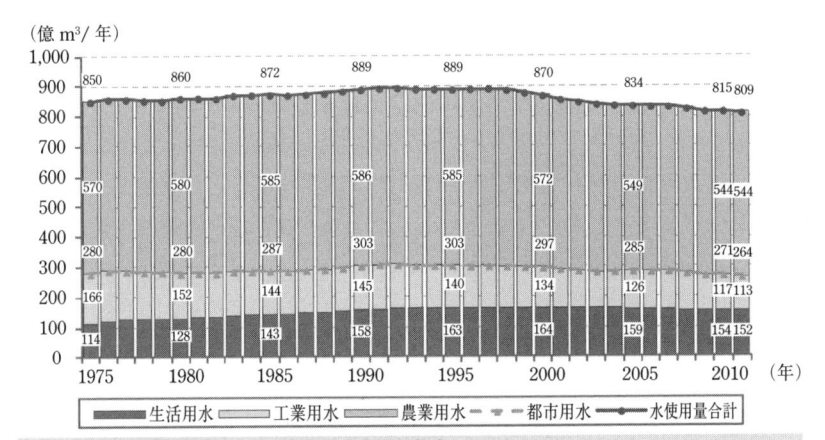

**図 2.1.3** 日本の水使用量 [出典：国土交通省水管理・国土保全局水資源部 [4)]]

たに取水する「淡水補給量」を表している [4)].

図 2.1.3 を見ると，日本の全体の水使用量（取水量ベース）は平成 4(1992)年の 894 億 $m^3$ をピークに減少しているが，農業用水は平成 8(1996)年の 590 億 $m^3$，生活用水は平成 9(1997)年の 165 億 $m^3$，そして工業用水は回収率の向上により既に昭和 48(1973)年の 158 億 $m^3$ をピークに減少に転じている [4)]．生活用水は，水道により供給される水の大部分を占めており，平成 24(2012)年度末の水道普及率は 97.6% で，給水人口は 1 億 2,466 万人に達している．2012 年の生活用水の一人一日平均使用量（都市活動用水を含む）は，漏水等を差し引いた有効取水量ベースで 289 L となっており，1997 年の 324 L をピークに減少傾向にある [4)]．

また，東京都における一人一日家庭水使用量については，平成 8(1996)～平成 12(2000)年の 248 L をピークに漸減してきており，平成 21(2009)年には 233 L に減少している [12)]．1 人当たりの家庭水使用量が減少している主要な原因として，家庭等での様々な節水機器の普及が挙げられる [12)]．とくにトイレ用水の節水は著しい．国内では 1970 年代中頃まで大小の区別なくトイレで 1 回水を流すと 20 L も流

れていたが，昭和51(1976)年以降13Lのトイレが登場し長く使用されてきた．1990年代になると，大小で流れる量が異なり，大でも10L以下のものが登場し，各メーカーがしのぎを削り，6L以下の便器が登場したのは平成7(1995)年で，現在では大でも4.8L，そしてさらに3.8Lしか流さない製品も出回っている．

実は，トイレ用水に限らず生活用水はほぼ全部洗浄用であり，水を使うと言うことは，水を汚してその汚れを運んでもらうことであり[2]，量的な減少はほとんどなく，ただ水質を低下させることに帰着する．

### 2.1.5 健全な水循環

20世紀は都市化の世紀とも言われ，日本では，とくに第二次大戦後，欧米の都市化とは比べものにならないほど激しく都市化が進行し，都市への人口や産業の集中，都市域の拡大，産業構造の変化，過疎化，高齢化等が進行した[4,13]．その結果，華やかな都市文明が謳歌されている反面，それまでの水循環は著しく影響を受け，都市においても「too much water」と「too little water」の表裏一体の問題が顕著に現れてきた．すなわち，俗に「ゲリラ豪雨」と呼ばれる局所的な豪雨の発生頻度の増加，不浸透面積の拡大による都市型水害が頻発する一方で，平常時は，とくに都市河川ではほとんど流量がなく，地下水涵養量の減少で湧水は枯渇し，地下水の過剰採取による地盤沈下，各種排水による水質汚濁や地下水汚染等，水環境や生態系が損なわれ，さらにヒートアイランド現象も顕在化している．

以上のような不健全な水循環問題の解決を目指して，これまで様々な健全な水循環系構築への取組みがなされてきており[14]，そして，とくに「too much water」の問題に対し，雨水の利用の促進に関する法律[15]が平成26(2014)年5月1日に，そしてとくに「too little water」の問題に対し，水循環基本法[4,16,17]が2014年7月1日にそれぞれ施行された．水循環基本法では，水循環を「水が，蒸発，降下，流下又は浸透により，海域等に至る過程で，地表水，地下水として河川の流域を中心に循環すること」と定義しており，健全な水循環とは「人の活動と環境保全に果たす水の機能が適切に保たれた状態での水循環」としている．

これまで，河川水は河川法により「公水」と位置付けられていたが，地下水は法的には，民法207条「土地の所有権は，法令の制限内において，その土地の上下に及ぶ」がそのまま適用され，土地の所有者がその土地の地下水を自由に利用する権利を持つ「私水」とみなされていた[18]．水循環基本法により，ようやく地表水と地下水がともに一体となって水文循環を形成する公共性の高い国民共有の財産(公共の

水)として位置付けられ，地下水の「公水」としての取扱いにも活路を開いた[16,19]．今後，地下水管理は，地下水が公共の水という共通認識のもと，地域に応じた柔軟性と自由度を確保し，基本的には自治体レベルで確立していくことが望まれる[16]．

さて，過度に人口が集中するほど魅力的な都市は，そもそも，都市だけで(水に限らず)自給自足し独立して生存することはできず，食料，水，エネルギー，人財の供給を郊外に頼っている存在である[2]．そのため，都市の問題は，周辺地域と一体となって解決していく必要があり，その意味で，水は行政区画単位ではなく，流域単位(さらには，地下水を含めた広域水循環系)で計画，マネジメントされるべきであり，さらに，水と食料とエネルギーの密接な補完代替関係に着目し，それらの安定供給を確保しつつ，持続可能な社会を構築する必要がある[2]．

## 2.2 都市と水環境

### 2.2.1 川の治水・利水と環境の関係

大都市は，必ず川の周りに発展する．世界の四大文明は，黄河文明，エジプト文明，インダス文明，メソポタミア文明であるが，それぞれ黄河，ナイル川，インダス川，チグリス川・ユーフラテス川の氾濫原に栄えた．世界の巨大都市である東京は，多摩川，荒川，利根川(江戸川)の下流・河口域に発展している．

川があることで，我々は，飲料水，農業用水や工業用水を得ることができ，暮らしを営むことができる．また，川は物流経路としても重要である．船は，車両，飛行機よりも低コストで大量の物資を輸送できるので，世界の大河川は船舶の内陸航路として使われている．さらに，水力発電は，我々に

図 2.2.1　関東平野と河川

写真 2.2.1　円山川水害［平成 16(2004)，兵庫県］．水の力は家屋も容易に破壊する

電気をもたらしてくれる．このように，川を利用することを「利水」と言う．

　一方で，川は洪水時に氾濫する．川が上流から土砂を運搬して，それが氾濫，堆積してできた平野を「沖積平野」と言い，関東平野はその代表である．地質学的な視点から見れば，川の氾濫は自然の摂理だが，我々の暮らしを守るうえでは洪水氾濫は防がねばならない．農業といえども，洪水，氾濫は農作物を台無しにし，耕作地を荒らしてしまうので，これを防ぐ必要がある．

　川の氾濫を防ぐには，森林の育成，ダム建設，河川の掘削，堤防の嵩上げ，分岐合流した河道の整理統合，放水路の開削，遊水池の設置等の様々な方法がある．しかし，雨の降り方はすさまじいものがあり，例えば，九州や四国では 3 日間雨量が 1,000 mm という状況や，首都圏では 1 時間雨量が 50 〜 100 mm ということも頻繁にある．このような膨大な量の水をコントロールするには，考え得るあらゆる対策を組み合わせて対処する必要がある．これを「治水」という．

　有史以来，利水と治水は，統治者の最重要課題であった．日本では，明治 29(1896)年に旧河川法が制定され，治水のための河川整備に重点が置かれた．戦後，昭和 39(1964)年には新河川法が制定され，利水も含めた総合的な河川管理の考え方が示された．そして，平成 9(1997)年には，「環境」への配慮が河川整備の基本方針として加えられた．河川，海岸における環境の重要性が法律に明記されたのは，実はそれほど古いことではない．

　ダム貯水池の水質を良好に維持すれば，おいしい水道水が飲める．河川の環境を適切に整備すれば，生態系の保全が可能になり，また，人々は水辺でレクリエーションを楽しめる．河口域の生物環境を保全すれば，漁業として成立する．このように河川水系の環境を良好に維持することは大切である．

　つまり，現代の河川整備においては治水，利水，環境の調和が必要であり，それにより「安全で」，「快適な」，「潤いのあ

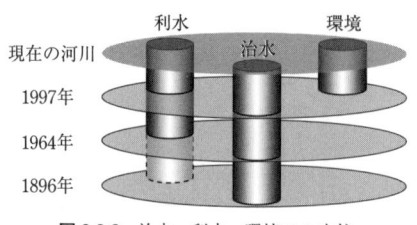

図 2.2.2　治水，利水，環境の 3 本柱

る」都市空間が生み出されるのである．本節では，特に環境をクローズアップして，ダム貯水池，河川と河口域について，水環境の捉え方や保全・改善技術を紹介する．

## 2.2.2 ダム貯水池の水環境

### (1) ダム貯水池に求められるもの

ダム貯水池の目的は，大雨の際に洪水を一時的に貯め込んでピーク流量をコントロールすること，日常的には貯留した水を下流に安定的に流し，水道，農業，工業等の各種用水を供給すること，水力発電を行うこと等である．つまり，川の「水量」を制御することがダムの主たる目的であるが，貯めた水をどのように使うかを考えてみると，「水質」の制御も重要であることに気が付く．

水道水には「おいしさ」が求められている．最近はペットボトル水を買い求める人も多いことからわかるように，蛇口から安全性の高い水が出るだけでは不十分で，おいしさを兼ね備えていることが必要である．そのためには，浄水場での高度処理もさることながら，ダムの原水が清浄であればよい．しかし，ダムでは水が淀むので，どうしても水質が劣化しやすく，アオコや淡水赤潮，ある種の藍藻類の発生により水に異臭味やカビ臭が付くことがある．

また，ダム貯水池では濁水長期化現象が生ずることがある．これは，洪水時に上流河川が土砂によって濁り，それがダム貯水池に入って滞留することで，湖面や放流水が数週間から数ヵ月にわたって濁り続けるものである．濁水が長期化すると，水辺の美観が損なわれ，人々がレクリエーション利用する際の価値が低下したり，微細な土砂粒子が魚の鰓に詰まって斃死することがある．

したがって，湖水の品質を管理することが必要になる．このことは，ダム貯水池の「長寿命化」という観点からも大切である．通常，社会基盤施設の長寿命化は構造物の劣化を防ぐという意味で用いられるが，ダムの場合，コンクリートやロックフィルの堤体はそれほど劣化せず，鋼製ゲートや電機設備の老朽化への対応が必要な程度である．一方，ダムの目的は水量と水質を確保することにあるから，その長寿命化とは，貯水容量を維持すること（土砂の堆積を防ぐこと）と，水質を長期にわたって良好に維持することにあると言えよう．

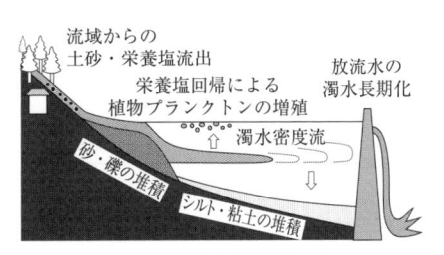

図 2.2.3 貯水池の環境現象

## (2) ダム貯水池の水の動きと水質

水質管理と言えば，生物化学的要因（リン，窒素や植物プランクトン）の制御が思い浮かぶが，実は物理的要因（水温や水の流れ）も非常に重要である．

ダム湖では，夏場に表面の水が温かく（20～30℃），50 m 程度の深さでは水温が6～8℃になり，大変冷たい．ボートを使って水質調査を行う時，ペットボトルの飲み物に錘を付けて深い所に吊り下げておくと，冷蔵庫から取り出したようにキンキンに冷えるのである．

湖水は，気温と日射によってのみ温められ，水面から熱が出入りする．春から夏にかけて水面から徐々に水温が上昇し，さらに湖面に風が吹くと，その力で鉛直に混合していくが，影響範囲はおおむね水深 20 m までである．温かい水は密度が小さく（軽い），冷たい水は密度が大きい（重い）ので，表層温水と深層冷水はあたかも水と油のように異なる流体として安定してしまい，両者が自然に混じることはないのである．この状態を「水温成層」という．

ダム湖で生ずる流れには，吹送流，河川侵入流，補償流等がある．吹送流とは，風が吹いた際，水表面の水が風下に吹き寄せられる流れである．河川侵入流は，上流の河川水がダム湖に流入した時に自分と同じ水温（密度）の水深層に割り込んで進む流れであり，日常的な河川流と洪水時の濁水流の２つがある．

ダム湖には水温成層が発達するため，河川水は中層を流れる．そのため，洪水時には河川は濁っているのに湖面は濁っておらず，さらにダムの放流設備が中層にある場合は，放流水が濁る．このように濁りが視覚的に連続しない不思議な現象が生ずる．

## (3) ダム貯水池の環境技術

ダム湖や自然湖沼では，流域から栄養塩（リン，窒素等）が流入して蓄積する．これは，人為的な生活排水，畜産排水や森林由来の物質である．そして，湖内では植物プランクトン（藻類）が栄養塩と光を利用して光合成を行い，増殖していく．栄養塩や植物プランクトンの濃度が高くなることを「富栄養化」と言い，富栄養化を防止するこ

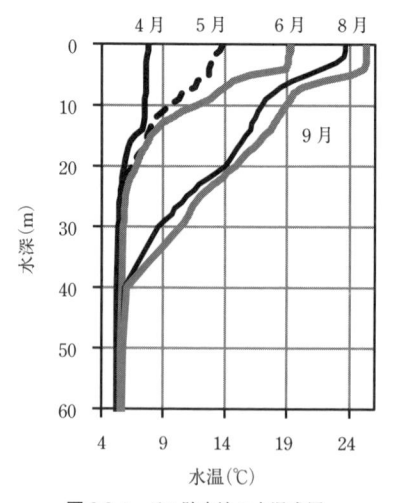

図 2.2.4 ダム貯水池の水温成層

とがダム貯水池の水質管理である．

その方法としては流域対策と貯水池対策があり，流域対策は浄化槽や下水処理場の整備等がある．貯水池対策は，バイパス放流，曝気循環，選択取水，分画フェンス，表層水移送装置等がある．

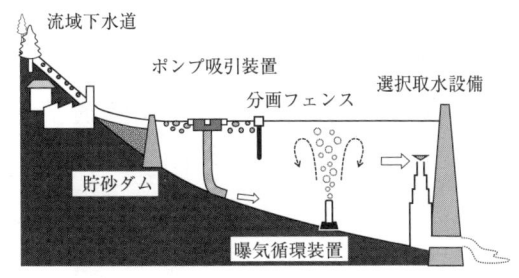

図 2.2.5 ダム貯水池における様々な水質対策

流域対策は人為的排水を対象にしているが，洪水時には天然由来(森林土壌)の栄養塩が多く流出するので，これを流域で処理することはできない．そのため，一定量の栄養塩が必ずダム貯水池には流入し続ける．ダム貯水池の中での水質対策は，栄養物質そのものを化学的手法により低減させるのではなく，流れをコントロールすることで植物プランクトンに栄養塩を利用させない，あるいは植物プランクトンが増殖しにくい水温，光条件を作りだすという物理的手法になる．

表 2.2.1 ダム貯水池における水質対策の一覧

| 対策 | 設置場所 | 内容 |
| --- | --- | --- |
| 下水処理場の整備 | 流域集落 | 家庭雑排水が河川に直接流入しないように，浄化槽や下水場にて処理する．畜産や酪農が行われている場合，家畜の糞尿による汚濁が課題になっている． |
| バイパス放流 | 河川流入部 | 流域河川の汚濁濃度が高い場合，それを貯水池に入れずにパイプラインで下流に直接放流する． |
| 分画フェンス | 上流水域 | 谷を塞ぐようにビニールシートを吊り下げる工法．機能は3つあり，①河川流入部で発生するアオコの湖心への拡散を防ぐ，②栄養塩を含んだ河川水を中層に誘導する，③鉛直混合の促進により表層水温を下げ，藻類の増殖を抑制する． |
| 表層水移送装置 | 上流水域 | 大型の吸引ポンプとパイプラインから構成される装置．表層で増殖する植物プランクトンを有光層以下に送り込んで，活性を失わせる． |
| 曝気循環 | 湖心部 | 送気装置を湖底に設置し，空気を吐出する．空気塊とともに周囲水(深層冷水)が浮上し，表層水が冷却され，鉛直混合が促進される．これにより，藻類の増殖を抑制する． |
| 選択取水 | ダム堤体 | 多段ゲートを用いて任意の水深から取水する．平常時の栄養塩を含む河川水や洪水時の濁水を早期に排出し，貯水池に滞留させない(河川水が流れる層からの取水)． |

38　第2章　都市を育む

写真 2.2.2　分画フェンス（小河内貯水池）

これは，湖水の量が膨大であり，プラントでの水処理のような方法はとることができないからである．しかし，分画フェンスや選択取水等はエネルギーをほとんど使わず，運用コストを低く抑えられるため，優れた手法と言える．最近は，複数の手法を組み合わせた「流動制御による水質管理」が進められつつある．

### 2.2.3　河川の環境

#### （1）　大河川と都市中小河川の違い

大都市を流れる川について，多くの人は「コンクリート三面張り」というイメージを持っているであろう．しかし，河川にも大雑把に言って大河川と都市中小河川の2種類があり，後者がコンクリート三面張りの形状をしている．

利根川，荒川，多摩川等の大河川は，源流が山岳地帯で，有史以来，洪水氾濫を繰り返して沖積平野を形成してきた（図2.2.1）．そのため，両岸に堤防を建設して氾濫を防いできた．大河川の河道断面は，常時水が流れる低水路，洪水時のみ冠水する高水敷，そして堤防という構造になっている．堤防は基本的に土や砂を締め固めて造られており，ところどころコンクリートブロックで覆われているものの，三面張りではない．

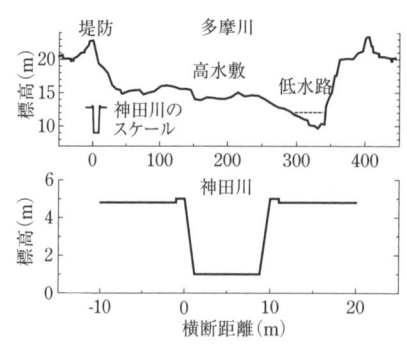

図 2.2.6　大河川と都市中小河川の横断形状

神田川や石神井川のような都市中小河川は，もともと下流こそ江戸の市街地を流れていたが，流域のほとんどは雑木林や田園地帯であった．それが，昭和以降，流域の都市開発，宅地開発が進んだことにより雨水が急に河川に集中するようになり，かつ河川沿いの土地利用も高度化したことから，高度経済成長期以降に氾濫被害が発生するようになったのである．そこで，できるだけ洪水流下断面積を稼ぐために河道を矩形

に掘り込み，三面をコンクリートで固めた．

このように，大河川と都市中小河川では，生い立ち，洪水のメカニズム，断面形状が全く異なるので，河川環境に対する取組み方針も全く異なってくる．

### (2) 都市中小河川の河川環境

神田川は大都市東京の代表的な中小河川であり，東京都建設局は1時間に50 mmの降雨流出を安全に流すことを目標に整備してきた．これは降雨確率にすると，おおむね1/3(3年に1度)になる．平成24(2012)年には時間降雨75 mmに対応できるように，整備水準を30～50年かけて引き上げることとなったが，それでも降雨確率は1/20である．

つまり，洪水を安全に流すには河道の断面積が圧倒的に不足しており，数年に1度という高頻度で氾濫が生ずる都市中小河川においては，治水対策が最優先となる．河川の生態系や親水性に配慮するための「河道の余裕」がほとんどないのが実情である．

それでも，川沿いの遊歩道整備や，親水テラスの設置等，人が川と向き合えるような取組みが積極的に進められている．

### (3) 大河川の河川環境

東京における大河川といえば，荒川，多摩川である．これらの河川は，200年確率の洪水を対象に整備が進められ

写真 2.2.3　神田川の親水テラス(左側)

表 2.2.2　大河川の空間ゾーニング

| 区分 | 目的・利用例 | 利用例 |
| --- | --- | --- |
| 自然保全空間 | 現存する自然環境を保全する場，本来の環境を回復させるための試験的空間 | 保全，学術調査，モニタリング等 |
| 自然学習空間 | 市民が自然環境に親しみ，自然を学ぶ場 | 自然観察広場，ビオトープ，親水公園等 |
| 多目的空間 | 市民が日常的に散策して安らぐ場，災害時の避難場所 | |
| 運動公園 | スポーツに利用する場 | サッカー，野球，ゴルフ等 |
| 利用施設 | スポーツ以外の特定の目的で利用する場 | 駐車場，船着き場，管理用道路等 |

ており，都市中小河川と比べれば川幅が格段に広く，環境に配慮できる余地がいろいろとある．

大河川の河川空間は，ゾーニングという考え方で計画される．大都市を貫流する河川では，自然的な環境だけではなく，人間が利用しやすい環境という視点も必要になり，場所の特徴に応じて表2.2.2のようにゾーンを設定，管理，整備する．

このほか河川環境に関して特筆すべき点として，東京湾から多摩川を遡上する「鮎」がある．多摩川の鮎は，高度経済成長期(1960年代)には水質悪化等の影響によりほとんど見られなかったが，平成5(1993)年には100万尾の遡上が確認され，平成24(2012)年には1,000万尾が確認された．

これは，多摩川流域の下水道整備率が99%に達し，BOD(生物化学的酸素要求量：汚濁の指標値)が年々改善し，平成20(2008)年以降は環境省が定める基準のA類型に到達していることと関係していると思われる．基準はAAからEまでの6段階が設定されており，その2番目に良い水質に改善されたのである．

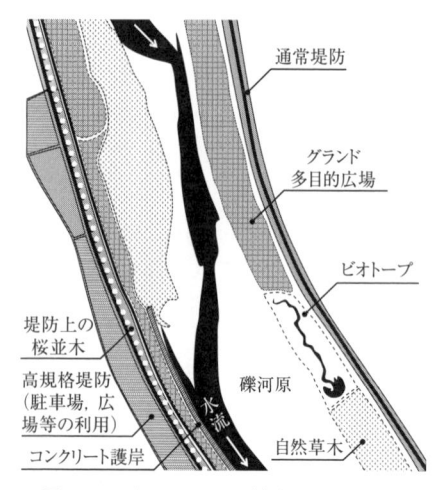

図2.2.7 ゾーニングの例(多摩川・稲城地区)

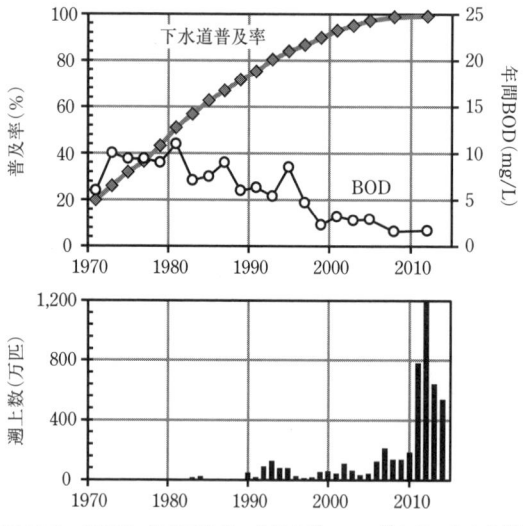

図2.2.8 多摩川の流域下水道の整備率[20]，BOD[20]と鮎の遡上数[21]

鮎，ウグイ，鮭，マス等は川で生まれてから海へ下り，海を回遊してから再び遡上し，川で産卵する．つまり，多くの川魚にとって，川と海が連続していることが必要である．多摩川には河口(川崎市)から60 km(青梅市)までの区間に8つの取水

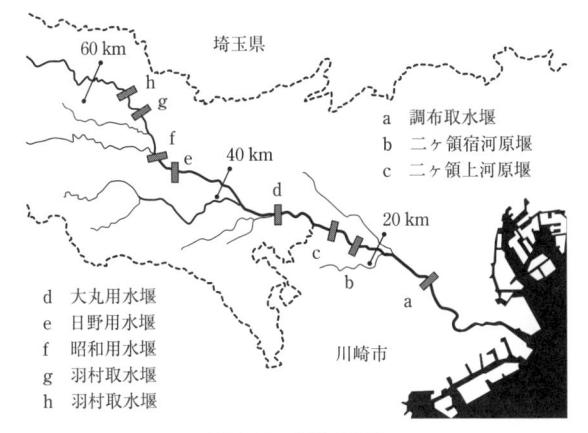

図 2.2.9 多摩川の堰

a 調布取水堰
b 二ヶ領宿河原堰
c 二ヶ領上河原堰
d 大丸用水堰
e 日野用水堰
f 昭和用水堰
g 羽村取水堰
h 羽村取水堰

堰がある．これは落差が数 m あるダムのようなもので，魚の遡上を妨げる場合がある．とくに中流部の二ヶ領宿河原堰，二ヶ領上河原堰，大丸用水堰でその傾向が強かった．そこで，建設省は平成 4(1992) 年に多摩川を「魚がのぼりやすい川づくり推進モデル事業」のモデル河川として指定し，堰への魚道の増設や形式の変更等を順次進めた．このような川と海の連続性を回復させる取組みも，鮎の遡上数の増加に役立っている．

写真 2.2.4　ハーフコーン式魚道．左側は高さ約 4 m の二ヶ領上河原堰

### 2.2.4　河口域の環境

#### (1)　豊かな生態系，特殊な生態系

川が海と接する河口域では，漁業が盛んに行われている．河口の内側（川）ではシジミが，沖側（海）ではカキやアサリが育ち，魚ではウナギ，アナゴ，スズキ，コノシロ，マス類等が回遊しており，いずれも我々の食卓に上る水産物である．

これは，河口域が特殊な環境であることに理由がある．第一に，河川水（淡水）と海水（塩水）がぶつかり合う場所で，両者は密度が異なり，別々の流体として運動す

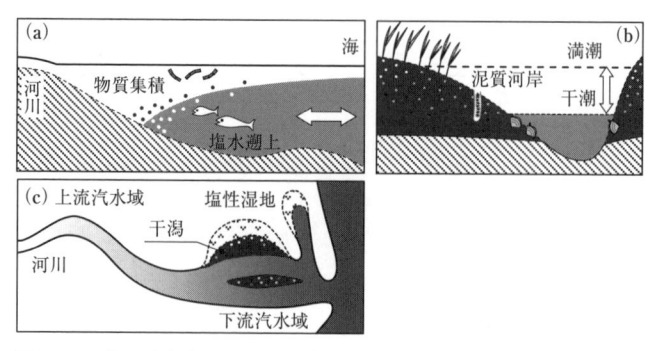

図 2.2.10　河口汽水域のプロセス　(a)　縦断図　(b)　横断図　(c)　平面図

る．海には潮汐があって，上げ潮から満潮にかけては海水が河口の中に侵入，遡上し，下げ潮から干潮にかけては海水が引いていく．

　第二に，河川水と海水がぶつかり合うことで，陸と海のそれぞれの栄養分が集積しやすい．物理的には流速が弱まり，化学的には微粒子の凝集沈殿作用が生じるからである．それらを利用して動植物プランクトンが増殖し，さらに魚介類が捕食する．

　第三に，潮汐と流速の影響により，土砂が堆積して干潟が形成され，1日に2回，干出と水没を繰り返す．また，塩分濃度が時々刻々変化する．このような水分，塩分の変化が著しい場所では，変化に適用できる特殊な体の構造を持った生物しか生息できない．

　そのため，豊富な栄養分を特殊な生物が独占でき，特定の種が大繁殖して，水産業が成り立つのである．淡水と海水が混じる場所を「汽水域」と言い，近年，その重要性が認識されてきている．

### (2) 河口域の環境技術

　河口域は生物が豊かであると同時に，我々人間にも利用しやすい領域である．多摩川の河口干潟は，戦後埋め立てられて，南側は京浜工業地帯に，北側は羽田空港になった．需要が増え続けているために，拡張工事が何度も行われている．隅田川や江戸川の河口周辺も同様に複雑な区画に埋め立てられている．

　しかし，遠浅の地形を埋め立てると，そこに住んでいた生態系が失われるばかりでなく，河口域全体の水の循環や交換が悪化する．もともと，河口域には有機物が集積しやすく，その分解のために多量の溶存酸素を必要とする．水の交換が悪いと，

貧酸素化して底質がヘドロになる．生物の生産性が高い環境であるが故に，人為的な改変には弱い側面がある．

このような課題に対して，人工干潟の造成や底質改善の技術開発が進められている．河口域ではないが，人工干潟の成功例としては「横浜海の公園」が挙げられる．横浜市金沢八景の沿岸を埋め立てて開発する際，その一区画に千葉の山砂を敷き詰めて人工海浜，干潟が造成された．

昭和 55(1980) 年に造成されてから，アサリが自然発生するようになり，5月の連休には毎年 10 万ほどの人が訪れて，潮干狩りを楽しんでいる．これほどの人がアサリをとってもとり尽くされることがないほど，横浜海の公園のアサリの生産力は驚異的である．このように，生息場所の物理条件(流速，塩分，底質)を整えてやると，生物が回復することがある．

横浜駅のすぐ前で，高島水際線公園が平成 23(2011) 年に開園した．帷子川河口，横浜港の奥に位置し，満潮時には水没し，干潮時には露出する泥干潟の様子を再現した親水公園である．ただ，普段は柵により立ち入り禁止となっており，これは神田川の親水テラス(写真 2.2.3)もそうなのだが，イベント時にのみ水際に近づける場所である．

劣化した底質を改善するために様々な技術が試行錯誤されている．底層に酸素を送り込む水流装置の設置や，底質の上に砂を敷き詰める「覆砂」等があるが，コストや持続性が問題になることがある．

広島湾ではカキが特産であり，その生産後に出る「カキ殻」を焼いて酸化カルシウム化し，ヘドロ化した底質に鋤き込むことで硫化水素を吸着させる取組みが行われている．また，カキ殻を粉砕して底質に鋤き込むことで，空隙が増えて透水性が高まり，底生生物が

写真 2.2.5　横浜海の公園

写真 2.2.6　横浜・高島水際線公園

棲みやすくなるとも言われている.

## 2.3 港湾,空港,海岸,海洋

### 2.3.1 開港と築港

　嘉永6(1853)年と安政元(1854)年のペリー提督率いる2度の米国艦隊(黒船)の来航によって,江戸幕府は開国を迫られ,日米和親条約の締結によってやむなく下田と箱館(函館)の両港を開港した.安政5(1858)年,幕府は勅許を得ないままポーハタン号上において日米修好通商条約の締結の調印を行った.この条約の内容は,新潟,神奈川,長崎の開港,江戸(品川),大阪(堺)の開市,下田港の閉鎖を求めるものであり,これによって,日本の近代港湾の歴史が始まることになる.なお,当初米国側が主張していた神奈川の開港に対して,幕府側は横浜開港に変更している.表向きは,神奈川が陸と海に挟まれた狭い地形であることや水深に恵まれていないことから将来の港の機能として適地でないという主張ではあったが,実際のところは,横浜が外国人隔離および幕府の支配と取締まりのために好都合な地理的条件を備えているという理由からであった.

　開港期日の安政6(1859)年6月までには運上場(輸出入貨物の監督や関税の徴収等を行う役所)の北海岸に垂直な2本の波止場が完成した.波止場の規模は,ともに長さ110m,幅18m,天端高4mの石垣造の突堤で,開港時は東波止場(外国貿易用),西波止場(国内貿易用)と呼んでいたが,文久3(1863)年,その東側に同型式の新波止場が建設され,以後,従来の東・西波止場はまとめて西波止場と呼ばれるようになった[22]．

　明治時代に入って,政府は,教育,殖産興業,土木事業等の直ちに実施する必要のあるものについて,高給で御雇外国人工師,工手を招聘してその指導を受けた.当時,築港の技術はオランダが進んでいると考えられており,外国人のほとんどがオランダ人であった.ファン・ドールンは明治5(1872)年に来日し,内務本省にあって技師長として全体を統括し,技師としてリンドウ,エッセル,チッセン,デ・レーケ,ムルデルらがその下で働いた.

　その頃,横浜においても従来からの波止場だけでは急増する輸出入に対応できなくなり,その港湾整備が急務となってきた.政府は,明治7(1874)年にファン・ドールンに横浜築港計画を作成させ,翌年には工部省に招聘させていたイギリス人

技師のブラントンにも同様の計画を立案させた．一方，幕末の混乱のために横浜に外国貿易の主導権を奪われた東京府も，明治に入ると，東京府民の間で東京開港を望む声が強くなるのを受け，明治13(1880)年に知事の松田道之が東京築港説を提唱した．翌年にはムルデルに東京港築造計画を依頼し，11月には報告書を出させている．ムルデルの計画をもとにした品川沖海港築港は，明治18(1885)年に内務卿に提出されて審査を受けたが，原案はいささか規模が狭小であるとして，一度修正して意見を具申した．この修正案の計画規模は，後年の広井勇による「日本築港史」から推測できるが，総工費1,900万円と当時の財政では計画の遂行が困難であったこと，それに加え，横浜と神奈川がこの計画に対して反対運動を起こしたことによって，結局は太政大臣の決裁に至らず，東京港の計画は立ち消えとなってしまった．

東京港の開港は，明治，大正時代を通して歴代知事(市長)の悲願であったが，関東大震災時に救援物資を海上輸送した実績等から，港湾整備の必要性が確認され，本格的な大型船を対象とした港湾修築事業が着手された後，昭和16(1941)年になってようやく東京港開港が実現した[23]．この時も，横浜市は東京港開港反対運動を展開したが，最後は横浜港が外貿港，東京港が満州，中国，関東州の航路に限った港ということで決着に至った．実にムルデルの計画書の提出からは56年の歳月が流れていた．

話を明治時代に戻すと，明治19(1886)年，内務省はデ・レーケに，神奈川県庁は県付顧問土木技師だったパーマーに，横浜築港のための調査・設計を命じている．その後，この2つの計画案は，内務省の積極的なデ・レーケ案(粗朶沈床上の捨石傾斜堤)の評価と外務大臣大隈重信によるパーマー案(基礎棚杭上のブロック混成堤)の擁護という図式に発展していく．内務省は，両案をムルデルに審査をさせ，デ・レーケ案を採用したが，それに対して外務省は黒田清隆首相宛に「パーマー築港計画案採択請議」を提出した．結局，閣議で山縣有朋内相と大隈重信外相とが議論を重ねた末，明治22(1889)年に黒田首相はパーマー案の採決を裁断した．パーマーの「横浜築港報告書」によれば，北水堤は神奈川砲台の東側を起点とする曲線延長1,980 m(曲率半径1,830 mで海側に凸，先端水深8.5 m)，東水堤は中村川河口の東北側起点として曲線延長1,640 m(曲率半径365 mで海側に凸，先端水深8.8 m)，港口の幅員は245 m，水深6.0～8.0 mの泊地が15 km$^2$，水深4.5～6.0 mの泊地が12 km$^2$と記されている．同年，パーマーの監督のもとで本格的な第1期築港工事が始まり，明治29(1896)年に完成した[22]．

大阪は日米修好通商条約では開市とされたが，東京遷都によって政府は開港がふさわしいと判断し，慶応4(1869)年に安治川沿いに長さ83m，幅9mの波止場を造り，大阪港を開港した[24]．しかし，波止場はもともと水深が浅いうえに，洪水によって土砂が堆積しやすく，1,000t級の大型船の出入りには不便だったこともあり，入港船舶はその点に見切りをつけ，次第に兵庫港へと移っていった．

そのため，その後の大阪経済は長らく停滞が続くことになるが，市民の間で経済の立て直しを大阪築港によって実現しようという機運が高まった明治23(1890)年，大阪府知事はデ・レーケに大阪築港を依頼した．デ・レーケは，土砂堆積状況，潮位・潮汐，地質，風向・風速の調査を行い，明治27(1894)年に築港計画を完了させた．彼の築港計画を図2.3.1に示すが，北防波堤の延長2,712m，南防波堤の延長4,135m，港口の水深は8.5m，幅員は270mであった．

防波堤は基礎を捨石で築き，上部を8tのコンクリートブロックまたは割石で包護するものとした．また，突堤も合計8箇所を予定し，逐次工事をすることにした．明治30(1897)年10月に天保山で起工式が挙行され，工期8ヵ年の予定で大阪築港工事が始まったが，予定通り完成したのは内防波堤，大桟橋，南・北防波堤等で，工事期限が迫っても護岸，埋立をはじめとした工事が大きく立ち遅れ，築港の機能を発揮するにはほど遠いことから，大阪市は工期の10年延長を政府に要請し，許

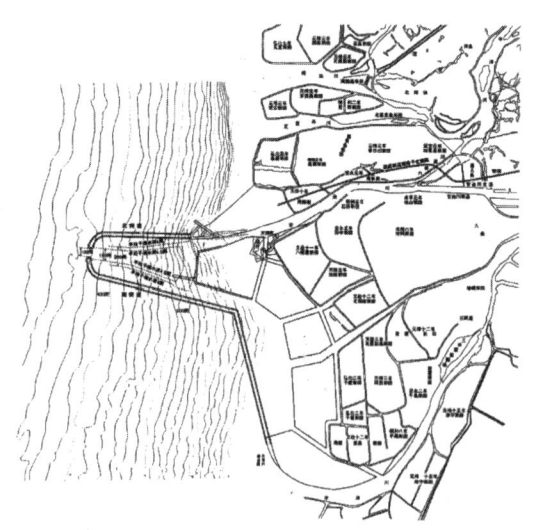

**図2.3.1** デ・レーケの大阪築港計画図(1894年)［出典：大阪築港100年，大阪市港湾局］

可を得た．

　しかし，この延長によっても工事を終えることができず，大正4(1915)年5月に工事をひとまず中止し，翌年に計画の1次変更を行った．最終的に竣工にこぎ着けたのは，昭和4(1929)年になってであった．

　一方，兵庫港(後に神戸港と呼ばれる)は，慶応3(1868)年の開港とともに入港船舶は増加し，しかも外国船舶は大型であったため，すぐに大規模な築港計画が必要になった．現在の神戸港の基礎は，第1期修築工事(1907〜1923年)と第2期修築工事(1919〜1939年)によって造られた[25]．

　第1期修築工事では，大水深岸壁や防波堤の建造が計画されていたが，それまでの工法では困難が予想されていたため，様々な工法が検討された結果，当時，ロッテルダム港で行われていた鉄筋コンクリートケーソンの調査を行い，それを構造物建造に用いることにした．これは，コンクリートの函を陸上で造り，船で設置地点まで曳航して沈めた後，内部にコンクリートや砂を詰め込む工法で，大水深における施工も可能である．陸上で製作されたケーソンを海上に浮かべる日本初の浮ドック(L型ドック)が製作されたのは明治43(1910)年のことであった．このドックは，その後，昭和59(1984)年までの74年間，神戸港の大型岸壁の築造に貢献することになる．

　また，第2期修築工事では，背面の土圧の変化に対応できる非線型ケーソンが使用された．この工法は，当時，ヨーロッパの雑誌で紹介された．それらの工事の結果，延長3,992 mの東防波堤と延長1,449 mの南防波堤，兵庫第1・第2突堤，新港第4〜第6突堤等が建設された．

　この時期の日本の主な港湾の築港工事としては，他に函館港1期工事(1896〜1899年)，小樽港1期工事(1897〜1908年)，名古屋港1期工事(1896〜1911年)が挙げられる．

　なお，初期の港湾の築港に多大な影響を与えた外国人技術者は，明治15年頃にはムルデルとデ・レーケを除いてすべて帰国している．その理由としては，留学から帰ってきた学生や工部大学校および帝国大学の卒業生により，日本人の手だけでも近代的な築港が可能になったことが挙げられる．ムルデルとデ・レーケがその後も長く日本に残れたのは，彼らがオランダの水工技術を基礎としながらも，日本の国土や自然条件，社会条件を的確に把握し，その特性に合った工事を指揮できたからと考えられている．

　ムルデルは，明治12(1879)年3月に来日し，一度1年間の帰国を挟んで明治23

(1990)年の5月に帰国するまでの約10年間，函館港，新潟港，東京港，広島港，野蒜港の調査，三角港築港，東京港築港立案を行っている．彼が成功させた三角西港は，現在も実用に供されている．

一方，デ・レーケは，明治6(1973)年9月に30歳で来日した後，野蒜港，三国両港工事施工，大阪港，東京港，塩釜港調査，大阪港設計，大阪新築港立案，広島，福岡，長崎の築港計画等，在日中56編の報告書を残している．さらに，河川についても，日本全国の主要河川でデ・レーケによって工法や助言が加えられなかった所はないといっていいほどで，オランダ式の粗朶工法は，その後も日本の河川土木に大きな影響を与えた．デ・レーケが日本を離れたのは明治36(1903)年のことであり，既に60歳になっていた．

### 2.3.2 港を守る技術

港湾施設や停泊中の船舶を波浪，高潮，津波から守るための構造物は，外郭施設と呼ばれるが，その中で港湾にとって最も重要なものが防波堤である．防波堤は，構造形式によって傾斜堤，直立堤，混成堤，特殊堤に分類できる．その選定においては，波浪，潮差，水深，工事規模，用材の入取事情，海底地盤，施工箇所の作業可能日数等の諸条件を考慮して決定することになる．

傾斜堤は，石やコンクリートブロックを捨て込み，台形状に盛り上げたもので，古くから諸外国では用いられてきた．大阪港の第1期工事で建造された内防波堤，南・北防波堤もこの形式である．図2.3.2にデ・レーケが提案した防波堤の標準断面図を示す．この時の石材の採取地には岡山市犬島が選ばれ，そこから石材運搬船で1回当たり420 m$^3$の石材が大阪まで運ばれ，防波堤線上に投下された．また，包護のためのコンクリートブロックは，木津川河口内面を埋め立てて作ったブロック製造工場で製作し，15 t起重機を使って畳積した．傾斜堤は施工が容易で，凹凸がある海底や軟弱地盤の場所であっても適用できること，石やブロックが散乱したり沈下しても補充することが容易であるなどの長所を持つが，その反面，水深が深いと大量の材料と労力を必要とし，しかも工期が長く掛かってしまうといった短所がある．日本では，近年，水深の浅い比較的小規模な防波堤として用いられるくらいである．

直立堤は，場所打ちコンクリート，コンクリート塊，ケーソン等を用い，海底から鉛直の壁を立ち上げた堤体である．傾斜堤とは対照的に，波や砂の通過を阻止し，使用材料が少なく製作できるが，対象が基礎海底地盤の堅固である場所に限られて

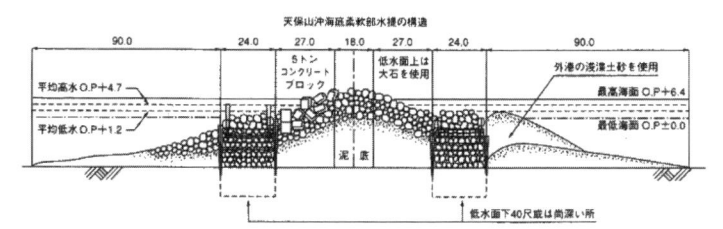

図 2.3.2 デ・レーケが提案した大阪港防波堤断面[出典：大阪築港100年，大阪市港湾局[24]]

いることから，日本における施工例は少ない．

混成堤は，海底に捨石マウンドを築き，その上に直立の壁体を載せた構造である．横浜港の北・東防波堤は，日本の最初の混成堤施工例である．明治29(1896)年に臨時横浜築港局が編纂した「横浜築港誌」に防波堤の完成断面(図2.3.3)が示されているが，下部の基礎部分は袋詰コンクリートを海底部に数段沈下させ，その上の上部工はコンクリートブロックを2列数層に畳積にして，コンクリート列の間に中詰石を充填する構造になっている．これは，現在主流である鉄筋コンクリートケーソンに砂を中詰めし，場所打ちコンクリートで蓋をした構造とはかなり異なっているが，戦前まではコンクリートブロックを使った混成堤は一般的であり，日本各地の港湾の修築工事に広く用いられた．

混成堤の特徴としては，軟弱地盤や大水深の所での建設が可能であること，捨石部と直立部の寸法を加減すれば経済的断面にできること等が挙げられる．日本最大のケーソンは，平成21(2009)年3月に完成した釜石港湾口防波堤である．長さ30 m，底面幅30 m，上面幅16 m，高さ30 m，重量16,000 tで，北堤と南堤の2本

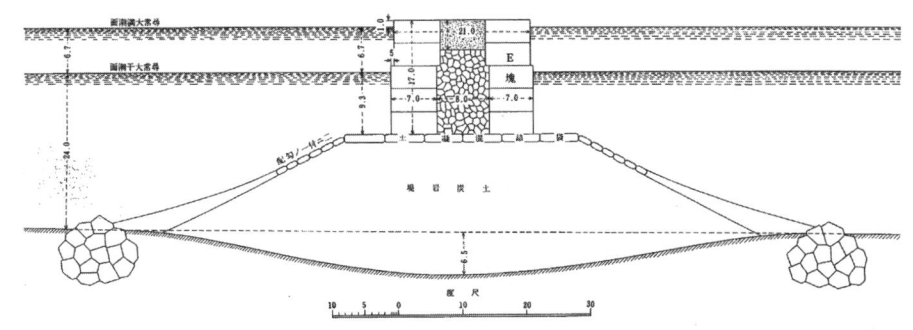

図 2.3.3 パーマーが設計した横浜港防波堤の完成断面[出典：横浜港修築史，運輸省第二港湾建設局[22]]

からなる防波堤は，最大水深 63 m の海底からケーソン工法により立ち上げ，平成 22(2010)年には「世界最大水深の防波堤」としてギネスブックによる世界記録として認定さていた．しかしながら，平成 23(2011)年 3 月 11 日，東日本大震災の津波により被災した．ケーソンの一部が決壊，破損し，北堤で 2 割，南堤で半分しか水面にとどまることができなった．混成堤の最大の欠点は，入射してきた波が直立部で反射を起こして海側の海域を乱すことであるが，この反射による悪影響を低減させる工法もいくつか開発されており，前面に遊水部を持つ多孔壁式ケーソン堤，スリット型ケーソン堤，曲面スリット型ケーソン堤がその例である．図 2.3.4 はこれらの延長線上にある二重円筒ケーソン式防波堤と呼ばれるものであり，大水深，高波浪の海域での使用を目的として開発された．構造的には，外円筒と内円筒の二重の円筒構造を有し，スリットを設けた外円筒から入射する波のエネルギーを内円筒との間の遊水部で消散させる仕組みで，スリットを通しての港内外の海水交換も可能である．

今まで説明してきたように混成堤の主題は，いかに波の持つエネルギーを防波堤によって遮断できるかであったが，それに対して，図 2.3.5 に示す波力発電ケーソンは，波の持つエネルギーを電力エネルギーに変換するために考えられた．ケーソン前面に空気室，上部に機械室が設けられており，波による空気室内の空気の往復流れが機械室内のタービンを回転させる仕組みになっている．酒田港に実験的に設置した波力発電ケーソンは，最大で 30 kW の電力を発電することができる．

特殊防波堤には，浮防波堤，カーテンウォール式防波堤，鋼管式防波堤等があり，使用材料も形状も機能特性も多様である．浮防波堤は係留して使うため，設置水深や地盤には全く関係がなく，しかも設置場所を変えることが容易で，小規模な消波構造物として波高の小さい場所に用いられることが多い．カーテンウォール式防波堤は，波の運動が卓越する水面付近のみをカーテン壁で遮断し，堤体の反射機能を利用して透過波を制御しようとする構造物で，杭で地盤に支持される．鋼管式防波堤は，鋼管を連続して打ち込んで壁体として直立堤の機能を果たさせるものが基本で

**図 2.3.4** 二重円筒ケーソン式防波堤［提供：運輸省第三港湾建設局］

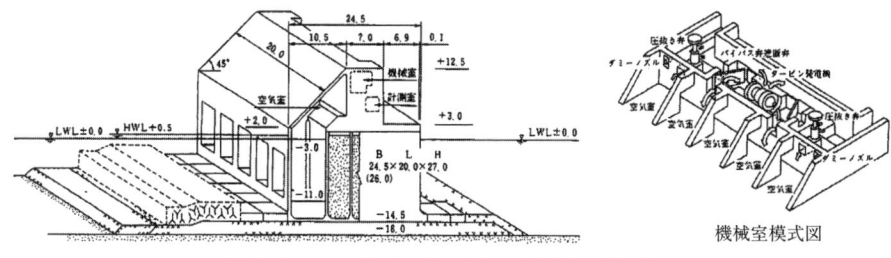

**図 2.3.5** 波力発電ケーソン［提供：社団法人日本浚渫埋立協会］

機械室模式図

あるが，鋼管と鋼管の間を空けて群円柱状にしたものも見られる．これらの特殊防波堤の多くが海水交換機能を持っており，防波堤内部の海水の汚染を防止する働きがある．

### 2.3.3 沿岸域の開発と沖合空港

　日本における大規模な沿岸の開発は，400年以上前から行われてきた．江戸の下町は埋立によって造成されたが，それは徳川家康が征夷大将軍として江戸に幕府を開いた後のことである．最初に神田山の南部を切り崩し，その土で海洲を埋め立て，日本橋，京橋，八丁堀，銀座，浜松という町を造った．この時の境界が江戸湊である．その後，埋立地として霊厳島，佃島，築地，深川，越中島が，塵芥の埋立処分場として木場町が生まれた．明治時代に入り，東京港築港工事を施工するためには，東京湾が浅水であることが障害になった．航路や泊地の浚渫に伴う大量の土砂を処分し，この土砂を有効に活用するために埋立地の造成が始まり，昭和に入ってからも盛んに造成が行われるようになった．廃棄物処理場，下水処理場，各種工場の立地として埋立地を活用するとともに，交通渋滞の緩和のために湾岸道路の建設や騒音や過密化問題に対応するために空港の移転が行われている．

　日本の空を通しての国際化は，昭和6(1931)年「東京飛行場」として東京湾内の埋立地に開港した東京国際空港（羽田空港）より始まった．戦後しばらくは，連合国総司令部に接収されたが，昭和27(1952)年の返還以来，日本の国際・国内交通の拠点としてその役割を果たしてきた．しかしながら，昭和45年頃に航空機離着陸回数は滑走路処理能力の限界に達し，昭和53(1978)年には新東京国際空港の開港に伴い中華航空と国内のみを担うようになった．その後，国内航需要の急速な増大によりすぐに処理能力の限界に達し，輸送能力の改善が求められてきた．

　このような状況のもと，東京国際空港沖合展開計画が策定され，昭和59(1984)

年から工事が実施されている．東京国際空港に隣接する沖合には，既に468 haの廃棄物処分場が造成されており，浚渫土，建設残土等の廃棄物による埋立を行ってきた．沖合展開計画の決定により，この処分場の沖合にさらに341 haの新処分場を計画し，廃棄物を利用した埋立工事を空港の段階施工計画と工程の調整を図りながら実施することになった．

第Ⅰ期計画では新A滑走路，第Ⅱ期計画では西側ターミナル施設の整備，第Ⅲ期計画では新C滑走路新設と新B滑走路新設が行われた．第Ⅰ期工事の段階から軟弱地盤の改良工事が行われてきたが，第Ⅲ期工事に至って軟弱な浚渫ヘドロ層が広範囲に現れ，30 m以上の地盤の改良が必要になった．空港は，一度供用を開始されれば空港を閉鎖するような補修は困難であることから，沈下量を極力抑えるような地盤改良を適用する必要があった．地盤改良の基本はバーチカルドレーン工法を用いることで，1,000年かかる圧密沈下を半年から1年で終了させることに成功した．この工事によって打設されたドレーン材は，全部で約400万本に及んだ．しかし，地盤は引き続き沈下を続け，10年で約1.5 m，50年で約2.0 mの圧密沈下が見込まれている[26]．

羽田空港は新B滑走路の開業により，離着陸能力は年間48.5万回に拡大された．しかしながら，近年の航空需要の増大から考え，首都圏の発着枠の不足は解消されない．その解決策として，首都圏に羽田，成田に次ぐ第3の空港を設置する航空需要の増加に対応する案が検討されたが，より優位性のある羽田空港の再拡張を優先的に行うことが決定され，人工島と桟橋のハイブリッド滑走路として，B滑走路と

写真2.3.1　羽田D滑走路［提供：五洋建設株式会社］

ほぼ平行にD滑走路が計画され，平成22(2010)年に完成した(写真2.3.1).

　首都圏に次ぐ人口，経済の集積地域である近畿圏の航空需要に対処するため，運輸省が関西空港建設のための調査を始めたのは昭和43(1968)年のことであった．昭和49(1974)年には，航空審議会が運輸大臣に規模と位置(大阪泉州の沖合5km)を答申した．第Ⅰ期工事を昭和62(1987)年に着工し，面積511ha，滑走路長3,500mの空港が平成6(1994)年6月に完成した．航空機騒音等の環境問題を生じさせない，日本初の本格的な24時間海上空港は，その年の9月に開港した．空港建設地点の平均水深は18mで，海底地盤は20mの沖積粘土層と，その下に約400mの洪積粘土層が存在していた．工事は，海底に30万本の杭と100万本の砂柱を打設することによって地盤の改良を行い，強制的に地盤沈下を進行させて地盤を安定させた．地盤が5～66m沈下するのを待ち，埋立を段階的に実施した．将来の沈下については場所ごとに精密な予測が可能であり，地上の施設はジャッキアップシステムによって地盤の変化に追随し高さを調整できる．Ⅱ期事業は，平成15(2003)年には年間離着陸回数が16万回に達し，滑走路1本では処理能力の限界に達すると予測のもとに計画され，空港島の沖側に545haの用地を造成し，4,000mの滑走路1本を完成させたが，平成25(2013)年まで離発着回数が13万回を超えた年はなく，想定回数をかなり下回っている．

### 2.3.4　陸上施設から海上施設へ

　国土の狭い日本においては，主に埋立工法による沿岸域の開発が積極的に行われてきたが，埋立による潮流の変化や濁り等の水環境や漁業への影響評価が問われることから，工事着工に至るまでには長い年月を要するというという問題があった．また，首都圏のように沿岸域が既に高度に開発されおり，さらに水深の深い場所が求められている地域と，開発によって自然海岸の消失が懸念される地方の地域と，国内でも沿岸域の開発についての考えに温度差が生じ始めている．

　海洋空間を創生する工法としては，埋立以外に浮体，着底，桟橋等がある．

　浮体式構造物は，他の工法により造られる構造物に比べ，設置場所の水深に依存しない，地盤に影響を受けない，騒音・振動等の環境問題と無縁な場所に設置できる，地震に対して強い，施設の増設や移動が可能，潮位差の影響を受けないなどの多くの優れた点がある．今後，海洋空間の有効利用の多様化に伴って，多目的な空間利用が考えられており，目的に適合する構造物の選択が重要である[27]．

　関西空港は，一期工事の際，埋立案以外に干拓，桟橋，浮体の3工法が提案され

た．その中の浮体案は，想定された主滑走路用の浮体が長さ5,000 m，幅840 m，高さ10 m で，上部構造物を18,648基の円筒型またはフーティング型の支持浮体で支える構造であった．浮体は，ユニットに分けて製作された後，洋上で接合する工法が考えられた．浮体の波浪中の挙動，地震時の地盤と浮体の間の相対変異等が模型実験によって検討された．しかし，このような大型構造物をいきなり本番で造ることに対する技術的な裏付けが不十分であったことから，この時点でこの浮体案は最終的に選ばれることはなかった[28]．

この時代，一般的な海上空港建設の経済的な検討においては，浅水域では干拓方式，少し水深が大きな所では埋立方式が適しており，浮体式に利点があるのは水深が25～30 m とかなり沖合に建設される場合とされていた．関西空港設置地点における平均水深18 m というのは，経済的にも埋立方式に分があったように思える．

1970年代には，第1次オイルショックの教訓から石油備蓄法が制定され，全国10箇所に原油の備蓄基地を建設する決定が下されている．そのうち五島列島青方港内に平成1(1989)年に完成した上五島石油備蓄基地(約440万 kL)と北九州市若松区の沖合約8 km に平成8(1996)年に完成した白島石油備蓄基地(約560万 kL)の2箇所は，世界で初の試みとなる洋上備蓄基地で，日本の大型浮体構造物建造技術水準の高さを世界に示すものとなっている．鋼製備蓄タンクは箱型形状をしており，造船所のドックで建造された後，基地まで曳航された．

水深が20 m 以下の水域は，その大部分が高度に活用されているため，今後はさらに建設条件の悪い大水深海域に向かっての開発が望まれることになるであろう．浮体構造物は，メガフロート(写真2.3.2)のように海上空港としての利用のほかに，安全性や経済性が高まり，水域使用に関わる法整備が整ってくることに従って，沖合人工島，船舶係留施設，コンテナヤード，複合物流基地，中継基地，防災基地，海洋レジャー施設，廃棄物処理施設等への利用が期待されている．

写真2.3.2　メガフロート[提供：メガフロート技術組合]

**参考文献**

1) 河村明：日本の水，都市科学，Vol.11，pp.15-31，財団法人福岡都市科学研究所，1992.
2) 沖大幹：水危機ほんとうの話，新潮社，2012.
3) 土木工学大系編集委員会編：土木工学大系24 ケーススタディ水資源，pp.20-23，彰国社，1978.
4) 国土交通省水管理・国土保全局水資源部編：平成26年度版日本の水資源，社会システム株式会社，2014.
5) 高橋裕：地球の水が危ない，岩波新書，2003.
6) 沖大幹監訳，沖明訳：水の世界地図第2版－刻々と変化する水と世界の問題，丸善出版，2010.
7) 東京大学総括プロジェクト機構「水の知」(サントリー)総括寄付口座編：水の日本地図－水が映す人と自然，朝日新聞出版，2012.
8) 高橋裕：日本の水資源，東京大学出版会，1963.
9) 高橋裕編：水の話 I，II，III，技報堂出版，1982.
10) 国土庁水資源局編：21世紀の水需要－地域経済社会の変化に備えて－，山海堂，1983.
11) 河村明，上田年比古，神野健二：降水時系列の長期的パターン変動の解析，土木学会論文集，第363号/II-4，pp.155-164，1985.
12) Nakagawa,N., Otaki M., Aramaki T. and Kawamura A.:Influence of water-related appliances on projected domestic water use in Tokyo.Hydrological Research Letters, Vol.3, pp.22-26, 2009.
13) 高橋裕：都市と水，岩波新書，1988.
14) 忌部正博：健全な水循環系構築への取り組み，水循環－貯留と浸透，第92号，pp.6-11，2014.
15) 吉田成人：「雨水の利用の推進に関する法律」について，水循環－貯留と浸透，第94号，pp.48-49，2014.
16) 守田優：地下水と水循環の健全化，水文・水資源学会誌，第27巻，第3号，pp.103-104，2014.
17) 廣木謙三：「水循環基本法」について，水循環－貯留と浸透，第94号，pp.45-47，2014.
18) 守田優：地下水は語る，岩波新書，2012.
19) 宮崎淳：地下水の公共性とその法的性質－水循環基本法の制定を契機として－，水循環－貯留と浸透，第94号，pp.35-39，2014.
20) 東京都下水道局：東京都の下水道2014「5 数字で見る東京の下水道」，http://www.gesui.metro.tokyo.jp/kanko/kankou/2014tokyo/.
21) 東京都島しょ農林水産総合センター：多摩川便り，各年アユ遡上調査，http://www.ifarc.metro.tokyo.jp/.
22) 運輸省第二港湾建設局京浜工事事務所：横浜港修築史－明治・大正・昭和初期－，1983.
23) 東京都港湾局：東京湾史，1962.
24) 大阪市港湾局：大阪築港100年－海からのまちづくり－，1997.
25) 神戸市港湾局：神戸開港百年史，1970.
26) 運輸省第二港湾建設局：東京国際空港沖合展開事業技術総録，2000.
27) 石倉秀次・岩下光男：海洋開発と技術問題，鹿島出版会，1974.
28) 土木学会：日本土木史－1966～1990－，丸善，1995.

# 第3章　都市を活かす

　上水道および下水道施設は，我々の生活ならびに都市活動や産業活動にとって必要不可欠なものである．上下水道が整備された都市域において，平常時ではこれらの施設の重要性はほとんど気に掛けられていないが，大震災や大渇水の際には改めて思い知らされることになる．また，最近では，廃棄物の問題も快適な都市生活を維持するために解決しなければならない大きな課題である．本章では，都市を活かすための上水道，下水道，廃棄物に焦点を当てた内容について述べる．

## 3.1　上水道の計画と管理

### 3.1.1　上下水道の歴史

#### (1)　世界の歴史

　上水道ならびに下水道の歴史は古く，紀元前3,000年頃の宮殿に遺跡として発見されている．クレタ文明が栄えた頃(B.C.21～17世紀)のクノッソス宮殿には優れた上下水道施設が残されている．これは，山から流れ出たり，滝から落ちる水を石管に集め，水路を通じて浴室や便所に水を導き，陶管を用いて排水するというシステムであった．

　ローマ時代には，技術的にも規模の壮大さにおいても素晴らしい上下水道が建設された．ローマ市への給水のために最初に造られた水道は，B.C.312年に建設されたアピア水道(Aqua Appia)である[1]．その後，A.D.226年に至るまで合計11本の水道幹線が建設され，全長は約500 kmに及んでいる．観光地として有名な「トレヴィの泉」(写真3.1.1参照)は，水道橋(ヴィルゴ水道)の終着点を示すモストラ(イタリア語で展示会，アーチの意味)であり，とりわけ華麗に装飾されたとされる．一方，下水道は系統的な管渠が建設され，中でも有名なものはクロアカ・マキシマ

(Cloaca Maxima)と呼ばれる巨大な石造りの渠で，19世紀まで実際に使用されていたという．

ローマ帝国の滅亡後，上下水道は全く顧みられることはなく，次第に荒廃していった．この結果，都市の衛生状態は劣悪なものとなり，チフスやペストといった伝染病が流行した．そして，18世紀後半の産業革命以降，都市への人口集中が急速に進み，人々は上下水道の重要性に再び気が付き，19世紀後半から近代の上下水道が本格的に整備されるのである．

写真3.1.1　トレヴィの泉

### (2) 日本の歴史

古来より山紫水明の国と称された日本では，人々は生活用水を求めるのに大して苦労することもなく清らかな水を得ることができたと思われる[2]．歴史的に見て，水道といえるものが初めて布設されたのは神田上水(1590年)といわれている．その後，玉川上水をはじめ4つの上水(青山，亀有，三田，千川)が江戸に住む人々のために造られ，水を供給していた．玉川上水は，現在の多摩川上流の羽村から四谷までの43 kmを，標高差わずか92 m(動水勾配2.1‰)で導水するもので，当時としてはきわめて難しい工事であったと想像できる．江戸時代の水道は，規模の点において当時のロンドンやパリよりも大きなものであったといわれている．

また，日本では，古くからし尿を肥料として農地に還元利用してきたこともあり，現在求められている資源循環型社会の「好事例」であったといえよう．便所は汲取り式で，し尿を側溝に流すこともなかったことから，水路や河川が汚濁されることもなく，鎖国政策によってペスト，コレラ等の伝染病が流行することもなかった．江戸の街並みは，ごみもなく，大変清潔であったといわれている．

しかし，明治時代に入って外国との交流が頻繁になると，コレラをはじめとする伝染病が流行し，上下水道の必要性が高まった．近代水道は，明治20(1887)年，横浜市においてイギリス人のパーマーによって建設された．また，下水道は，明治19(1886)年，神田鍛冶町にオランダ人のデ・レーケの意見によって布設されたのが

最初である．その後，伝染病を防ぐための手段として建設費用が下水道よりも安い水道が選択され，上水道の普及が下水道に先行した結果，下水の取扱いが疎かになり，河川や湖沼等の公共用水域が汚染され，高度経済成長期における公害の発生となり，昭和45(1970)年以降，水質公害防止を図るためにも下水道の本格的な普及が始まり，現在に至っている．

### 3.1.2 上水道の現況

#### (1) 水資源の利用状況

地球上の水資源の話から始める．地球上の水資源は97.5％が海水で，淡水は2.5％しかなく，その大部分が氷のため，川，湖沼，地下水等の我々が利用できる水はその約1/3で，全体の僅か0.8％に過ぎない．また，日本の年平均降水量は約1,700 mmであり，これは世界の年平均(約880 mm)に比べ約2倍となっている．しかし，人口1人当たりに換算すると，年平均降水総量は約5,200 $m^3$/人/年となり，世界平均の約1/4であり，日本の水資源は必ずしも豊富とは言えない．年間における日本の水収支を図3.1.1に示す[3]．

この図では，降水量の大半は洪水流量と蒸発散量として失われ，利用できる水は一部に過ぎない．水は，生活用水，工業用水，農業用水として利用され，このうちの生活用水は，上水道によって供給されている．

全国の水道水源の種別は図3.1.2に示す[4]とおりで，ダムおよび河川水に大半を依存している．また，生活用水として供給される水道水は，例えば，家庭において表3.1.1に示す[5]割合で利用され，一人一日当たり水量で約200 L，有機物質(BOD換算値)で43 gの汚濁物質が環境へ排出されることになる．

#### (2) 東京の上水道

東京における上水道は，明治31(1898)年に近代水道として淀橋浄水場(現在の新宿副都心)から通水を開始して以来，平成10(1998)年で100周年を迎えた．給水人口約1,295万人，施設能力は日量686万 $m^3$，配水管総延長は約2万6,000 kmとなり，普及率はほぼ100％である［平成26(2014)年3月末現在］．平成25(2013)年度における年間総使用水量は約15億 $m^3$であり，これは日本全国の年間給水量の約1割に相当する．なお，全国の水道普及率は約97.7％となっている．

60　第3章　都市を活かす

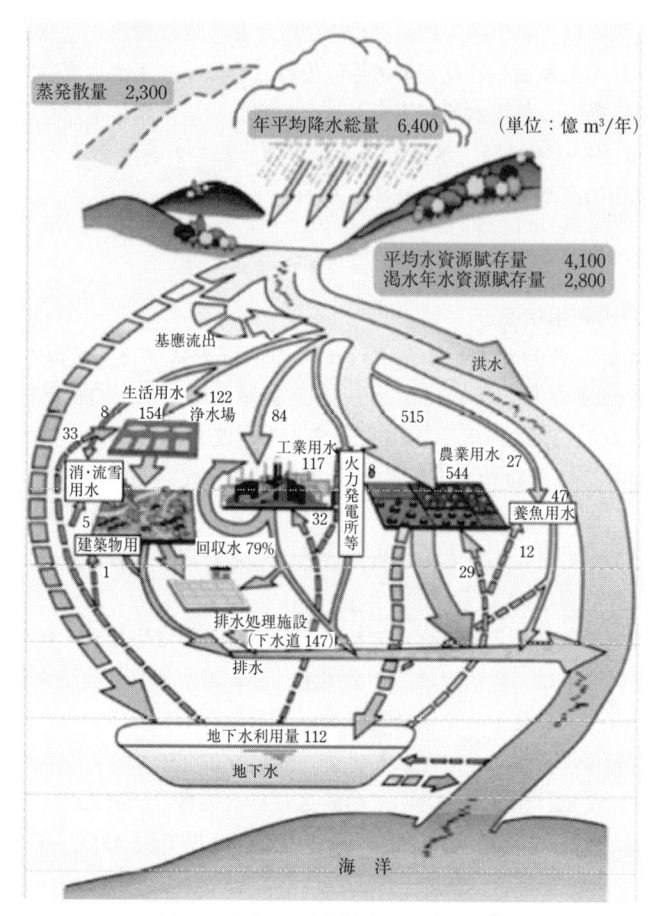

**図 3.1.1**　日本の水収支［出典：国土交通省[3]］

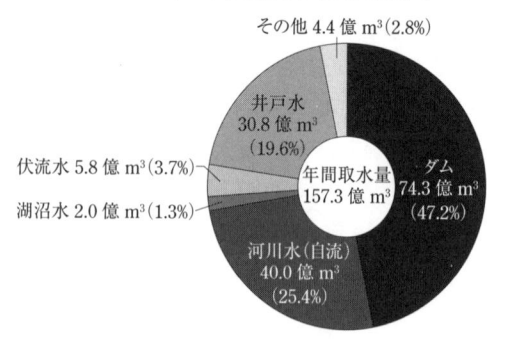

**図 3.1.2**　水道水源の種別［出典：日本水道協会[4]］

表 3.1.1　家庭における利用水量と汚濁量[5]

|  | トイレ | 入浴 | 台所 | 洗濯 | 合計 |
|---|---|---|---|---|---|
| 水量(排出量) | 50 L | 38 L | 40 L | 72 L | 200 L/日 |
| 水質(BOD 汚濁負荷) | 13 g(30%) | 9g (20%) | 17 g(40%) | 4 g(10%) | 43/日(100%) |

### 3.1.3　浄水処理プロセス

　水道のシステムは，貯水→取水→導水→浄水→送水→配水→給水というサブシステムから構成されている．まず，ダムや湖沼に貯えられた水は，直接あるいは河川へ放流後に取水され，浄水場まで導水される．取水した水を「原水」と呼ぶ．浄水場で原水を飲用に適した浄水とする水処理が行われ，最後に消毒されたうえで配水池へ送水される．配水池からは，配水本管，配水支管，給水管を経て各家庭や事業所に給水される．以上のように，水道システムは「水質変換機能」と「水輸送機能」から構成される（図3.1.3参照）．

　ここでは，浄水処理プロセスに着目して説明する．浄水場における一般的な処理プロセスを図3.1.4に示す．水を浄化する基本的なプロセスは，「沈澱」と「ろ過」であり，現在では薬品(凝集剤)を用いた「急速ろ過法」が用いられている．凝集沈澱における固液分離[薬品(凝集剤)を用いて原水中の濁質を沈みやすい塊(フロック)にして沈降させてきれいな水を得る仕組み]をイメージ化すると，図3.1.5のようになる．

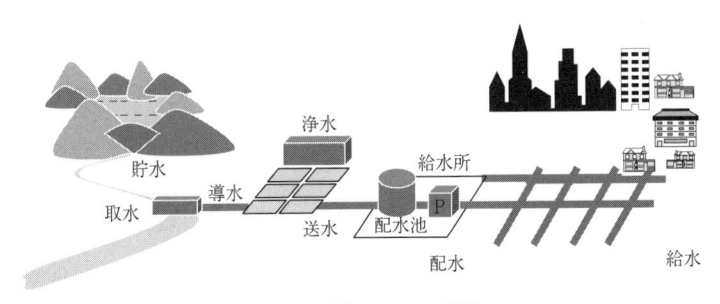

図 3.1.3　水道システムの概要

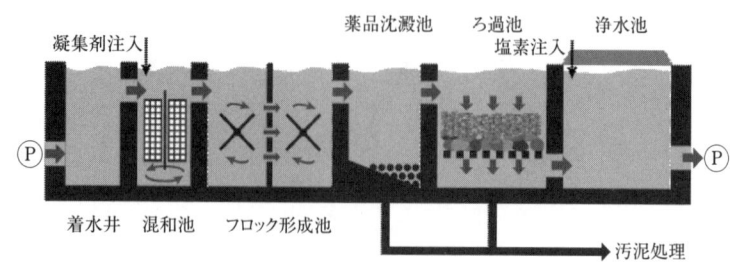

図 3.1.4 浄水処理プロセス

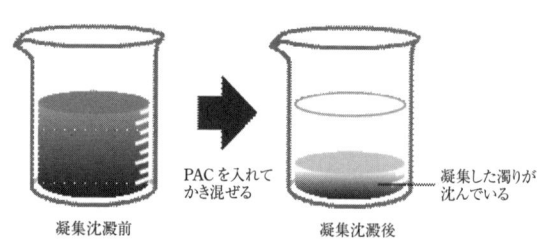

図 3.1.5 凝集沈澱のイメージ

また，浄水処理の途中で発生する汚泥の処理も大切である．

次に，浄水処理プロセスの順に説明する．

① 着水井 (receiving well)
着水井は，浄水場に流入する原水の水位変動を安定させ，水量を調整，把握し，後続の浄水処理プロセスを正確かつ容易に行うために設置される．

② 混和池 (mixing tank) 　混和池は，原水に凝集剤の硫酸アルミニウムまたはポリ塩化アルミニウム (PAC) を注入した後，急速に撹拌し，薬品が全体に一様に行きわたることを目的に設置される．

③ フロック形成池 (flocculation basin) 　フロック形成池は，混和池において生じた微細なフロックを適切な撹拌速度 (10 〜 60 cm/s) で緩速撹拌し，粒子相互の衝突や合一を経て，次第に大きな粒子に成長させるための池である．フロッキュレータ (パドル式撹拌装置) 等の機械を用いる方式と，阻流板により水流の損失水頭を撹拌エネルギーとして利用する迂流式がある．

④ 薬品沈澱池 (sedimentation basin) 　薬品沈澱池は，フロック形成池で大きく重く成長したフロックの大部分を沈澱分離作用によって除去し，後続の急速ろ過池にかける負担を軽減する役割を果たす．沈澱池の種類は，横流式と上向流式に分けられ，前者には普通のタイプの他に階層式や傾斜板式が，後者にはスラリ循環型，スラッジブランケット型，複合型，脈動型といった高速凝集沈澱池がある．

⑤ 急速ろ過池 (rapid sand filter) 　急速ろ過のメカニズムは，一時代昔に行わ

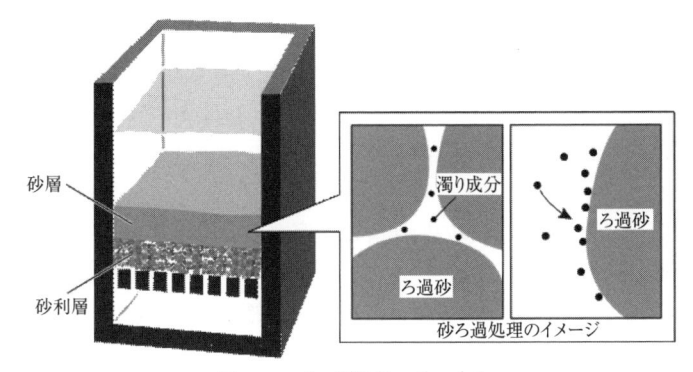

図3.1.6 砂ろ過処理のイメージ

れていた緩速ろ過のような生物学的ろ過膜によるものではなく，砂層の物理的ろ過作用によるものである．なお，砂層では，機械的ふるい作用，化学的吸着作用，物理的(電気的)吸着作用，凝集作用，砂粒間隙への沈澱作用等が複雑に組み合わされているものと考えられる．砂ろ過処理のイメージを図3.1.6に示す．急速ろ過の速度は120〜150(m/日)とされており，緩速ろ過の速度4〜5(m/日)に比べ30倍の速度である．これはろ過池の用地が1/30で済むことを意味している．

⑥ 消毒設備(disinfection equipment)　急速ろ過池だけでは細菌は必ずしも100％除去できないので，完全に殺菌し，万が一，配水管において汚染された場合も安全であるように，消毒剤として塩素をろ過水に注入する．配水管末端における残留塩素量は，水道法施行規則において0.1(mg/L)以上の遊離残留塩素を保持するよう定められている．

⑦ 汚泥処理(sludge disposal)　薬品沈澱池およびろ過池で発生する汚泥は，それぞれ排泥池および排水池に送られ，その後，濃縮，脱水，乾燥，焼却といったプロセスを経由し，最終的には産業廃棄物として埋立処分されている．なお，最近では，この汚泥を建設資材や材料といった資源として有効利用することも実用化されている．

### 3.1.4　水道の計画

水道の計画は，対象とする地域の現状を十分に考慮したうえで，水需要予測→施設計画→維持管理計画→経営計画という手順のもとで，立案した計画の実行可能性(feasibility)を検討し，最終的には水道料金の妥当性という判断を経て終了する[6]．また，水道計画では都市計画や地域計画をはじめ，下水道計画や水資源開発計画等

との関連を十分に考慮したうえで策定されなければならない．

従来の水道計画は，都市計画や地域計画をフレームとして，水道法第一条の「豊富・低廉・清浄」という水道3原則のもとに実施されてきた．しかしながら，このような水道計画の実施が困難な地域も数多く出現した．その理由は，以下のようである．

① 水資源開発に伴う環境破壊の問題や住民交渉の問題等が生じ，水需要に応じた新規水資源の開発が困難となった．

② ダム，湖沼等の富栄養化あるいは河川水質の悪化に伴う水処理コストの高騰，さらには安全性の高い送配水施設の整備費用の増加に伴い水道料金が増大した．

このため，近年，水資源の共同確保および有効利用，建設投資の効率化，維持管理の充実，そして経営の合理化等の見地から，市町村の行政区域を越えた「水道の広域化」が計画され，数多くの地域で実現されている．しかしながら，水道の広域化によってすべての問題が解決されるわけではない．

このような状況のもとで，地域・都市計画のフレームに従った水道計画を進めていたのでは，前述の水道3原則のいずれかを放棄せざるを得ないことになる．これを回避するためには，水道計画から地域・都市計画のフレームを見直すということも必要となる．とくに，河川表流水等の新規水資源開発が困難な地域においては，下水の再利用や海水の淡水化といった新たな水資源を活用するか，もしくは既に開発された水資源のもとで，節水型水使用を推進していくことになる．さらには，水道の制約により地域・都市計画が変更されることもあり得よう．

図3.1.7を用いて水道計画プロセスの中味について順を追って説明する．まず行われることは「需要予測」で，この予測によって将来の不確実性を把握したうえで，将来の計画目標値を設定する．「施設計画」では，水需要予測の結果をもとに施設の規模を決定する．具体的には，取水・導水・浄水・送水施設については，計画一日最大給水量（目標年度における最大水量）によって計画規模を決定し，配水・給水施設の管路やポンプ設備等については計画時間最大給水量（一日最大給水量の発生日における時間最大水量）によって各施設の規模が定まる．「維持管理計画」では，水道施設の合理的な運用[7,8]を水量，水質の面から検討するとともに，

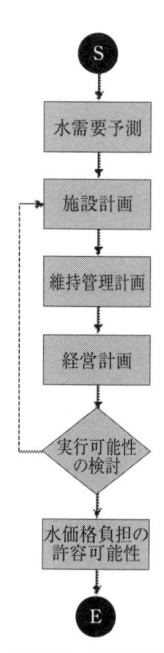

図3.1.7 水道計画プロセス

将来にわたっての適切な維持管理が図れる対策を十分に整える．最後に，「経営計画」では，水道事業の収支バランスを検討し，将来とも健全な水道経営が成り立つような計画を策定する．なお，米国やオーストラリアで顕著な「水価格弾力性」，すなわち，水道料金が上がると水需要量が減少する傾向が見られるが，日本では家計総支出に占める水道料金の割合が1％未満とそれほど大きくなく，これらの国々のように庭や公園の芝生への散水の割合も高くないため，現時点では，水価格弾力性はほとんど考慮されていない状況にある．

### 3.1.5 水道の管理

水道が普及した今日，これまでに建設してきた水道システムを将来にわたって良好な状態で維持するためには，水道の管理がきわめて重要な課題となる[9]．とくに，多くの水道施設は老朽化が問題視されており，更新事業の戦略的な実行はもとより，地震の多い日本では耐震化の取組みが強く求められている．水道システムの管理に関する今後の課題としては，
① 水源の水量を安定的に確保するとともに，水質を良好な状態で保全すること，
② 原水ならびに浄水の相互融通を図り，適切な水運用を行うこと，
③ 水道施設の更新を計画的に行い，効率的かつ維持管理しやすくすること，
④ 給水における末端の水圧や水質が適切となるよう，安全かつ効率的な水運用システムとすること，
⑤ 地震等の災害時にも対処でき得る，より一層安全性の高い水道システムを構築すること，
⑥ 今後も健全に水道が運営されるよう，経営の効率化ならびに合理化を図ること，
等が考えられる．

これからの時代は，我々の生活に必要不可欠となった水道システムの安全性と安定性を高めていかなければならない．このためには，弛むことない不断の努力と将来を見極めた先見性のある判断力が今まで以上に必要であるといえよう．

## 3.2 下水道の役割と処理プロセス

### 3.2.1 下水道の役割

下水道は，人々が都市を形成して生活し，生産・消費活動を行う結果として生ず

る排水(汚水)と，自然現象としての雨水とを生活空間から速やかに排除し，衛生的で快適な都市環境を維持するための施設である．下水(汚水と雨水)を集めるための管渠やポンプ施設と，集めた下水を処理するための処理施設(汚水処理，汚泥処理，雨水処理施設)とから構成されている．

　日本の近代的な下水道整備は，昭和30年代の高度経済成長時代に始まる．急速な都市化への対応と経済成長を支える都市基盤整備の一環として，道路網整備や水資源開発とともに整備が進められた．建設費軽減の観点から，汚水と雨水を一条の管渠で排除する合流式下水道(combined system)が建設された．

　その後，急速な成長・拡大が公害等の問題を引き起こし，様々な反省から環境保全やゆとりと潤いの追求が求められるようになる．昭和42(1967)年に公害対策基本法が公布され，公共用水域(河川，湖沼，海域)の水質汚濁について，人の健康の保護および生活環境の保全のために維持することが望ましい基準として，環境基準(environmental quality standards)が定められた．さらに，昭和45(1970)年には水質汚濁防止法が制定され，排水基準(effluent standards)が規定される．環境基準が努力目標としての水質基準であるのに対し，表3.2.1に示す排水基準は，一定量以上を排水する場合の法的な水質許容限度を定めたものであり，下水処理場も排水基準のもと公共水域の水質保全という積極的な役割を担うようになる．それまでの合流式下水道では，雨が降り管渠内の水量が急増すると，未処理の汚水も一緒に河川や海へ流出してしまい，水質汚濁の一因となるため，汚水と雨水を別の管渠で収集する分流式(separate system)をこの頃より採用するようになっていった．

　ところで，排出基準におけるほとんどの基準値は，排出水が放流先水域で十分希釈されると考えて，環境基準値の10倍以上に設定されている．しかし，湖沼や内湾のように地形が閉鎖的で水が長く滞留する水域では，汚濁物質の蓄積が問題となるため，昭和54(1979)年には化学的酸素要求量(COD)に係る総量規制基準(total pollutant load regulation)が追加された．総量規制基準は，濃度に水量を乗じた年間汚濁負荷量を制限するものである．東京湾等の指定水域を放流先とする下水処理場では，放流水質を常時測定して管理している．

### 3.2.2　下水道の構成

#### (1) 下水道の種類

　下水道法の対象となる下水道は，公共下水道，流域下水道，都市下水路である．
① 公共下水道　　主として市街地を対象とする下水の排除および処理を行う施設

表 3.2.1 水質汚濁防止法第3条第1項に規定する排水基準［出典：環境省[10]］

| 1．有害物質による排出水の汚染状態 || 2．その他の排出水汚染状態 ||
|---|---|---|---|
| 有害物質の種類 | 許容限度 | 項目 | 許容限度 |
| カドミウムおよびその化合物（暫定基準もあり） | 0.03 mg/L | 水素イオン濃度（pH） | 海域に排出されるもの |
| シアン化合物 | 1 mg/L | | 5.0 以上 9.0 以下 |
| 有機リン化合物（パラチオン、メチルパラチオン、メチルジメトンおよびEPNに限る） | 1 mg/L | | 海域以外に排出〃 5.8 以上 8.6 以下 |
| 鉛およびその化合物 | 0.1 mg/L | 生物化学的酸素要求量 | 160 mg/L |
| 六価クロム化合物 | 0.5 mg/L | （BOD） | （日平均 120） |
| ヒ素およびその化合物 | 0.1 mg/L | 化学的酸素要求量（COD） | 160 mg/L |
| 水銀およびアルキル水銀その他水銀化合物 | 0.005 mg/L | | （日平均 120） |
| アルキル水銀化合物 | 検出されないこと | 浮遊物質量（SS） | 200 mg/L |
| ポリ塩化ビフェニル | 0.003 mg/L | | （日平均 150） |
| トリクロロエチレン | 0.1 mg/L | ノルマルヘキサン抽出物質含有量 | 5 mg/L |
| テトラクロロエチレン | 0.1 mg/L | （鉱油類含有量） | |
| ジクロロメタン | 0.2 mg/L | ノルマルヘキサン抽出物質含有量 | 30 mg/L |
| 四塩化炭素 | 0.02 mg/L | （動植物油脂類含有量） | |
| 1,2-ジクロロエタン | 0.04 mg/L | フェノール類含有量 | 5 mg/L |
| 1,1-ジクロロエチレン | 1 mg/L | | |
| シス-1,2-ジクロロエチレン | 0.4 mg/L | 銅含有量 | 3 mg/L |
| 1,1,1-トリクロロエタン | 3 mg/L | | |
| 1,1,2-トリクロロエタン | 0.06 mg/L | 亜鉛含有量（暫定基準もあり） | 2 mg/L |
| 1,3-ジクロロプロペン | 0.02 mg/L | | |
| チウラム | 0.06 mg/L | 溶解性鉄含有量 | 10 mg/L |
| シマジン | 0.03 mg/L | | |
| チオベンカルブ | 0.2 mg/L | 溶解性マンガン含有量 | 10 mg/L |
| ベンゼン | 0.1 mg/L | | |
| セレンおよびその化合物 | 0.1 mg/L | クロム含有量 | 2 mg/L |
| ホウ素およびその化合物（暫定基準もあり） | 10 mg/L | | |
| | 海域は 230 mg/L | 大腸菌群数 | 日間平均 3000 個/cm$^3$ |
| フッ素およびその化合物（暫定基準もあり） | 8 mg/L | | |
| | 海域は 15 mg/L | 窒素含有量（暫定基準もあり） | 120 mg/L |
| 硝酸性および亜硝酸性窒素 | 100 mg/L | | （日間平均 60） |
| （アンモニア性窒素に 0.4 を乗じたもの） | | りん含有量（暫定基準もあり） | 16 mg/L |
| 1,4-ジオキサン（暫定基準もあり） | 0.5 mg/L | | （日間平均 8） |
| 備考略 | | 備考略 | |

で，市町村が建設，管理する下水道を「公共下水道」と呼ぶ．また，自然環境保全の目的で市街化区域外に設置される公共下水道を「特定環境保全公共下水道」，工場等の排水を中心とした公共下水道を「特定公共下水道」と呼ぶ．

② 流域下水道　　水域の水質保全を目的に，市町村を越えて一体的に整備される下水道が「流域下水道」であり，関連する公共下水道から下水を受入れるための幹線管渠，ポンプ場および下水処理場で構成される．都道府県が建設，管理するので，市町村の財政的・技術的負担は軽減されるが，計画から供用までに長い年月を要し，整備効果が現れるまでに時間が掛かることが課題となる．

③ 都市下水路　　主に市街地内の雨水や雑排水の排除のため設置する排水路である．

このほか，下水道と同様に生活汚水を処理する施設として，農業用排水の水質保全を目的に1,000人程度の規模で設置される「農業集落排水施設」，家庭ごとに設置する「浄化槽」，団地単位で処理を行う「コミュニティ・プラント（共同浄化槽）」等がある．これらの施設は小規模ではあるが，数が非常に多く，全国的に汚水処理の普及を図るためや，流域下水道の完成までの暫定的な施設として有用である．

汚水処理の普及状況を表3.2.2に示す．全国の下水道処理人口は約9,714万人，浄化槽等の処理人口を含めると約1億1,216万人であり，汚水処理人口普及率は88.9％に達している．大都市では下水道が100％近く普及しているが，人口5万人未満の都市では下水道普及率が5割弱に過ぎず，その他の汚水処理で26.9％を補っている．地域特性を考慮し，種々の施設を連携した整備事業が必要とされる．

表3.2.2　平成25年度末汚水処理人口普及率 [11]

| 市町村の人口規模 | 100万人以上 | 100万～50万人 | 50万～30万人 | 30万～10万人 | 10万～5万人 | 5万人未満 |
|---|---|---|---|---|---|---|
| 行政人口(万人) | 2,897 | 1,172 | 1,611 | 3,128 | 1,844 | 1,966 |
| 処理人口(万人) | 2,882 | 1,091 | 1,482 | 2,754 | 1,521 | 1,486 |
| 下水道普及率(％) | 99.0 | 86.8 | 83.4 | 75.6 | 62.9 | 48.7 |
| 浄化槽等普及率(％) | 0.5 | 6.3 | 8.6 | 12.4 | 19.6 | 26.9 |
| 総市町村数 | 12 | 17 | 41 | 193 | 264 | 1,134 |

### (2) 公共下水道の施設と機能

代表的な下水道である公共下水道は，以下のような施設で構成されている．

① 排水設備　　台所，風呂場，水洗便所等の排水口から汚水枡まで，雨樋や道路側溝から雨水枡までを排水設備と呼び，個人が設置して管理する．

② 管路施設　下水を発生源から下水処理場または放流先まで流下させるための施設であり，枡，取付管，管渠，マンホール，雨水吐き室，吐き口等で構成される．管渠は，区域内の下水を速やかに排除するように，道路網に沿って原則として自然流下で配置される．

③ ポンプ施設　下水管渠は，通常，下流にいくほど埋設深さが深くなり，建設および管理が難しくなるため，下水を揚水するポンプ施設が必要となる．低湿地帯の雨水排除のためや，下水処理場からの放流にもポンプが利用される．

④ 下水処理場　管渠で収集した汚水を処理し，清澄で安全な処理水を放流するための施設が下水処理場である．また，水処理において生ずる汚泥(有機物を多量に含む固形物)が環境にとって問題の少ないものとなるように，量的・質的な変換(汚泥処理)を行うことも下水処理場の重要な機能である．

### 3.2.3　下水処理場の処理プロセス

処理場に流入する下水は，主に家庭排水であるが，生産その他事業活動に伴う水使用の結果として排出された廃液や，合流区域内に降った雨によって洗い流された種々の廃棄物を含んでいる．下水中の無機性，有機性の成分は，固形の浮遊物，コロイドまたは溶解性の形で存在し，有機物の比較的多い下水は，腐敗，分解しやすく不安定で，成分組成は絶えず変化している．また，下水中には種々の微生物も含まれ，時には，病原性微生物も存在する．

このような流入下水に対し，多くの下水処理場で生物処理が採用されている．河川において，石等に付着した微生物が水中の汚れ(有機物)を分解してきれいにするという，自然の浄化作用を原型とするもので，水中の酸素濃度を十分に維持するなどの人的操作により，連続的で効率的な浄化を可能とした処理法である．この生物処理に，重力を利用した物理処理，薬品を利用した化学処理を組み合わせて水処理プロセスを形成し，きれいな水に蘇らせ自然の水域へと戻すことが可能となる．

下水処理場には，水処理プロセスのほか，下水を浄化する過程で下水中から取り除いた物質(汚泥)を処理する汚泥処理プロセスがある．以下では，代表的なプロセスである標準活性汚泥法(conventional activated sludge process)と，汚泥の嫌気性消化法(anaerobic digestion)について説明する．

**(1)　標準活性汚泥法の処理プロセス**

図 3.2.1 に示すように処理場に到着した下水は，まず最初沈澱池(primary

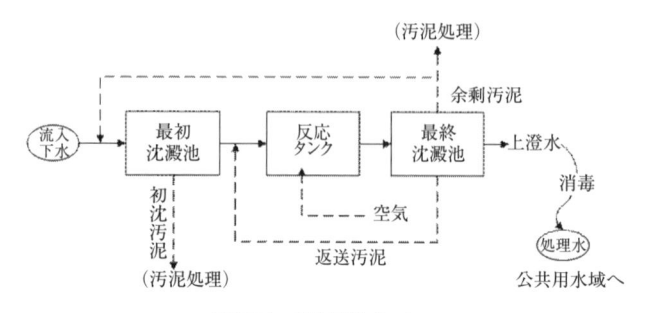

図 3.2.1 下水処理プロセス

clarifier)の中をゆっくりと静かに流れ，比重の比較的大きい物質(浮遊物質と有機物の一部)が沈澱する．この沈澱物(初沈汚泥)は，汚泥掻き寄せ機で集め汚泥処理施設に送られる．一方，沈澱汚泥を取り除いた下水は，反応タンクへ流出する．

次に反応タンクでは，最初沈澱池から流れてきた下水と最終沈澱池からの返送汚泥とを混合し，空気を送り込むことによって「好気性微生物」を繁殖させる．好気性微生物は，下水中の有機物を利用して凝集性のあるフロックを形成し，6～8時間程度かけて次第に大きな集団へと成長する．

反応タンクから最終沈澱池へと流れてきた混合液は，フロック集団となった活性汚泥と，汚れを90%以上除去したきれいな水(上澄水)とに分離される．沈澱した活性汚泥は掻き寄せ機で静かに集め，一部は再び反応タンクで活躍するように返送し(返送汚泥)，残りは余剰汚泥として汚泥処理施設に送られる．

最後に，消毒剤(次亜塩素酸ナトリウム)を注入した処理水を接触池に導き，殺菌消毒を行う．通常，この消毒後，処理水を公共用水域に放流して自然に戻すが，工業用水や電車の洗浄水等として再利用される場合もある．

下水処理の中心となる活性汚泥は，細菌類，原生動物，後生動物等の微生物が多種多数集まった好気性微生物群である(写真3.2.1参照)．反応タンクの環境如何によっては，汚泥の沈降を妨げるような微生物が増殖してしまうことも生じるので，十分な処理水質を常に維持するためには処理システムの管理が重要となる．

### (2) 嫌気性消化法による汚泥処理プロセス

活性汚泥法では好気性微生物を利用するのに対し，汚泥の消化では，酸素の存在しない状態で活発に活動する嫌気性微生物を利用する．

まず，最初沈澱池および最終沈澱池で発生した余剰汚泥(99%程度の水分を含む

3.2 下水道の役割と処理プロセス　*71*

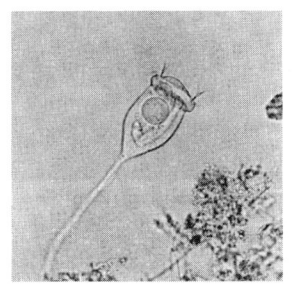

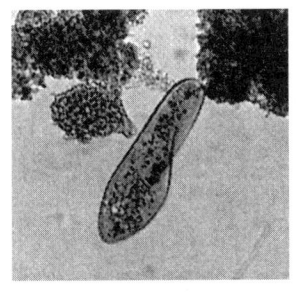

(a) ツリガネムシ　　(b) ゾウリムシ　　(c) 糸状性細菌

**写真 3.2.1** 活性汚泥微生物 [13]

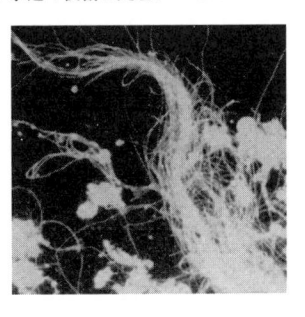

泥)を濃縮タンクに投入し，重力により濃縮(体積を減少)する．さらに，濃縮汚泥を消化タンクに投入し，汚泥中の有機物を分解・安定化する．この際，嫌気性微生物が働いて有機物を分解し，メタンガス等が発生する．このガスを消化ガスと呼び，ボイラ燃料やガス発電に用い，エネルギーとして再利用する [14]．

　濃縮汚泥，消化汚泥は，ともに水分を多く含んでいるため，濃度を調整した後，機械または天日により脱水(乾燥)を行う．脱水した汚泥は，板状を成し(脱水ケーキ)，汚泥焼却炉で焼却した後(焼却灰)，埋立処分されるか，レンガやセメント原料の一部として有効利用される [15]．

### 3.2.4　都市の下水道 – 東京都の場合 –

#### (1)　下水道の普及と水域の現況

　東京都の下水道は，区部(23区)が10処理区16処理場を有する公共下水道であり，多摩地域が2流域下水道(荒川右岸，多摩川流域)と3市の公共下水道で10処理場を有し(調布，狛江市等の区部の処理場で処理している地域もある)，下水道計画のない奥多摩等では浄化槽を利用している．処理人口普及率[平成12(2000)年度末現在]は，多摩地域91%，区部100%と，下水道整備は非常な進展を遂げている．過去の区部普及率の推移を見ると，昭和40(1965)年は35%に過ぎなかったが，その後順調に整備が進み，平成2(1990)年には93%，平成6(1994)年には100%に達している．下水道の整備に伴い都内河川の浄化が進み(図3.2.2参照)，平成25(2013)年度における環境基準達成率は，健康項目で100%，BODで98%(56基準点中55地点が達成)となっている．

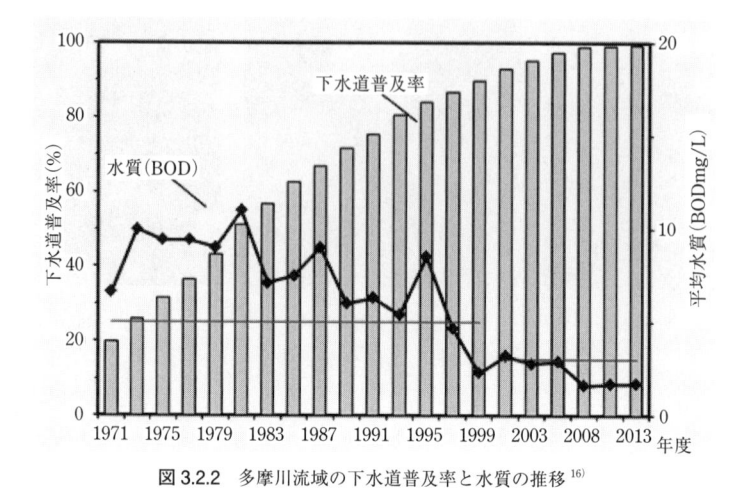

図 3.2.2　多摩川流域の下水道普及率と水質の推移 [16]

## (2) 新たな下水道事業の目標

下水道整備は公共事業の1つであるという認識から，近年は利用者の下水道料金をもとに経営する公営事業と考えるようになり，1)利用者の安全を守り，安心で快適な生活を支える，2)良好な水環境と環境負荷の少ない都市の実現に貢献，3)経営効率化に努めて最少の経費で最良のサービスを安定的に提供，という3つの基本方針のもと，次のような主要施策に取り組んでいる [16]．

① 再構築　施設の老朽化が急速に進む中，アセットマネジメント手法を用い，延命化や中長期的な事業の平準化等を検討し，雨水排除能力の増強等も考慮して計画的かつ効率的に管路施設や下水処理場（水再生センター）等の再構築を推進する．

② 浸水対策　都市化の進展による下水道への雨水流入量の増加に伴う雨水排除能力の不足や，近年多発している局地的な大雨による浸水被害に対応できるように，1時間 50 mm（3年に1回）または 75 mm（15年に1回）の降雨に対して管渠やポンプ場を増強し，雨水貯留施設等を設置する．

③ 震災対策　首都直下地震等の地震や津波に対して，下水道機能や避難時の安全性を確保するため，管路施設や水再生センター，ポンプ所の耐震化や，震災時の相互融通機能を確保するための施設整備を進める．

④ 合流改善　汚水と雨水を一条の下水道管渠で排除する合流式下水道では，大雨が降ると河川や海に汚れた下水の一部が流れ出ることがあり，雨天時の水質悪

化の要因の一つになるため，降雨初期の下水を貯留する施設の建設や，雨天時下水を効率的に処理する高速ろ過施設の水再生センターへの設置等を推進する．

⑤ 高度処理　赤潮の発生要因の一つである窒素およびリンをより多く除去できる高度処理と準高度処理の導入を進め，省エネルギー化技術を挿入しながら下水処理水の水質をより一層改善していく．

⑥ 地球温暖化対策　新技術を開発・導入して，汚泥焼却に伴い発生する温室効果ガスを削減するとともに，水処理における運転管理の工夫による電力使用量の削減や，太陽光発電の導入等の未利用・再生可能エネルギーの活用を推進する．

⑦ 維持管理の充実　計画的な補修等の予防保全を重視した維持管理を行うとともに，日常点検の充実や運転管理の工夫に努め，安定した下水道機能を確保する．

### (3) 下水道事業の財政

種々の整備課題を実現するためには予算が必要となる．東京都区部の平成26(2014)年度総事業費は約7,500億円であり，建設改良費が約2.5割，日常的な運転のための維持管理費が約1.5割，減価償却費が約2.5割で，残りはほぼ償還金と利息が占めている．これらのうち，汚水に関する経営費は下水道料金で，雨水分は都税等で，建設費は企業債(長期借入金)と国費および都税等で賄われている．

### 3.2.5　下水道の維持管理と今後の課題

下水道整備が進んだ今日，河川および海域の水質保全をはじめとして，自然環境と調和した都市の形成を目指して，複数の目標を効率的に満足し安定的に機能を発揮

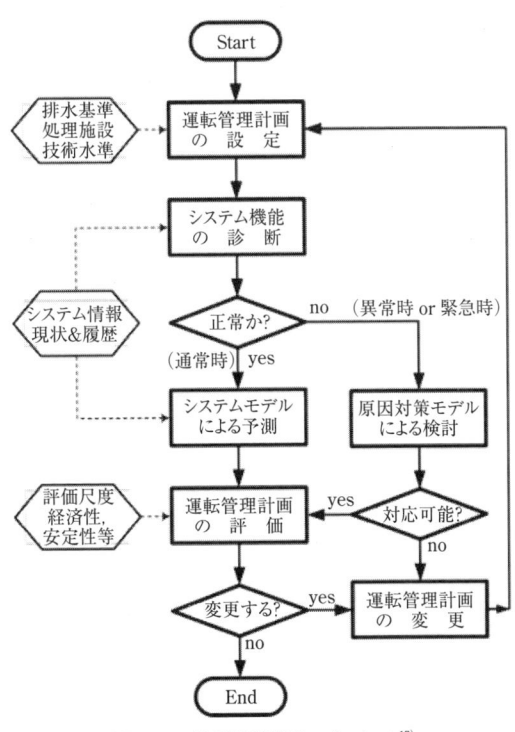

図 3.2.3　維持管理計画のプロセス[17]

できるよう下水道システムを維持管理し,再整備することが肝要である.下水道の維持管理課題は,日常的な測定や調節,処理システムの定量的予測と管理,種々の制御,代替案の比較評価,施設の改良・拡張計画等,短期的で局所的なものから総合的で長期的な課題に及んでおり,これらをシステマティックに捉え,流入や操作に含まれる不確実性を考慮した維持管理計画が必要となる.

図 3.2.3 に下水処理場の維持管理計画プロセスを示す.最初の運転管理計画を実行した後,処理システムが正常に機能しているかどうか,判別関数を利用して診断する.正常な(通常の)場合は,時系列モデルを適用して処理水質を予測し,運転代替案を評価する.正常でない場合は,エキスパートモデルによる原因対策の検討を行って正常復帰のための対応手段を講じるとともに,処理方法や施設の拡張について検討し,検討結果を運転管理計画にフィードバックするものである.

今までは,下水道技術者の経験と勘に頼った運転管理を行ってきたが,下水道システムが複雑化し,都市および環境の状態変化への速やかな対応も必要となり,コンピュータを援用した合理的な維持管理と整備促進や再構築が望まれている.

## 3.3 都市廃棄物問題とリサイクル

大量生産・大量消費・大量廃棄という図式による社会経済活動の結果,排出される廃棄物量が飛躍的に増加し,その質も多様化してきた.最終処分場の残余容量の逼迫により,都市の廃棄物問題を解決する必要性は,今後一層大きくなる.さらに,地球資源の採取から廃棄に至る各段階における環境への負荷も大きな課題として残されており,環境への負荷を低減させる循環型社会経済システムの構築が求められている.このためには,①廃棄物の発生抑制(reduce),②使用済み製品の再使用(reuse),③原材料としてのマテリアル・リサイクル(recycle),あるいはエネルギーとしてのサーマル・リサイクルを推進する必要がある.具体的は,生活様式を見直し,リターナブル容器を用いた製品の選択,分別排出(適正な廃棄物処理)に対する協力,寿命の長い製品の開発,リユース部品の利用促進等々,あらゆる手段を検討していかなければならない.

### 3.3.1 廃棄物発生の現状

#### (1) 全国の現状

廃棄物は,一般廃棄物と産業廃棄物とに大別される.このうち,市町村が処理義

務を課せられているのは一般廃棄物であり，これは「都市ごみ」と「し尿」に分けられている．都市ごみには家庭系と事業系があり，可燃ごみ，不燃ごみ，資源ごみ，粗大ごみ等に分類される．一方，産業廃棄物は汚泥，動物の糞尿，瓦礫類が重量的に上位3位を占め，鉱滓，廃プラスチック類，煤塵をはじめ，木，紙，繊維，金属，ガラス，陶磁器，ゴム等の屑，廃油，廃酸，廃アルカリ等多種多様である．

　全国の一般廃棄物は，平成25（2013）年度におけるごみ総排出量が約4,500万tであり，ここ数年微減傾向が続いているが，この量は東京ドーム約121杯分であり，国民一人一日当たり958gに相当している[19]．また，産業廃棄物についても一般廃棄物と同様に停滞傾向ではあるが，排出量は年間3億8,000万tとなっており，一般廃棄物の8倍にも及んでいる[20]．なお，産業廃棄物を中間処理および再利用した後の最終処分量は約1,300万tとなる．

### (2) 東京都の現状

　平成23（2011）年度の東京都全体のごみ量（行政回収量，持込量，集団回収量の合計）は461万tであり，前年度の464万tより3万t（約0.6％）の減少となっている[21]．一人一日当たりのごみ量にすると995gであり，前年度（1,006g）に比べ1.1％減少している．ごみの組成（平成23年度）を区部で見ると，図3.3.1に示す割合になる．可燃ごみの組成の中では，紙類が39.6％，生ごみ等が26.5％を占めている．また，不燃ごみの組成の中では，プラスチック類が11.4％，金属・ガラス類が49.9％を占めている．現在，ごみとして捨てられているものの中には，再生利用可能なものも多く含まれている．それらをごみとしてではなく資源として出すことにより，さらにごみの減量とリサイクルの推進を図ることが期待される．

　一方，産業廃棄物については，東京都の平成23年度産業廃棄物実態調査によると，都内から排出された産業廃棄物の排出量は2,375万tであり，前年度の2,257万tより118万t（約5.2％）増加している．種類別に見ると，汚泥が最も多く，1,699万t（総排出量の71.5％），次いで瓦礫類が454万t（19.1％）であり，この2品目で総排出量の90.6％を占めている（図3.3.2を参照）．また，排出された産業廃棄物のうち，再生利用量は663万t（排出量の27.9％），減量化量は1,610万t（排出量の67.8％），最終処分量は103万t（排出量の4.3％）となっている．処理された地域を見ると，中間処理については75.3％が，最終処分については10.6％が都内で処分されている．

76　第3章　都市を活かす

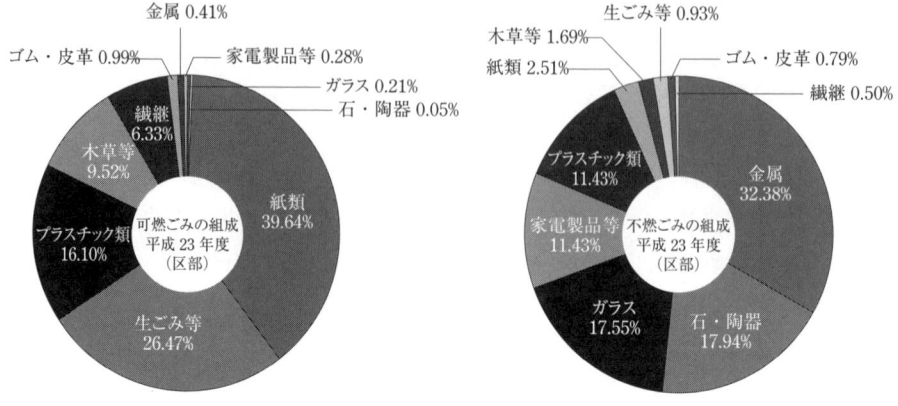

**図3.3.1** 可燃ごみおよび不燃ごみの組成（平成23(2011)年度）[出典：東京都環境局[21]]

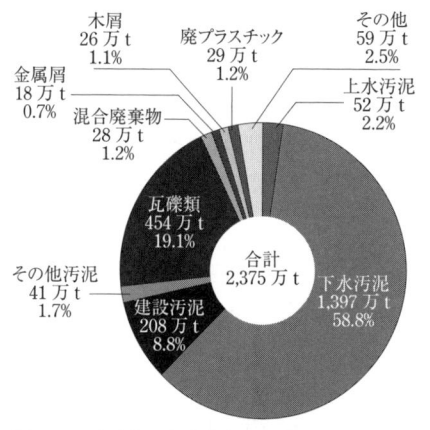

**図3.3.2** 東京都の産業廃棄物の種類別排出量（平成23(2011)年度）[出典：東京都環境局[21]]

### 3.3.2 廃棄物の収集輸送

#### (1) 収集輸送の方式

一般廃棄物の場合，収集輸送に要する費用は全体の約6割（全国平均）といわれている．東京二十三区清掃一部事務組合の資料[22]によれば，平成25(2013)年度の23区の廃棄物処理経費は約1,246億円（廃棄物処理原価は55,559円/t）であり，収集・運搬に掛かる費用は約651億円で，全体経費の52.2%を占めている．ちなみに，処理処分は約595億円で，このうち可燃ごみ処理が約466億円で処理処分の8割弱を占めている．収集輸送の効率化，環境負荷の低減化が求められているが，道路交通事情の悪化，輸送距離の長距離化，清掃サービスに関する住民の要望の多様化等も含め，今後検討すべき課題が残されている．

ごみの収集輸送は，収集地点（ステーション）を収集車が回収し，中継基地あるいは焼却処理施設に運搬し，その後，最終処分場へ輸送される．ここで考慮すべき内容は，1)収集区域の大きさ，2)収集頻度，3)収集体制，4)焼却処理施設および中継基地の位置，5)収集時間帯，6)分別ごみの種別と収集方法，7)収集輸送車両の種類

と収集輸送ルート，等を計画の段階で十分に検討しておく必要がある[23〜25]．

まず，収集方式には，次の種類がある．
① 各戸収集方式　　各戸ごとに家の前に出されたごみを収集する．
② ステーション方式　　ある定められた集積場所に集められたごみを収集する．
③ コンテナ収集方式　　大きな鉄製の箱(コンテナ)に集積したごみを収集する．
④ 管路輸送方式　　各戸に配管した輸送管によりごみを真空輸送する．

次に，収集輸送の効率化を図るため，途中で大型車に積み替える中継輸送が行われている．中継方式には下記の種類がある．

a) 平面式　　収集車よりコンクリートの平場にダンプされたごみをバケットローダやバケット付きクレーンで輸送車に積み替える．
b) ホッパ式　　収集車が上階に上がり，ホッパにごみをダンプし，ホッパ下に待機する輸送車に積み替える．
c) ピットアンドクレーン方式　　収集したごみを貯留ピットにダンプさせ，バケット付きクレーンを用いてピットのごみをホッパに落し，ホッパ下に待機する輸送車に積み替える．
d) コンテナ積替式　　収集の終わったコンテナ式収集車が積替基地でコンテナを置き，そのコンテナをフォークリフトでコンテナ輸送車に積み込む．
e) コンパクタコンテナ式　　収集車が上階に上がり，ホッパにごみをダンプする．ホッパ下部に取り付けられている詰込機に供給されたごみをコンテナに積み込み，脱着装置付きの輸送車で輸送する．
f) 破砕式　　不燃ごみや粗大ごみの場合，破砕機を設けて破砕し，減容化および資源回収を行う．

(2) 収集輸送の最適化問題

収集輸送問題は大きく分けると，「ロケーション問題」と「ルーチング問題」に分類される[23]．前者は，対象地域のごみ処理施設(中継基地や焼却処理施設等)の数，位置および規模を決定する問題であり，線形計画法(LP；Linear Programming)や整数計画法(IP；Integer Programming)等の最適化手法により最適解を求めることもできる．一方，後者は，収集車がごみ発生地点やごみステーションを巡回するためのルートを決定する問題であり，グラフの理論を応用して最短ルートを発見する研究事例もあるが，実際には収集作業員の長年にわたる経験と勘によって収集ルートが設定されている．

### 3.3.3 廃棄物の処理処分

#### (1) 焼却処理

可燃物については焼却処理することにより，ごみの体積を 1/20 にするとともに，ばい菌や害虫を焼却し，臭いも分解することができる．このため，焼却処理は，最終処分量の減容化ならびに衛生的な観点から都市域においては有効なものとされている．さらに，焼却の際に発生する熱を有効利用することで，発電による電力としてのエネルギー回収，付近の公共施設等への熱の供給が可能である．

ごみ焼却炉は，炉の形式によって，①火格子燃焼方式(ストーカ炉方式)，②流動床方式，③床燃焼方式に分けられるが，①のストーカ炉の採用が多い．この方式は，ごみを鋳物の格子の上に置き，下から格子の隙間を通して空気を送り，酸素を供給することによって燃焼する仕組みとなっている．図 3.3.3 にその概要を示す[26]．ごみの燃焼温度は，ごみ質にもよるが，通常 700～800℃ であり，プラスチックが多く含まれているほど高温となる．なお，排ガスについては，集じん機，排ガス洗浄装置，触媒脱硝設備等により有害物質を除去し，大気環境に与える影響を抑えている．また最近では，焼却処理後の灰を 1,200℃ 以上の高温で溶融することにより減

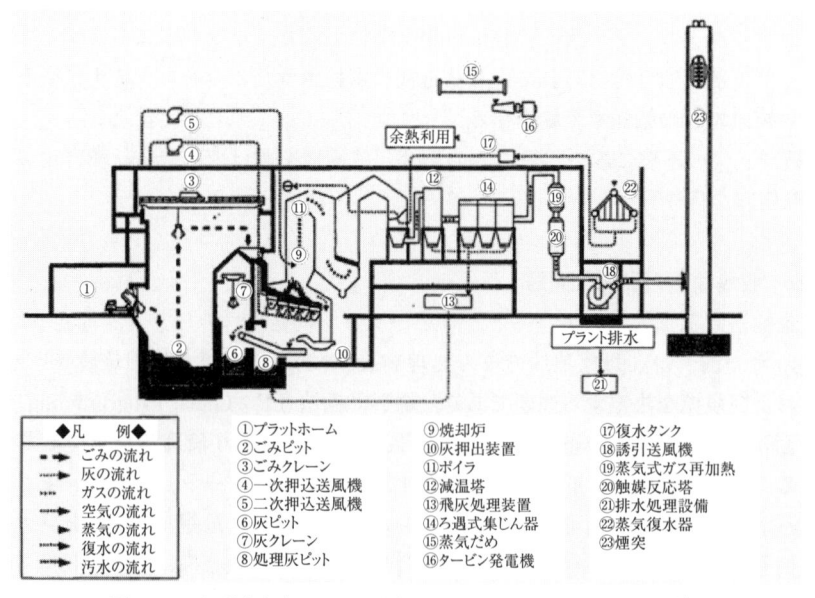

図 3.3.3　ごみ焼却炉(ストーカー炉)の概要[出典：全国都市清掃会議[26]]

容化したスラグとして取り出し,重金属等の溶出の恐れがない埋立材として資源化する「灰溶融技術」もある.

さらに,最近の新しい処理技術として,ガス化溶融炉が考案されている.これは熱分解技術を応用したもので,空気を遮断した状態でごみを蒸し焼きにし,熱分解ガスとチャーと呼ばれる固定炭素に分離し,これらの燃焼熱を利用して無機物を約1,300℃で溶融しスラグ化するものである.この前段階の熱分解に必要な温度は300〜500℃であり,しかも酸素希薄の条件下で行われるため,アルミニウムや鉄といった資源を有利な条件で回収できる.また,排ガス量を少なくすることができ,燃焼の制御性が良く,窒素酸化物やダイオキシンの生成を抑制しやすいといった利点もあるとされている.

### (2) コンポスト化処理

コンポスト化とは,廃棄物中の有機成分を微生物による好気性分解により堆肥(コンポスト)化し,肥料や土壌改良材として有効利用する方法である.コンポストを作る方法は,廃棄物をいったん破砕し,ガラス,金属,プラスチック等の異物をあらかじめ取り除き,発酵槽で空気の送入を受けながら発酵させる.発酵時の温度は60℃近くになるため,廃棄物中に混在する危険性のある病原菌,寄生虫卵,ハエは殺滅されるので,コンポストはかなり衛生的なものになる.なお,コンポストの積極的な利用が自然に行われるようになるためには,さらなる普及・啓蒙活動とともに,需要と供給の相互流通がより一層促進される創意工夫が必要であると思われる.

### (3) 最終埋立処分

可燃ごみの焼却灰等は,最終的には埋立処分される.埋立の場所による分類には内陸埋立と海面埋立があり,埋立処分場の種類としては産業廃棄物の場合,以下の3種類がある.
① 安定型処分場　建設廃材,ゴム,金属,ガラス・陶磁器屑,廃プラスチックといった地下水汚染の心配のない安定な産業廃棄物を対象としており,腐敗したり有害物質が溶け出したりすることがないものに限って埋めることができる.
② 遮断型処分場　水銀やカドミウム等の有害な物質を含む燃え殻,煤塵,汚泥といった特定有害産業廃棄物を対象とする.処分場は鉄筋コンクリート製の構造物とし,埋立中は雨が入らないように上部に屋根を設け,埋立後はコンクリート

③ 管理型処分場　十分管理すれば環境を汚染しないものを対象とし，上記以外の産業廃棄物を埋め立てる．埋立地に降った雨は浸出水として集められ，場内の排水処理施設で適切に処理される．また，埋立地の底面および側面は，外部へ浸出水が漏洩しないように遮水工が設けられている．なお，一般廃棄物についてもこのタイプの処分場で最終処分されている．

東京都の中央防波堤海面埋立処分場(管理型)では，ごみ3mに50cmの覆土をするサンドイッチ方式で埋立を行っており，これはごみの飛散を防ぎ，ハエ等の害虫の発生を抑え，ごみを土に同化させる効果もある(図3.3.4を参照[27])．また，場内からの浸出水は，排水処理場で活性汚泥法，薬品凝集沈殿法，活性炭吸着法等で処理したうえで，下水処理場に送られている．図3.3.5に海面埋立処分場のケーソン式外周護岸の構造断面図を示す[27]．

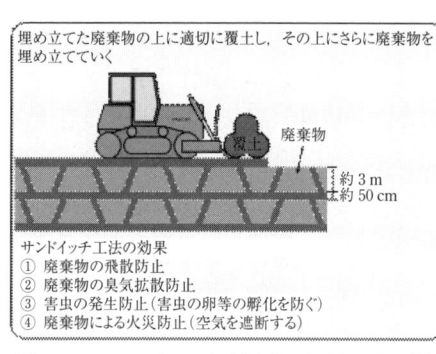

最終処分場をはじめとする廃棄物処理に関わる施設の建設の際，環境へのインパクトの大きさや，周辺住民の満足度等の様々な問題を考慮しなくてはならない．しかし，こうした評価に用いる情報には，要因自身が持つ曖昧性

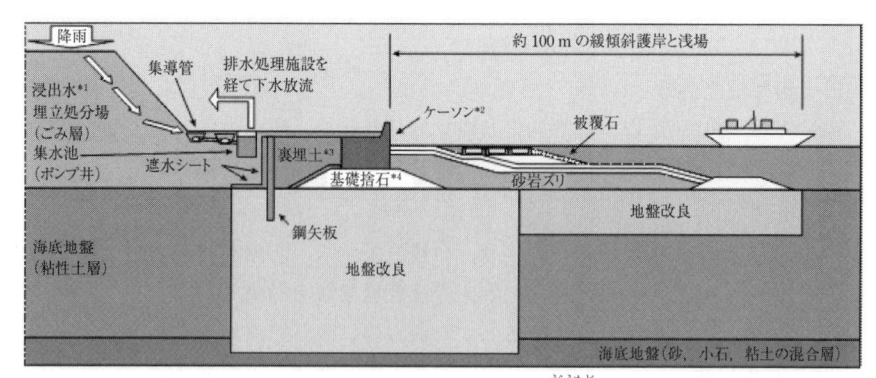

図 3.3.4　サンドイッチ方式[出典：東京都環境局[27]]

*1　浸出水：雨がごみ層を通ることにより汚れてしいでてくる汚水
*2　ケーソン：砂や鋼滓を詰めたコンクリート製もしくは鋼製の箱
*3　裏埋土：ケーソン護岸の背後に投入する土砂
*4　基礎捨石：ケーソン護岸を支えるための石

図 3.3.5　海面埋立処分場のケーソン式外周護岸(新海面処分場)の構造断面図[出典：東京都環境局[27]]

や，将来に対する不確実性が存在するため，総合的な評価方法が求められる[28]．

### 3.3.4 廃棄物のリサイクル

#### (1) リサイクルとは

リサイクルとは，ものを生産したり消費したりする社会経済活動の中で，不要となったものを廃棄物(ごみ)とするのではなく，再使用したり，資源として再利用することにより繰り返し活用し，循環利用することである．リサイクルは，ものの生産→流通→消費→廃棄に至る各段階において，様々な工夫が考えられている．しかし，リサイクルがうまく機能するためには，不要となったものが回収され実際に利用するという循環が必要である．リサイクルのメリットとしては，①環境への負荷が軽減されることによる地球環境の保全，②木材や石油等の天然資源の節約，③最終処分場の延命化およびごみ処理費用の低減化，が挙げられる．

#### (2) リサイクルの現状

現在のリサイクルの状況は，平成25(2013)年度版の環境統計集(環境省[29])によれば，表3.3.1に示すようにアルミ缶，スチール缶，段ボールでは90%以上，ペットボトルや発泡スチロールは50%程度のリサイクル率となっている．

一般廃棄物のうち，重量で1/4強．容積で6割弱を占めている容器包装廃棄物については，平成9(1997)年4月に「容器包装に係る分別収集および再商品化の促進等に関する法律」(容器包装リサイクル法)が一部施行され，PETボトルとガラスびんの分別収集および再商品化が実施されてきたが，平成12(2000)年4月からは完全実施となり，紙やプラスチック製の容器包装についても対象となった．また，平成10(1998)年6月には，「特定家庭用機器再商品化法」(家電リサイクル法)が制定され，一定の家庭用機器を対象に，小売業者には収集および運搬が，製造業者には再

表 3.3.1　リサイクル率の経年変化(単位：%)[29]

| 年 | 平成16 | 17 | 18 | 19 | 20 | 21 | 22 | 23 |
|---|---|---|---|---|---|---|---|---|
| アルミ缶 | 81.6 | 91.7 | 90.9 | 92.7 | 87.3 | 93.4 | 92.6 | 92.6 |
| スチール缶 | 87.1 | 88.7 | 88.1 | 85.1 | 88.5 | 89.1 | 89.4 | 90.4 |
| 段ボール | 87.2 | 90.3 | 92.2 | 94.4 | 95.1 | 100.6 | 99.3 | — |
| ペットボトル | 46.4 | 47.6 | 49.3 | 49.4 | 49.6 | 50.9 | 49.9 | — |
| 家庭系紙パック | 24.6 | — | 25.2 | 28.6 | 30.0 | 33.0 | 33.0 | — |
| 発泡スチロール | 41.0 | — | 45.0 | 50.0 | 53.0 | 56.8 | 55.5 | 55.0 |

(注)　段ボール，ペットボトル，家庭系紙パックは回収率を表す．

商品化等が義務付けられた．平成13(2001)年4月からは，エアコン，テレビ，冷蔵庫，洗濯機を対象に本格施行されている．

一方，産業廃棄物については，最近，建設廃棄物等のリサイクルを推進し，建設発生土の再利用や建設汚泥のリサイクル，建設解体廃棄物の分別およびリサイクルの推進といった検討が既に始まっている．また，下水処理において発生する汚泥については，コンポスト化，建設資材化等を推進することになるが，リサイクルを一層促進させるためには技術的側面だけではなく，経済的側面を含めた多面的な検討が今後の大きな課題として21世紀に残されている．

## 3.4 資源循環型社会の形成と水環境の保全

### 3.4.1 社会経済システムと環境

#### (1) 社会と環境の望ましい関係

20世紀の大量生産・大量消費・大量廃棄の社会経済システムは，頻繁なモデルチェンジや使い捨て製品の使用等，物質的な豊かさを追求する中で，各種資源の枯渇，処分場残余の逼迫，深刻な環境問題を生み出してきた．一方，社会構造は，グローバル化，高齢化，情報化といった変化にさらされており，我々がどのような商品を選択するか，どのようなライフスタイルを送るかといった判断とも相まって，種々の変化の及ぼす影響が環境にとって善悪どちらに進むかは定かではない．

生産，流通，消費，廃棄，処理，処分という社会経済活動の全段階を通じ，資源やエネルギー面で効率的な利用や循環利用を進め，廃棄物の発生抑制，分別，適正な処理を図ることが環境保全にとって大切となる．そして，国民，企業，行政には，公平な役割分担のもとで相互に連携しつつ環境に配慮した行動をとることが求められる．つまり，
① 企業による環境負荷の少ない製品，長期耐用型製品の生産努力，環境情報の提供，
② 行政による規制や税制，デポジット制や補助金，普及啓発の促進と処理技術の開発援助，
③ 消費者の「物の消費から機能の追求へ」という意識と行動の変化，
という3者が相互にかみ合う必要がある．この結果，自然資源の過剰利用という現在の状況が修正され，効率的な資源利用や適正な資源管理が行われ，より少ない資

源でより多くの満足が得られるといった，環境への負荷の少ない資源循環型社会の形成が可能となる．

### (2) 「ファクター4」という考え方

「より多くの資源を使って労働生産性を高める」という戦略は，物質的な豊かさを欠き，人口が少なかった時代には合理的であった．しかし，いまや自然は枯渇し，地球環境問題が深刻化する現在においては，より少ない資源から大きな便益を引き出す「資源生産性を高める」戦略へと転換すべき時期が来ている．

少ない資源消費で豊かな暮らしを実現させる「ファクター4」という考え方[30]が，ヨーロッパの環境政策の革新的リーダー，ドイツのヴッパタール研究所のエルンスト・フォン・ワイツゼッカーらによって提唱されている．ドイツで1995年に出版された『ファクター4』は，ワイツゼッカーがエイモン・ロビンス，ハンター・ロビンス［米国コロラド州にあるロッキーマウンテン研究所(RMI)］と共同執筆したものである．同書の中で3人の著者は，どうすれば経済全体にわたって人々の豊かさを2倍にしつつ，資源とエネルギーの消費を半分にできるかを詳細に述べるため，4倍以上の資源生産性を実現する50ケースの事例研究を挙げている．『ファクター4』では，資源効率性を急上昇させることで利益を得ることができ，革新的な企業経営と公共政策を組み合わせることで，それを実現するにあたっての障害を克服できることを実証している．

ワイツゼッカーらによって提唱されてきた"豊かさを2倍に、資源消費を半分に"というスローガン，「資源生産性」や「資源効率」の向上という概念は，循環型社会の形成に取り組むうえでの最も基本的なキーワードとなっている[31]．

### 3.4.2 「スーパーエコタウン」と「都市鉱山」

#### (1) 東京都スーパーエコタウン事業の紹介[21]

東京都は，東京臨海部に廃棄物処理・リサイクル施設の集約的な整備を行っている．事業の推進に当たっては，都が計画全体の推進・調整を行う一方，公募［平成14(2002)年4月開始］により選定された民間事業者は，中央防波堤内側埋立地および大田区城南島の事業用地（都有地）に，自らの責任で施設の整備と運営に取り組む．スーパーエコタウン事業の推進により，建設混合廃棄物の都内排出量を全量処理できる体制が整ったり，感染性廃棄物の焼却施設が稼動したことにより，既存の都内施設と合わせて，都内で排出される感染性廃棄物の全量を処理できる体制が確保さ

84　第3章　都市を活かす

図 3.4.1　東京都のスーパーエコタウン事業［出典：東京都環境局[21]］

れたりと，大きな役割を果たしている．平成18(2006)年5月に大田区城南島で2回目の公募，平成25(2013)年9月にも大田区城南島で3回目の公募が行われ，段階的に資源化施設の事業者がエコタウン事業に加わった．

平成26(2014)年1月現在，PCB廃棄物処理施設，ガス化溶融等発電施設，建設混合廃棄物リサイクル施設(2施設)，食品廃棄物リサイクル施設(2施設)，廃情報機器類等リサイクル施設(2施設)，瓦礫類・建設泥土のリサイクル施設の計9施設が稼動している(図3.4.1参照[21])．

### (2) 都市鉱山としての潜在的価値

都市鉱山とは1つのリサイクル概念で，地上に蓄積された工業製品を「都市に眠る資源」，すなわち「都市鉱山」とみなし，有用な資源をそこから積極的に取り出そうとする狙いがある[32]．電子機器内の基板(都市鉱山に対して「都市鉱石」と呼ぶ」)には様々な部品が存在し，その中には，レアメタルやレアアースを含む希少・有価な金属を含有するものもある．携帯電話も1つの都市鉱山である．

日本は天然資源に乏しいと言われているが，都市鉱山という潜在的な価値から考えると，今後はこの都市鉱山をどのように活用していくのかが重要な課題になる．既に，使用済み小型電子機器や音楽プレーヤ等を回収し，それらから希少金属を取り出そうという取組みが一部の業界団体や自治体によって開始されている．しかし，対象となる小型家電は，個々の消費者の手元に分散して存在しているため，回収効率をいかに高めるかが最大の問題である．資源循環型社会の形成には，再資源化・無害化といった「施設での再生処理」のみならず，輸送コストの低減に寄与する「静脈物流」のシステム構築が不可欠となる[25]．

## 3.4.3 水循環と水循環計画

### (1) 健全な水循環システムとは

都市化の進展，経済活動の高密度化，快適性や利便性を追求する生活様式等に伴い水やエネルギーの多消費型社会となっている．一方，気象の変化，森林や農地の減少に伴う降雨の流出，都市型渇水の頻発，汚濁物質の流入による水質の悪化，新たな汚濁物質[環境ホルモン(内分泌攪乱物質)等]の顕在化，生態系の変化といった水環境に関する弊害が現れている．

水がもたらす恵沢を将来にわたって享受していくためには，水は，蒸発，降下，流下または浸透により海域等に至る過程で，地表水や地下水として河川の流域を中

心に循環することに着目し，健全な水循環の維持または回復のための施策を流域単位で包括的に推進していくことが不可欠と考えられる．このような認識のもと，「人の活動及び環境保全に果たす水の機能が適切に保たれた」健全な水循環を形成するため，平成26(2014)年7月に水循環基本法が施行された[33]．

本法では，「水循環の重要性」，「水の公共性」，「健全な水循環への配慮」，「流域の総合的管理」，「水循環に関する国際的協調」の5つを基本理念とし，国，地方公共団体，事業者，国民それぞれの責務と関係者相互の連携および協力について定めている．

### (2) 水循環の保全・再生計画—八王子市の例—

八王子市は，山地と丘陵地に囲まれた盆地状の地形を呈した地域にあり，山から流れ出た河川，丘陵の谷戸や崖下で湧き出した湧水が低地に流れ出し，水が豊かという特徴を有している．高度経済成長期以降の都市化や生活水準の向上は，生活用水や工業用水の需要を増やすとともに雨水の不浸透域を広げ，森林の荒廃や農地の減少も生じた．浅川等の河川水質の悪化に対し，公共下水道整備や生活排水対策に取り組んだ結果，8河川すべてにおいてBODの環境基準が達成された一方，地下水の涵養機能が弱り，湧水の枯渇や河川で瀬切れが目立つようになってきている．

例えば，土地利用の割合を昭和30年代（高度経済成長期前）と現在で比べると，山林や田畑の面積は約85%から約50%に減少，宅地・市街地・道路のような不浸透域の面積は約10%から約35%に増加している（図3.4.2参照）．さらに，上下水道等の人工の水循環が構築され，水の流れが複雑になっていて，水収支の変化は，昭

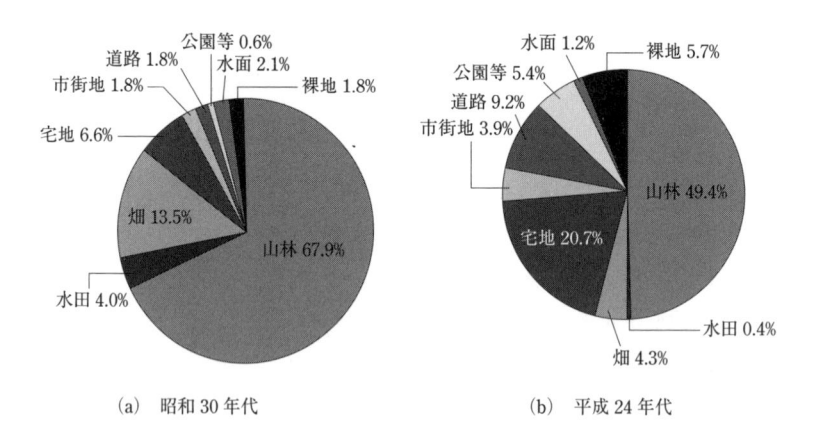

(a) 昭和30年代　　(b) 平成24年代

**図3.4.2 土地利用の変化**[34]

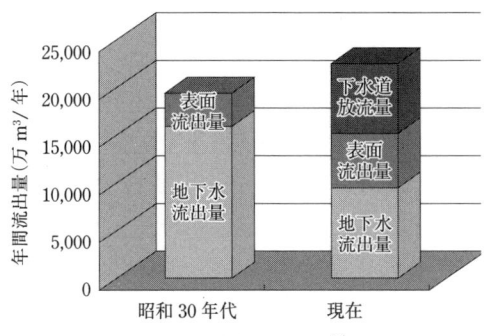

3.4 資源循環型社会の形成と水環境の保全 　87

**図 3.4.3** 水収支の変化 [34)]

和 30 年代に比べ，表面流出量が約 2 倍に増加し，地下浸透量が約 4 割減少している（図 3.4.3 参照）．

このような水循環機能の低下がもたらす課題へ対応するため，まちづくりを通じて健全な水循環系の再生に取り組む「八王子市水循環計画」が策定され，表 3.4.1 のように水環境を捉え，以下の将来像のもと種々の施策を推進している [34)]．

① 環境の視点：みどり豊かな大地と，豊かで清らかな水の流れの確保　河川や湧水の水辺には多くの生きものが生息している．生育に適した水量，水質，水の

**表 3.4.1** 水循環の機能と恩恵 [34)]

| 水循環の機能 | 水循環の構成要素 | 生きものにとって | 人にとって |
|---|---|---|---|
| 循環することにより地球上の水の分布をつくりだし，清浄な水質を維持する | 降雨 | 植物や生物の生総・生育環境の多様性が生み出される | ・気温や湿度を適度に保つ<br>・地上に水をもたらす<br>・大気の粉塵等を洗い落とす |
| | 蒸発散 | | ・気温や湿度を適度に保つ |
| | 土壌水 | | ・農作物を育てられる |
| | 表面流出水 | | ・地表や河川の汚濁が流される |
| | 地下水 | | ・生活用水や農業・工業用水を確保できる |
| | 湧水 | | ・生活用水や農業用水を確保できる<br>・レクリエーションやいやし，潤いや信仰の場や美しい景観をもたらす |
| | 河川水 | | ・生活用水や農業・工業用水を確保できる<br>・レクリエーションやいやし，潤いの場，美しい景観をもたらす<br>・水力によるエネルギーを得る |

流れの連続性は，生きものにとって必要不可欠である．そこで，水源涵養能力を持つ森林，里山，農地等を保全し，市街地における雨水の浸透能力を回復して，多様な生物が生息できる豊富な水量と清らかな水の流れの確保を目指す．

② 利水の視点：水を大切にする心が育ち，水を活かした地域づくりを推進　　八王子市では生活用水の約9割を市域外からの水道に依存しており，蛇口をひねるといつでも良質の水を得ることができる．しかし，我々が利用できる水は，地球上の僅か0.01%であり，貴重な資源である．そこで，雨水貯留槽による雨水の有効利用を進めたり，川や湧水等の水辺に親しむことで，水を大切にする心を育てる水を活かした地域づくりを進める．

③ 治水の視点：災害に強い，安全・安心なまちづくり　　市街化の拡大は不浸透面積を増やし，大雨時には雨水が表面流出して川に流れ込み，川の急激な増水をもたらす．また，地球温暖化による豪雨傾向も想定されている．安全で安心なまちづくりのため，雨水貯留浸透施設や雨水排水管の整備等による総合的な治水対策と，災害や事故に備えた水道の安全性と安定性の確保および下水道施設の耐震化等に取り組む．

### 3.4.4　閉鎖性水域の富栄養化問題

#### (1)　富栄養化とは

主要都市の一級河川における水質は，長期的には徐々に改善傾向であるのに対し，湖沼や内湾等の閉鎖性水域の水質は，横這いまたはやや悪化の傾向を呈している．とくに，後背地に大きな汚濁源を有する閉鎖性水域では，流入する汚濁負荷が大きいうえに汚濁物質が蓄積しやすく，藻類を中心とした水生生物の異常増殖により水質が累進的に悪化するという，いわゆる富栄養化が問題となっている．

富栄養化は，本来，数千年という時間の経過の中で，自然の湖沼における物質循環が変化していく過程の一遷移状態を指す用語であるが，窒素やリン（合わせて栄養塩とも呼ばれる）を含む人為的な排水が水域へ流入することにより，きわめて短期間に富栄養状態になり，物質循環にアンバランスを生じて問題となる．すなわち，水中の窒素濃度がおおむね 0.5 mg/L，リン濃度が 0.03 mg/L 以上になると，藻類（植物プランクトン）がそれらを利用しながら光合成により急速に増殖し，さらには藻類を捕食する動物プランクトンの増殖を促す．これらのプランクトンの死骸は，好気性微生物群に分解されるが，その際，溶存酸素が消費される．やがてアオコと呼ばれるマット状の藻類が水面を覆ったり，有害物質を分泌する藻類（赤潮）が発生

したり，溶存酸素が不足して魚介類が斃死するといった問題に至る．このような水質悪化は，水資源としての価値の低下や観光資源としての価値の低下をもたらす場合もある．

平成3(1991)年度以降に策定された湖沼水質保全計画は，各湖沼とも窒素およびリン削減対策を盛り込んだものとなっており，海域においても平成5(1993)年に全窒素および全リンの環境基準が定められ，CODのみならず窒素およびリンとを合せた総合的な削減計画が検討されている．東京湾岸自治体環境保全会議では，1都2県16市1町6特別区の26自治体が協力して水質モニタリングを実施しているが，測定結果を上下層間で比較すると，上層の濃度が高く，陸域から流入する河川水の影響を受けやすい沿岸の上層で富栄養化が著しい傾向にある[35]．一例として，東京湾上層における水質の推移を図3.4.4に示す．このような閉鎖性水域の水質保全のためには，下水道整備および高度処理の促進を図るとともに，合併処理浄化槽や農業集落排水施設の整備，産業排水対策，底泥や堆積したヘドロの浚渫，自然浄化機能を活用した浄化等，地域の状況に応じた連携的な環境行政を推進していく必要がある．

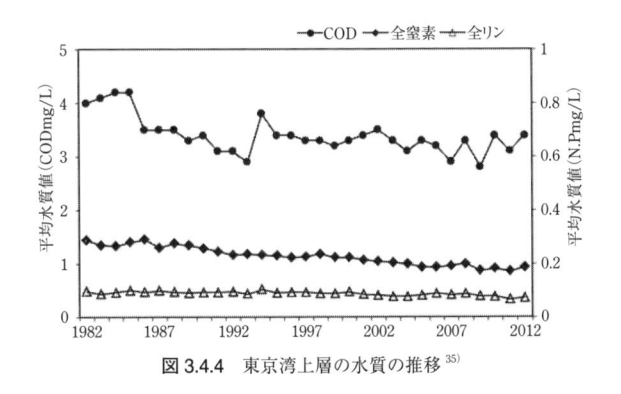

図 3.4.4　東京湾上層の水質の推移[35]

### (2) 高度処理プロセス

下水処理において，通常のプロセス(活性汚泥法等)では十分に除去できない有機物，窒素，リン等を除去するには，高度処理プロセスが必要となる．また，上水道において水源水質が良好でなく，通常の凝集沈澱，ろ過処理では十分な水質が得られない場合には，高度浄水処理が行われる．ここでは，両者を併せて高度処理と呼ぶ．高度処理は，各々の除去対象物質に対して種々の処理方式が存在するが，主要

な処理プロセスを以下に説明する．

① 下水処理水が河川流量の大部分を占め，放流水域の環境基準を達成するのに十分でないため，より高度なBODまたはCODの除去を行う場合や，処理水に含まれる難分解性の有機物質，着色等を除去したい場合がある．このような場合は，活性汚泥法等の生物処理の後，急速ろ過やオゾン酸化，活性炭吸着といった物理化学的な処理が行われる．

② 湖沼や内湾等の閉鎖性水域で富栄養化が進行し，赤潮や水の華により利水上の障害が発生するのを防止するためには，原因となる窒素やリンの流入負荷量を削減する必要がある．窒素除去には，好気タンクにおいてアンモニア性窒素の酸化を進行させ，無酸素タンクで流入水中の有機物を利用して酸化態窒素を窒素ガスに還元する運転方法（循環式硝化脱窒法）を選択する．一方，リン除去では，活性汚泥法の前半部分に嫌気タンクを設け，多量のリンを細胞内に蓄積できる細菌を利用し，BODとリンの除去を行う方法（AO法；嫌気-好気活性汚泥法）が多く用いられる．これら2方法を組み合わせ，窒素とリンおよびBODの除去を図る方法（$A_2O$法；嫌気-無酸素-好気活性汚泥法）では，全窒素除去率60～70％，全リン除去率70～80％を期待できる[37]．

③ 下水処理水は，洗浄用水，散水用水，清流復活のための修景用水，公園における親水用水等として再利用が可能である．再利用では，その利用目的に見合った高度な処理が必要となるが，処理対象物質は利用目的によって異なってくる．また，修景用水として再利用する場合には，魚や水生生物への影響を考慮し，処理の最終段階で行われる次亜塩素酸ナトリウムを用いた消毒ではなく，オゾンや紫外線による殺菌法が利用される．

④ 上水の水源水質が良好でなく，通常の凝集沈澱，ろ過処理では十分な水質が得られない場合，主として，色度，カビ臭，アンモニア性窒素等の除去が必要な場合には，通常の凝集沈澱，ろ過処理に，活性炭処理，オゾン処理，生物処理等を組み合わせた浄水処理が用いられる．

都市活動の結果生じる排水および廃棄物の処理には，莫大な施設建設費を要するばかりでなく，建設後の長期間にわたって，それぞれの維持管理費と維持管理技術を必要とする．適切な都市活動を維持するためには，自然の循環機能を活用しつつ，効率的な処理およびリサイクルシステムを形成するために，汚濁負荷量の削減分担を検討し，柔軟で総合的な都市環境計画の実行が求められている．

# 参考文献

1) 中川良隆：水道が語る古代ローマ繁栄史，pp.31-51，鹿島出版会，2009．
2) 日本水道史編纂委員会：日本水道史，pp.23-36，66-87，日本水道協会，1967．
3) 国土交通省水管理・国土保全局水資源部：平成25年度版日本の水資源について，p.216,http://www.mlit.go.jp/common/001006506.pdf，2015年1月閲覧．
4) 公益社団法人日本水道協会水道資料室：平成23年度日本の水道の現状，http://www.jwwa.or.jp/shiryou/water/water.html，2015年1月閲覧．
5) 環境庁編：平成12年度版環境白書総説，p.148，ぎょうせい，2000．
6) 小泉明：水道計画のための水需要予測の実際，pp.6-8，水道技術研究センター，1991．
7) 小泉明・稲員とよの・具滋茸・榊原康之：多目的ファジィ線形計画法による月別水運用計画モデル，水道協会雑誌，Vol.66，No.752，pp.2-9，1997．
8) 小泉明・稲員とよの・荒井康裕・具滋茸：水道用水使用量の時間変動解析，土木学会環境システム研究論文集，Vol.26，pp.685-692，1998．
9) 東京都水道局経営計画課：東京水道新世紀構想STEP21，pp.50-75，1997．
10) 環境省：一律排水基準，http://www.env.go.jp/water/impure/haisui.html，2015アクセス
11) 国土交通省：都市規模別汚水処理人口普及率，http://www.mlit.go.jp/common/001054040.pdf，2014．
12) 小泉明・稲員とよの・佐藤則隆：ファジィDPモデルによる下水道面整備計画，土木学会論文集，No.573/Ⅶ-4，pp.9-17，1887．
13) 建設省・厚生省監修：下水試験方法上巻，日本下水道協会，1997．
14) 紀谷文樹監修：水環境設備ハンドブック，pp.250-251，オーム社，2011．
15) 日本下水道協会：下水汚泥のリサイクル，http://www.jswa.jp/recycle/，2015．
16) 東京都下水道局：東京都の下水道2014，2014．
17) 稲員とよの・小泉明：下水処理システム機能の判別診断モデル，土木学会環境システム研究論文集，vol.24，pp.55-62，1998．
18) 小泉明・稲員とよの・加藤徹：下水処理システムモデルによる処理水質の予測と評価，下水道協会誌論文集，Vol.29，No.339，pp.31-41，1992．
19) 環境省大臣官房廃棄物・リサイクル対策部廃棄物対策課：一般廃棄物の排出及び処理状況等（平成25年度）について，http://www.env.go.jp/recycle/waste_tech/ippan/h25/data/env_press.pdf．
20) 環境省大臣官房廃棄物・リサイクル対策部産業廃棄物課：産業廃棄物の排出及び処理状況等（平成24年度実績）について，http://www.env.go.jp/press/files/jp/25567.pdf．
21) 東京都環境局：平成25年度版東京の資源循環2013，https://www.kankyo.metro.tokyo.jp/resource/attachement/3RsInTOKYO2013.pdf，2015年1月閲覧．
22) 東京二十三区清掃一部事務組合：事業概要 平成27年版，http://www.union.tokyo23-seisou.lg.jp/kikaku/kikaku/kumiai/shiryo/documents/27_jigyougaiyou_zenbun.pdf．
23) 小泉明・堤暢彦・川口士郎：都市ごみの収集輸送計画に関する研究，都市清掃，Vol.40，No.158，pp.250-257，およびVol.40，No.160，pp.474-486，1987．
24) 小泉明・戸塚昌久・稲員とよの・川口士郎：都市ごみ収集輸送計画のためのファジィ線形計画モデル，土木学会論文集，No.443/Ⅱ-18，pp.101-107，1992．
25) 荒井康裕・小泉明・稲員とよの・前田雅史：遺伝的アルゴリズムによる静脈物流の最適化計画に関する研究－家電リサイクルにおける回収システムを対象として－，環境システム研究論文集，Vol.32，

pp.225-233，2004．
26) 全国都市清掃会議・廃棄物研究財団：ごみ処理施設整備の計画・設計要領（全国都市清掃会議，p.201，1999．
27) 東京都環境局：平成25年度版東京都廃棄物埋立処分場，https://www.kankyo.metro.tokyo.jp/resource/ attachement/landfill25pamph.japanese.pdf，2015年1月閲覧．
28) 小泉明・稲員とよの・藤田哲弥・古市徹：最終処分場計画のためのファジィ総合評価方法，廃棄物学会論文誌，Vol.6, No.5, pp.171-179，1995．
29) 環境省：平成25年度版環境統計集，http://www.env.go.jp/doc/toukei/contents/index.html，2015.1アクセス．
30) エルストン・U・フォン・ワイツゼッカー，エイモリ・B・ロビンス，L・ハンター・ロビンス，佐々木健訳：ファクター4－豊かさを2倍に，資源消費を半分に－，pp.17-34，省エネルギーセンター，1998．
31) 荒井康裕・手塚史展：循環型社会におけるリース・レンタルシステム，廃棄物学会誌，Vol.14, No.6, pp.293-302，2003．
32) 独立行政法人物質・材料研究機構（NIMS）：NIMSレアメタル・レアアース特集，http://www.nims.go.jp/research/elements/rare-metal/urban-mine/index.html．
33) 内閣官房水循環政策本部事務局：「水循環基本法」について，水坤，Vol.49, pp.72-74，2015．
34) 八王子市：八王子市水循環計画（平成22～31年度），2015.3．
35) 東京湾岸自治体環境保全会議：東京湾水質調査報告書平成24年度，http://www.tokyowangan.jp/top.html，2015．
36) Kikuo MATSUSHIMA, Toyono INAKAZU, Akira KOIZUMI：Quantification Analysis of Sewage Treatment Efficiency by the Anaerobic-Oxic Process, *WEFTEC Asia'* 98, Vol.1, pp.169-176, 1998.
37) 社団法人日本下水道協会：下水道施設計画・設計指針と解説後編，pp.215-217，2009．

# 第4章　都市を造る

## 4.1 循環型都市の建設

### 4.1.1 都市を支えるコンクリート

**(1) 都市とコンクリート**

「都市」は，ある範囲の地域の政治，経済，文化の中核をなす人口の集中した場所であり，多くの人が効率的に活動できるよう施設や設備が集中している．都市の快適性を実現するために設置される構造物群は，インフラストラクチャ (inflastructure) と呼ばれる．構造物は，電気，ガス，上下水道，道路，鉄道，橋梁，ダム，トンネル等，多種多様である．これらすべての構造物に使われる材料がコンクリートである．すなわち，コンクリートは，現代の都市を支える最も基本的な材料であると言える．

**(2) コンクリートとは？**

コンクリートとはどのようなものなのであろうか．「コンクリート」は，外見はグレーの岩のようなものである．コンクリートを切断すると，その切断面は，写真4.1.1のとおりである．粒子状に見えるものは，大きさの異なる岩石の粒子であり，図4.1.1に示すように，この粒子群がコンクリート体積のおおよそ70%を占めている．この岩石の粒子群は，コンクリート全体の骨格を形成することから「骨材」と呼ばれる．骨材は，コンクリートの品質制御のため，通常，大きな粒子群と小さな粒子群に分けて取り扱われる．5 mm よりも大きな径の粒子群は，粗い骨材であるので「粗骨材」と呼ばれ，5 mm より小さく，かつ 0.075 mm よりも大きな径の粒子群は，細かい骨材であるので「細骨材」と呼ばれる．

写真 4.1.1 コンクリートの断面

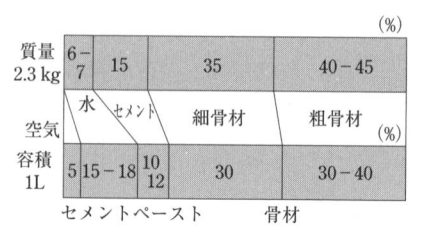

図 4.1.1 コンクリートの材料構成

写真 4.1.1 を見ると，骨材粒子の間を埋めている部分に気付くであろう．これは，セメントと水で構成される「セメントペースト」というものである．多くの場合，水とセメントに加え，意図的に混入させた独立気泡 (entrained air) が含まれる．

このように，コンクリートは，コンクリートという単一の物質ではなく，大きさの異なる岩石の粒子群をセメントペーストという材料 (これ自体もセメントと水の混合体) で接着したものであることがわかる．このように，異種の材料で構成されている材料を複合材料と呼ぶ．セメントペーストは，図 4.1.1 に見るように，コンクリートの体積の約 30% 程度を占める相になっている．

セメントは，写真 4.1.2 に示すように，$0.1 \sim 50 \mu m$ 程度 (平均粒径としては $10 \mu m$ 程度) の大きさを持つ角ばったグレーの粒子群である．セメント粒子は，水と接触すると，「水和反応」という化学反応を起こす．その結果，水和生成物と呼ばれる別固体を粒子表面 (正確には，セメント粒子は表面からイオン化して小さくなり，その小さくなった粒子の表面) に析出させる．この時，粒子の体積は膨張 (完全に水和反応すると，おおよそ 2 倍になる) し，隣りのセメント粒子から生じた水和生成物と接触することで，流動性を失って硬化する．つまり，コンクリートはセメントの水和反応により硬化するのであり，乾いて固まったのではないことに留意することが必要である．セメント粒子の水和反応は，長い時間を掛けて継続するので，固まり始めたコンクリートには，できるだけ長い時間水分を供給することが，密実な組織を作るためのポイントとなる．

写真 4.1.2 セメントの SEM 画像

### (3) コンクリートに要求される特性とその制御

セメントもしくは骨材の粒子間の空間が，セメントの水和反応による水和生成物という新しい固体で満たされていくことがコンクリートの硬化の本質である．セメントの水和反応で使われる水は，完全に反応しても，セメント質量に対して25%程度であるので，これを超える水は，組織内に水として存在し続けることとなる．このため，水和生成物の側から見ると，水和反応の初期には，埋めるべき空間が大変広いような状態になっている．本書では水和反応の詳細には触れないが，空間を固体で充填する場合には，どうしても埋めきれない空間部分が残ってしまう．このため，コンクリートは多孔材料であるということになる．

ここで留意することは，水和反応の初期から反応が進んでいくと，初めは大きな空間であった所に水和生成物が発生し，空間部分がどんどん細分化されていくことである．コンクリートが多孔体であるといっても，その孔は人間の目で見える大きさ(2～3 mm ほど)から数 nm 程度まで，大変広範囲に分布する．このうちの毛細管空隙と呼ばれる 10 nm 程度～1 $\mu$m 程度の空隙が，コンクリートの特性に顕著な影響を及ぼす．毛細管空隙の範囲であっても，とくに 50 nm 以上の大きさの毛細管空隙体積の減少が耐久的なコンクリート構造物を造るキーポイントとなる．

コンクリートには，通常，固まる前の軟らかさと，固まった後の強度と耐久性が要求される．強度とは，その材料を破壊するために必要な力の指標で，単位面積当たりの力として表される．耐久性は，時間の指標で，作製した構造物の供用期間(使うことのできる期間)に直結する．つまり，製造したものが長く使える場合，高い耐久性を持っているということになる．

強度は，その材料内の固体部分に依存する．そのため，空隙は強度に対して悪影響を及ぼすことになる．コンクリート内では，数十万年から数千万年ほどの時間をかけて密実になった岩石と，ごく最近生まれた人工の岩セメントペーストが存在する．セメントペースト相は，骨材相と比較すると，はるかに多孔質であるため，コンクリートの強度は，セメントペースト相の強度によって決定されてしまうことになる．

セメントペースト相の強度(すなわち，コンクリートの強度とも言える)は，水和反応前のセメント粒子間距離によって支配的な影響を受ける．すなわち，その後の水和反応によって形成される組織の多孔性は，水和反応前のセメント粒子間空隙の体積に依存するためである．実際，コンクリートの強度は，セメントの質量に対する水の質量の割合[水セメント比($W/C$)]によって制御されている．$W/C$ が低い状

態では，セメントの質量に対して水の質量が小さいので，セメント粒子が密に配置されている．高い$W/C$の時は，この逆の状態である．つまり，低い$W/C$のコンクリートは，セメントペースト相が密になるので，強度が増加することになる．$W/C$と強度の関係を図示すると曲線となるが，その取扱いは煩雑なため，図4.1.2に示すように$W/C$の逆数の$C/W$（セメント水比）と強度との直線関係を利用した強度管理が行われている．

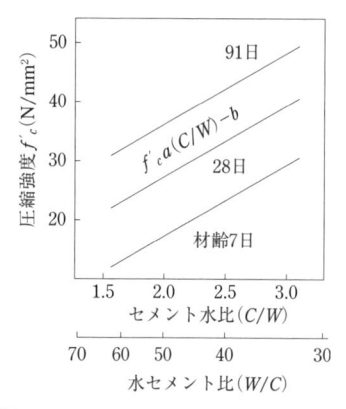

**図4.1.2** コンクリートの$C/W$と圧縮強度

耐久性の面では，コンクリート中での物質の透過性がキーポイントになる．「物質」という曖昧な言葉で定義されているが，それは，透過するものが液体，気体，イオンと様々であるためである．

これらの物質の透過経路となるのも，やはり，セメントペースト中の小さな孔である．この孔は，前述のようにその大きさによって分類され，小さな方からC-S-H層間空隙（ゲル空隙），毛細管空隙と呼ばれ，細孔と総称される．強度，物質透過性の面で，ある大きさよりも小さな径の細孔は，コンクリートの特性には影響しなくなる．とくに物質透過性に関しては顕著で，透過させる物質にもよるが，おおよそ40〜50 nm以下の細孔は，影響しないものとして扱われている．それは，物質透過経路としての細孔の連続性が顕著に失われることによる．

このようにコンクリートの耐久性の観点からは，セメントペースト相の多孔性が重要な要素となるが，細孔の径によって影響が異なるので，全体の空隙体積だけではなく，空隙径の分布（どの大きさの空隙がどのぐらい存在しているのか）に注意を払う必要がある．なお一般には，物質透過性の低いコンクリートは，耐久性に富むと考えて差し支えない．

#### (4) コンクリートの特性制御の実際

コンクリートに要求される特性のうち，固まる前の軟らかさについては，構造物を造る段階で確認することができる．しかし，強度や耐久性については，固まる前のコンクリートで直接確認することはできない．このため，強度および耐久性については，構造物の製作時に表4.1.1に示すような，1 m$^3$のコンクリートを構成する材料の構成割合（土木分野では「配合」表，建築分野では「調合」表）により，その強度

表 4.1.1　コンクリートの配合(調合)例

| 骨材の最大寸法 (mm) | 水セメント比 $W/C$(%) | 細骨材率 $s/a$(%) | 空気量 (%) | 単位量(kg/m³) 水($W$) | セメント($C$) | 細骨材($S$) | 粗骨材($G$) | 混和剤 $C×$% |
|---|---|---|---|---|---|---|---|---|
| 20 | 50 | 41.5 | 5.5 | 165 | 330 | 735 | 1,048 | 0.25 |

と耐久性を中間的に管理して確認している．さらに，強度については，材料構成の確認による間接評価に加え，20℃の水中で28日間経ったものの強度を実際に測定し，最終確認している．

### 4.1.2　コンクリートと環境

　コンクリートを製造する場合，当然のことであるが，資源の消費，環境影響物質の排出が生じる．本項では，これらの概要について述べ，コンクリート分野での副産物利用の実際について触れる．

#### (1)　資源消費

　コンクリートを構成する材料は，主として，水，セメント，細骨材，粗骨材である．はじめに，個々の材料の資源消費を考えることにする．

　水は，セメントの水和反応には欠かせない．コンクリートの構成材料として用いられる水は，練り混ぜ水(または，混練水)と呼ばれる．練混ぜには，上水，地下水が多く用いられるが，近年ではコンクリート製造工場での洗浄に用いた水等を回収し，所定の品質検査を行った後，新規のコンクリートに用いることも行われている．

　セメントは，石灰石，珪石，粘土，鉄原料を用いて製造されるクリンカーと，数%の石膏を一緒に粉砕して製造される．クリンカーを構成する原材料の割合は，おおよそ石灰石70〜80%，粘土と珪石で20%程度，鉄原料で数%である．これらの原材料1.5tから1tのクリンカーができる．つまり，セメントの製造においては，石灰石の消費が多いということになる．

　細骨材，粗骨材は，旧来は天然のものが用いられてきた．砂利，砂という呼び方のものがこれに相当する．近年は，環境保護の観点から，天然の砂利，砂の採取は，禁止されていたり，規制されている．このため，最近の骨材の多くは，天然の岩盤を破砕し，粒度調整(粒の大きさの構成をある一定の範囲に調整すること)等を行って製造される．このような人工の骨材を砕石，砕砂と呼ぶ．砕石，砕砂は，天然の岩盤からの産物であるので，生産量が資源消費量に直結することになる．

## (2) 環境影響物質の排出（二酸化炭素）

セメントの製造は，きわめて単純な言い方をすれば，式(4.1.1)のように石灰石からの脱炭酸である．

$$CaCO_3 \rightarrow CaO + CO_2 \quad (4.1.1)$$
$$\uparrow$$
$$1,450℃$$

石灰石は炭酸カルシウム($CaCO_3$)であり，これを熱分解して酸化カルシウム(CaO)とする．酸化カルシウムは不安定で，セメントとしては用いることができないので，高温下で，これに二酸化ケイ素($SiO_2$)，酸化アルミニウム($Al_2O_3$)，酸化鉄($Fe_2O_3$)を化合させてクリンカーとしている．

この高温環境にするために，主に石炭の燃焼による熱が用いられる．つまり，セメント製造に当たっては，原料由来の二酸化炭素と燃料由来の二酸化炭素の両方が排出される．この二酸化炭素排出量は，ごく普通のセメントである普通ポルトランドセメントの場合，1 t 当たり 768.6 kg［平成20(2008)年度統計[1]］となっている．

日本のセメント製造では，熱効率の高いニューサスペンションプレヒータ(NSP)方式のロータリーキルン(図4.1.3)が用いられている．この製造方式と，ほかの粉

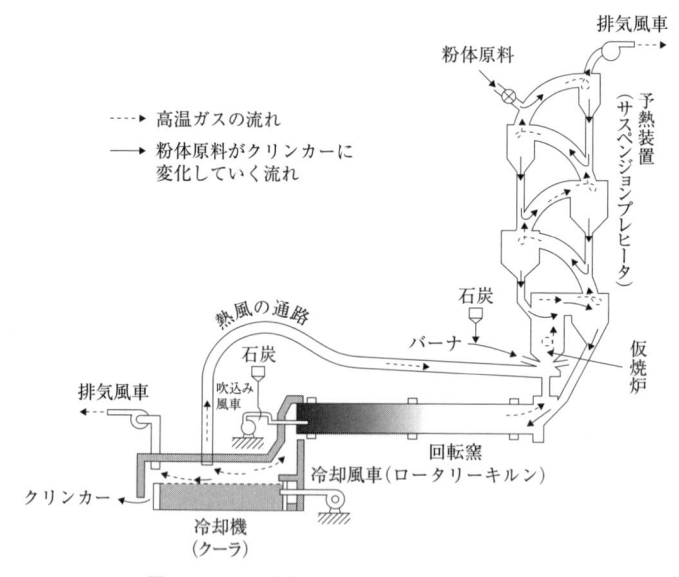

図4.1.3 NSP方式によるセメント製造プラント

砕装置等の高効率化により，現在の日本は，世界で最も少ないエネルギー投入量 (3,470 MJ/t)[2]でセメントを製造している．

コンクリートを構成するセメント以外の材料製造においても，二酸化炭素は排出されるが，セメントと比べるとその排出量は非常に少ない．そのため，コンクリートと二酸化炭素の関係を議論する場合，セメントに着目することが多い．

### (3) 副産物利用

コンクリートには，従来から多くの副産物が原料および燃料代替として用いられている．

**a. セメント**　セメント（クリンカー）の原料は，前述したように石灰石，珪石，粘土，鉄原料である．そして，クリンカーを構成するのは，前述のように酸化カルシウム，二酸化ケイ素，酸化アルミニウム，酸化鉄である．これらがクリンカーの構成物であれば，原料は問わないということにもなる．それ故，各種の副産物や廃棄物が代替原料として用いられている．

石灰石，粘土の代替としては，高炉で鋳鉄を製造する際に生じる「高炉スラグ」が用いられる．高炉スラグ微粉末（写真4.1.3）には，酸化カルシウム，二酸化ケイ素，酸化アルミニウムが相当量含まれているためである．

また，微粉炭を燃料とする石炭火力発電所から生じる副産物の「フライアッシュ」（写真4.1.4）も，二酸化ケイ素が主成分なので，主に粘土の代替原料として用いられている．

さらに，下水汚泥や都市ごみの焼却灰も，二酸化ケイ素，酸化アルミニウム等の酸化物を多く含むため，セメントの代替原料として利用されている．これに特化したセメントが「エコセメント」である．エコセメントは，現在，千葉県，東京都多摩

写真 4.1.3　高炉スラグ微粉末のSEM画像　　　写真 4.1.4　フライアッシュのSEM画像

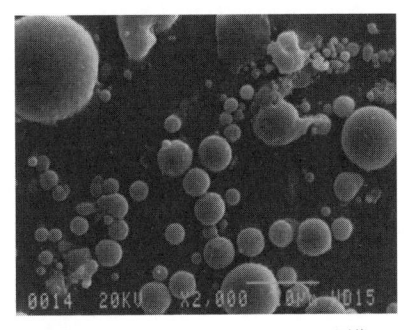

地域の一般廃棄物の焼却灰を主原料として製造されている．日本工業規格のJIS R 5214に規定される内容は，地域の限定はなされておらず，製品としてのセメント1tを製造するのに，原料として焼却灰（下水汚泥の焼却灰も含む）を500 kg以上用いるものをエコセメントと定義している．資源循環の観点から，廃棄物の焼却灰に含まれる必要元素を用いてセメントを製造するという理想的なリサイクル形態である．

　高炉スラグ微粉末には，セメントのような水和反応性がある．すなわち，この構成成分とその結晶状態がセメントと類似しているためで，アルカリ性の刺激を受けると，水と反応して水和生成物を生じる「潜在水硬性」を有しているということである．また，フライアッシュも，セメントの水和反応で生じる水酸化カルシウムを使って不溶性のケイ酸カルシウム水和物を生じる水和反応「ポゾラン反応」を起こす．このため，高炉スラグ微粉末，フライアッシュは，セメントの代替原料となるばかりでなく，普通のセメント（普通ポルトランドセメント）と混合することで，異なったセメントを製造することができる．このようなセメントを「混合セメント」と呼ぶ．

　高炉スラグ微粉末もフライアッシュも，他業種における副産物であり，これらを混合することで普通のセメントの使用量を減らすことができ，セメント全体としての環境負荷物質の排出を簡単に低減できる．二酸化炭素排出原単位は，普通ポルトランドセメントが前述のように768.6 kg/t，高炉スラグ微粉末を質量で40％程度含む高炉セメントB種が444.9 kg/t[1]，フライアッシュを質量で20％弱含むフライアッシュセメントB種が636.8 kg/tとなっている．高炉スラグ微粉末，フライアッシュとも，セメントとして用いる場合には，その品質は日本工業規格（JIS）に規定されているので，その規定に合致するものを使用する必要がある．

　セメントの製造に用いられる代替の原料と燃料である廃棄物や副産物の使用状況は，表4.1.2[3]のとおりである．平成21（2009）年度では，セメント1tを製造するために451 kgが用いられたことがわかる．

**b. 骨材**　　骨材においても副産物系のものの利用がある．ただし，産出量が少ないことや，使用したコンクリートの特性が必ずしも良い方向に向かわないこともあるため，使用はそれほど頻繁ではない．

　副産物系の骨材で使用頻度が比較的高いのは，金属製錬で生じるスラグ骨材である．スラグは，製錬工程で目的とする金属を取り出した後に残る部分である．スラグ中には，もとの鉱石に含まれていた不純分として，二酸化ケイ素，目的金属よりも軽い金属の酸化物，そして酸化カルシウムと何かの高温化合物が含有されている．

表 4.1.2　セメント業界の廃棄物，副産物の使用状況［出典：セメント協会[3]］

| 種類 | 主な用途 | 平成17 (2005)年度 | 平成18 (2006)年度 | 平成19 (2007)年度 | 平成20 (2008)年度 | 平成21 (2009)年度 |
|---|---|---|---|---|---|---|
| 高炉スラグ | 原料，混合材 | 9,214 | 9,711 | 9,304 | 8,734 | 7,647 |
| 石炭灰 | 原料，混合材 | 7,185 | 6,995 | 7,256 | 7,149 | 6,789 |
| 汚泥，スラッジ | 原料 | 2,526 | 2,965 | 3,175 | 3,038 | 2,621 |
| 建設発生土 | 原料 | 2,097 | 2,589 | 2,643 | 2,779 | 2,194 |
| 副産石こう | 原料（添加材） | 2,707 | 2,787 | 2,636 | 2,461 | 2,090 |
| 燃え殻 | 原料，熱エネルギー | 1,189 | 982 | 1,173 | 1,225 | 1,124 |
| 非鉄鉱滓等 | 原料 | 1,318 | 1,098 | 1,028 | 863 | 817 |
| 鋳物砂 | 原料 | 601 | 650 | 610 | 559 | 429 |
| 製鋼スラグ | 原料 | 467 | 633 | 549 | 480 | 348 |
| 廃プラスチック | 熱エネルギー | 302 | 365 | 408 | 427 | 440 |
| 木屑 | 原料，熱エネルギー | 340 | 372 | 319 | 405 | 505 |
| 廃白土 | 原料，熱エネルギー | 173 | 213 | 200 | 225 | 204 |
| 廃油 | 熱エネルギー | 219 | 225 | 200 | 220 | 192 |
| 再生油 | 熱エネルギー | 228 | 249 | 279 | 188 | 204 |
| 廃タイヤ | 原料，熱エネルギー | 194 | 163 | 148 | 128 | 103 |
| 肉骨粉 | 原料，熱エネルギー | 85 | 74 | 71 | 59 | 65 |
| ボタ | 原料，熱エネルギー | 280 | 203 | 155 | 0 | 0 |
| その他 | − | 468 | 615 | 565 | 527 | 518 |
| 合計 | − | 29,593 | 30,889 | 30,719 | 29,467 | 26,291 |
| セメント1t当たりの使用量(kg/t) | | 400 | 423 | 436 | 448 | 451 |

　現在は，写真4.1.5に示すように，JIS A 5011-1〜4に高炉スラグ骨材（細粗，BFS，BFG），フェロニッケルスラグ骨材（細，FNS），銅スラグ骨材（細，CUS），電気炉酸化スラグ骨材（細粗，EFS，EFG）の品質が規定されている．

　近年，不要となったコンクリート構造物を破砕して骨材粒子の大きさにし，これを新規のコンクリートに用いる「再生骨材」としての使用も行われている．また，不

(BFS)　　　(FNS)　　　(CUS)　　　(EFS)

写真 4.1.5　金属製錬スラグ骨材の例

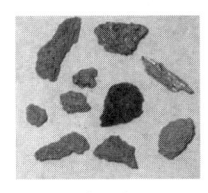

要になったコンクリート構造物中の骨材は，原骨材と呼ばれ，できるだけ回収すると，通常の骨材と同等の使用形態での使用が可能になる．ただし，原骨材に付着しているセメントペーストを取り除くために多くのエネルギーが必要であるとともに，環境影響物質の排出量も多くなる．

このため，破砕後の処理の水準が異なる再生骨材の品質が JIS A 5021, 5022, 5023 に規定されている．最も処理レベル高い再生骨材 H（JIS A 5021）は通常の骨材と同等なので，理屈上はどのようなコンクリートにも用いることができる．だが，処理レベルの低い再生骨材 M（JIS A 5022）や再生骨材 L（JIS A 5023）は，原骨材の周囲に多くのセメントペースト相が含まれている．このため，使用に際しては特別な留意が必要で，両 JIS においてこれら再生骨材を用いたコンクリートを規定する内容（適用範囲を限定して使用する必要があるため）となっている．

**(4) 環境影響評価**

近年，コンクリー構造物を造る際は，その構造物のライフサイクルでの環境影響，コストを評価する方向に向かっている．ライフサイクルとは，材料製造，コンクリート製造，施工，供用，維持・補修，解体，廃棄の一連のサイクルのことである．現在では，これらの各ステージにおけるコスト，環境影響物質の排出量等を積算し，建設に関わる材料，方法等の改善につなげるための評価を行いつつある．例えば，ライフサイクルにわたるコストであれば，ライフサイクルコスト（LCC）と呼ばれる数値によって，二酸化炭素排出量についてであれば，ライフサイクル $CO_2$（$LCCO_2$）という数値によって相対評価するシステムのことである．また，$LCCO_2$ だけではなく，他の環境影響物質排出量や廃棄物量についてもライフサイクルにおける評価方法が構築されつつある．今後，ライフサイクルにおける合理的な方向性の提示が重要になると思われる．

## 4.2 社会資本であるコンクリート構造物

### 4.2.1 コンクリート構造物の特徴および種類

**(1) コンクリートと鉄筋による複合構造**

橋梁，トンネル，ダム，上下水道施設等，土木構造物の多くが鉄筋コンクリートで造られている．鉄筋コンクリートは，コンクリート中に鉄筋を配置したものであ

る．コンクリートは，圧縮力に対しては強いが，引張力に対しては弱い．そこで，構造物を構成する各部材では，断面内に発生する圧縮力をコンクリートで，引張力を鉄筋で受け持たせるようにしている．例えば，橋のような梁部材に上方より荷重を作用させた場合，コンクリートだけで造られたものは突然ポッキリ折れてしまう．同じ断面において下方(引張りが作用する部分)に鉄筋を配置しておくと，ひび割れは入るが，十分なねばり(靱性という)を発揮し，高い荷重を受け持つことができる(図4.2.1)．

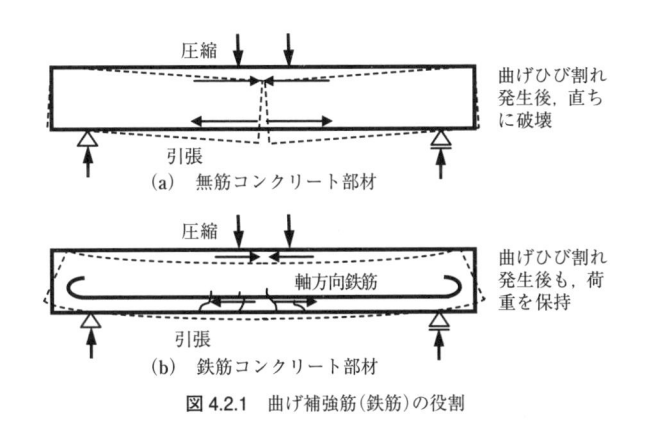

**図4.2.1 曲げ補強筋(鉄筋)の役割**

### (2) 鉄筋コンクリートの成立条件

上記の力学的な特徴のほか，鉄筋コンクリートが広く使われる理由として，以下の3点が挙げられる．
① コンクリートと鉄筋の熱膨張係数がほぼ等しい．
② 鉄筋とコンクリートとの付着強度が大きい．
③ 鉄筋はアルカリ環境下では錆びない．

コンクリートの熱膨張係数は $10 \times 10^{-6}/℃$ 程度，鉄筋の熱膨張係数は $12 \times 10^{-6}/℃$ 程度である．コンクリート構造物は，夏季や冬季の外気温の変化により伸び縮みする．両者の熱膨張係数がほぼ等しいことにより，温度変化を生じても一体性を保つことができる．もし，2種類の材料の熱膨張係数が大きく相違していたらどうなるだろうか．

一辺 20 cm の矩形断面で，長さ 5 m (5,000 mm) のコンクリート柱の中心に棒材が配置されていたとする．この棒材の熱膨張係数を $0 \times 10^{-6}/℃$ (温度変化によって伸

び縮みしない)とすると，夏季(35℃)から冬季(5℃)への気温の変化により，コンクリートは，$5,000 \times (35-5) \times 10 \times 10^{-6}/℃ = 1.5\,\text{mm}$ 縮もうとする．この時，中心に配置された長さ変化を生じない棒材が変形を妨げ，コンクリートにはひび割れが生じてしまう．したがって，コンクリートと鉄筋という2種類の材料で構成される部材において熱膨張係数に差がないことは，非常に重要なことなのである．

また，付着強度が大きいことにより，変形が大きくなっても部材として一体で挙動する．付着はひび割れ幅を制御し，耐久性を確保するためにも重要である．付着が良好な場合，ひび割れが分散することによりひび割れ幅は小さくなる．一方，付着が悪いと，ひび割れの間隔が大きくなり，ひび割れ幅も大きくなり，腐食因子が侵入しやすくなる．

鉄筋は大気中に放置しておくとすぐに錆びてしまうが，コンクリート中にある場合には錆の発生が抑えられる．これは，コンクリートが強いアルカリ性(pH12～13)を呈するためで，コンクリート中では，鉄筋の表面に防食性の高い不動態皮膜($\gamma\text{-}Fe_2O_3$)が形成されている．

このように，鉄筋コンクリートは，コンクリートおよび鉄筋がそれぞれの長所を活かし，短所を補い合っている合理的な構造といえる．

### (3) コンクリート構造物の長所，短所

構造物としての鉄筋コンクリートには，以下のような長所，短所がある．長所として，
1) 任意の形状，寸法の構造物が比較的容易に構築できる．
2) 材料の入手が容易で，また廉価である．
3) 通常強度から高強度まで，構造物の性能を考慮して様々な強度のものが造れる．
4) 耐久性，耐火性に優れている．
5) メンテナンス費用を少なく抑えられる．

一方，短所として，
1) 重い．
2) ひび割れが生じやすい．
3) 品質の変動が大きい．
4) 解体，撤去が困難である．

土木で一般に使用されるコンクリートの圧縮強度は，$24\,\text{N/mm}^2$ 程度のものが多い．しかしながら，長所の3)で述べたように，コンクリートは任意の強度のもの

を造れる．近年では，100 N/mm² という通常の4倍程度の高い強度のコンクリート（高強度コンクリートと呼ぶ）も実用化されている．では，なぜこのような高強度コンクリートが使われるのか？

その理由は，次のとおりである．
① 部材の断面寸法を小さくでき，軽量化できる．
② 部材の断面寸法が小さくなり，有効な空間を大きくできる．
③ 材料費は高くなるが，使用量が減少し，トータルコストが安くなる．

例えば，橋梁（写真4.2.1）であれば，軽量化することにより橋の長さを大きくすることができる．橋は，その上を走る自動車や鉄道の重量のほかに，自分自身の重量（自重）をも支えなければならない．そこで，高強度にして断面寸法を小さくし，自重を低減することで長い橋の構築を可能とすることができる．

写真4.2.1 鉄筋コンクリート橋[提供：NEXCO中日本]

写真4.2.2 高架橋

また，橋脚と呼ばれる柱状の構造物がある．一般道に橋脚が立ち，その上を高速道路等として使用している（写真4.2.2）．この橋脚のために道路幅は狭くなる．また，運転手に与える心理的影響はかなりのものがある．ごついものがそこにあった場合には，かなりの圧迫感である．現実的な問題として，車線幅の確保や敷地面積の制約等から，橋脚をできるだけ細くしたいという要望がある．このような場合に高強度コンクリートが使われる．

(4) 構造形式による分類

コンクリート構造物を構造形式で分類すると，以下のようになる．
① アーチ構造
② 鉄筋コンクリート構造
③ プレストレストコンクリート構造

④　鉄骨鉄筋コンクリート構造

　古代ローマの時代には，土木構造物は石積みのアーチ構造が多い．これは，石が圧縮に強いという特徴を活かし，作用する荷重をアーチ全体で圧縮力として受け持たせているからである（図4.2.2）．

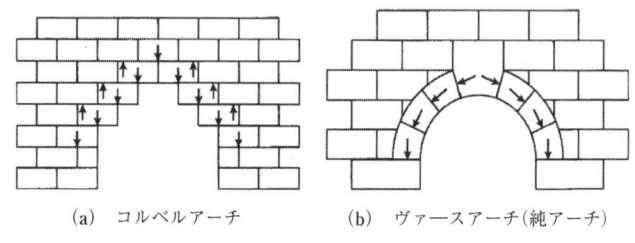

(a)　コルベルアーチ　　(b)　ヴァースアーチ（純アーチ）

**図4.2.2**　石造アーチの概念図（矢印は力の流れを表す）

　コンクリートは石と同様に圧縮に強い材料であり，鉄筋コンクリートのアーチ橋は現在でも比較的多く造られている（写真4.2.3）．なお，コンクリート構造の多くが鉄筋コンクリート（RC；Reinforced Concrete）であるが，より合理的な構造としてプレストレストコンクリート（PC；Prestressed Concrete）がある．これは，鉄筋の替わりにPC鋼材と呼ばれる高強度の鋼棒または鋼線を配置し，これに引張力を作用させた後，コンクリートに定着させることで，供用前においてコンクリートにあらかじめ圧縮力を作用させるものである（図4.2.3）．コンクリートは，前述したようにひび割れが発生しやすい材料である．実際，RCでは，部材の引張り側にはひび割れが生じることを前提とし（図4.2.4），コンクリートが圧縮を，鉄筋が引張りを分担することによって作用する荷重に抵抗するよう設計している．一方，PCでは，あらかじめコンクリートに圧縮力を作用させておくことにより，作用荷重で発生する引張応力をキャンセルし，鋼材の腐食に影響を及ぼすひび割れの発生を抑制している．また，コンクリートと鋼材の長所を活かし，全断面が有効に働き，部材断面を低減することが可能となり，橋の長大化が図られている．

　RC，PCのほかに鉄骨鉄筋コンクリート（SRC；Steel-framed Reinforced Concrete）

**写真4.2.3**　RCアーチ橋（小倉橋）

図4.2.3 プレストレストコンクリート桁の概念図

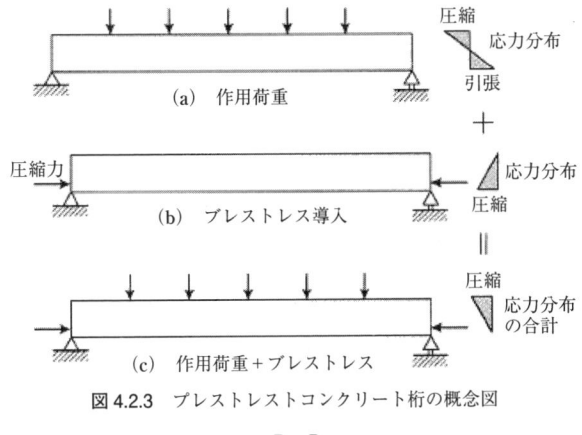

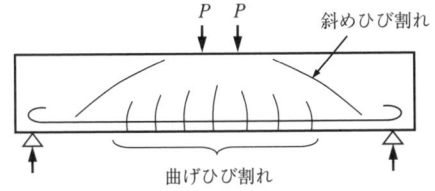

図4.2.4 部材のひび割れ発生の概念

が大型構造物に使われることがある．これは，基本的にはRCと同様に考えられるもので，鉄筋を数多く配置する必要がある場合に，必要な鉄筋の断面積と同等の断面積を有する鉄骨を配置するものである．鉄骨を使用することで，構造物の構築中の仮設材としても利用することができる．

土木構造は，経済性，施工性，使用環境等を考慮し，①〜④の4種類から構造形式を適宜，選定することになる．

### 4.2.2 コンクリートで造られる構造物

コンクリートは，構造物を構成する材料に過ぎない．これを使ってどんな土木構造物が造られているかを紹介する．

#### (1) コンクリート橋

コンクリート構造物の中で，最も目に触れるのは橋である．橋は，コンクリート橋と鋼橋に大きく分けられる．鋼橋については，4.3および4.4の説明に譲るとして，ここではコンクリート橋について説明する．コンクリート橋の構造形式には，

前述のようにRCもあればPCもある．RCは設計がシンプルであるが，あまり長い橋梁には向かない．長い橋梁とする場合には，設計は多少煩雑ではあるが，断面を小さくし，自重を低減できるPCが採用される．構造形式は，工費を考慮して選定されるが，RC橋では数十m規模のものが多い．PC橋の代表として浜名大橋があるが，支間長は240mである．なお，近年，橋桁をPCとし，斜材で桁を吊るPC斜張橋も多く造られている（写真4.2.4）．

また，自動車や列車の走行により，構造物には振動や騒音が生じる．供用性および安全性を確保するため，構造物のたわみ（振動）を抑制する必要があり，鋼構造物で十分な剛性が経済的に得られない場合には，コンクリート構造物が採用されることもある．

写真4.2.4　PC斜張橋（東名足柄橋）［提供：NEXCO中日本］

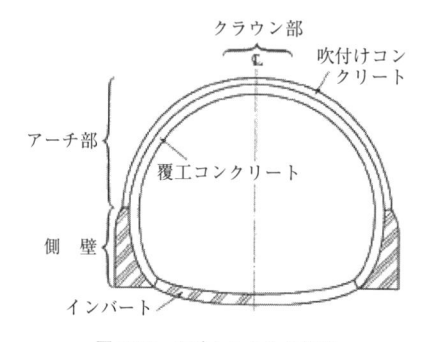

図4.2.5　山岳トンネルの断面

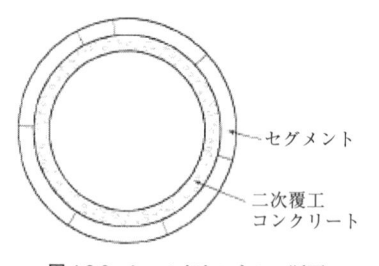

図4.2.6　シールドトンネルの断面

(2) トンネル

トンネルには，大きく分けて山岳トンネルとシールドトンネルの2種類がある．

山岳トンネルは，文字どおり山岳地帯に掘られるトンネルで，地山が比較的しっかりしている．その掘削断面は，円形または馬蹄形で，支保工や吹付け工と呼ばれる地山の安定処理を行っているため，地山は基本的に自立している．内面に打設されるコンクリートは，無筋コンクリートが主である（図4.2.5）．このコンクリート自体も円形または馬蹄形で，地山からの変形による力を受けた場合も，コンクリートがリングを形成し，断面には圧縮力が作用することとなり，安定した状態を保つことができる．したがって，コンクリートの目的は，地山の小塊の落下防止，漏水防止，美観の確保

等が主となる．そして，地山の安定の悪い箇所のみ鉄筋コンクリートとしている．

シールドトンネルは，都市部の比較的地盤の軟らかい地下を機械掘削しながら，セグメントと呼ばれるコンクリート部材を組み立てて地山に抵抗し，内部に円形のコンクリート構造物を構築する（図4.2.6）．鉄道路線下の地下道等に使用される矩形断面の構造物（写真4.2.5．カルバートと呼ぶ）は，上部，側部の土の荷重により曲げを生じることから，鉄筋コンクリートとされている．

### (3) ダ ム

飲料水，発電用水，工業用水，灌漑用水，洪水時調整等がダムの主な目的として挙げられる．上流域の降雨による水をダムでいったん貯水し，計画的に下流へ放水する．ダムは貴重な水甕であるばかりでなく，災害防止にも役立っている．ダムは，使用材料および構造形式により，以下のように分類できる．

① 重力式コンクリートダム
② アーチ式コンクリートダム
③ ロックフィルダム
④ アースダム

写真 4.2.5 ボックスカルバート［提供：興建産業］

重力式コンクリートダムは，上流側の貯水の水圧に対して堤体自体の重量で抵抗し，安定を保つ（写真4.2.6）．なお，この種のダム堤体は，基本的にあまり高い強度を必要としないこともあり，合理化施工の観点から，最近はRCD（Roller Compacted Dam）工法と呼ばれるセメント量の少ないコンクリートを振動ローラで締め固める工法が多く採用されている．一般に街中で行わ

写真 4.2.6 重力式コンクリートダム［提供：東京電力］

写真 4.2.7 アーチ式コンクリートダム［提供：東京電力］

れている道路の路盤工事に似たようなイメージとなる．

　一方，アーチ式コンクリートダムは，堤体をアーチ状とし，水圧により堤体に圧縮力が作用するようにしたものである（写真 4.2.7）．コンクリートの強度を活かして堤体の体積を低減し，これによりコストダウンが図られる．なお，この構造形式の場合，アーチ部に作用する力に抵抗できるだけの反力が必要となる．すなわち，堤体の端部で圧縮力を受ける岩盤が十分な強度を有していることが条件になる．

　ロックフィルダムは，最大数十 cm の石を積み上げて堤体を構築し，貯水する（写真 4.2.8）．積み上げられた石の安定のため，堤体の斜面の勾配がコンクリートダムに比べて大きくなっている．また，堤体下部の面積を大きくし，岩盤に作用する応力を小さく抑えることができるため，堤体を構築する位置の岩盤の強度が小さい場合に採用されることが多い．なお，貯水性能を確保するため，ロックフィルダムの中心位置または上流側表面に遮水層を設けるようになっている（図 4.2.7）．ロックフィルダムにおいても，貯水した水を放流するための放流施設や洪水吐と

写真 4.2.8 ロックフィルダム［提供：東京電力］

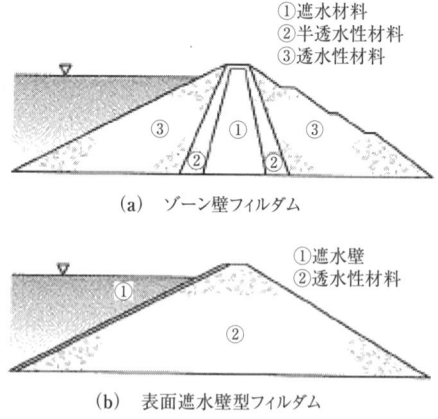

①遮水材料
②半透水性材料
③透水性材料

(a) ゾーン壁フィルダム

①遮水壁
②透水性材料

(b) 表面遮水壁型フィルダム

図 4.2.7 ロックフィルダム

いったコンクリート構造物が構築されている．

　アースダムは，小規模の貯水として採用されるが，ロックフィルダムと同様の考え方で構築されている．

### (4) 海洋構造物

　海洋構造物である桟橋や護岸には，鉄筋コンクリート構造物が多く使用されている．これは，p.104 の長所の 5) に示したように，鉄筋コンクリート構造物では鉄筋がコンクリート中で腐食から保護されるため，維持管理がしやすく，費用も抑えられるとの考えからである．ただし，この点については，近年，大幅に考え方が修正されており，後述する 4.2.6 で説明する．

### (5) 排水性舗装

　コンクリートは，強度やその他の品質を確保するため，基本的には密実でなければならない．しかし，中にはポーラスコンクリートという特殊なコンクリートがある．このコンクリートは，人為的に連続した空隙を形成したもので，水が通りやすくなっている(写真 4.2.9)．このコンクリートに期待される主な性能と目的は，以下に示すとおりである．

　　　性　能　　　　　目　的
　　　排水性　　　　交通の安全(雨天時)
　　　低騒音性　　　生活環境の向上
　　　透水性　　　　地下水の涵養
　　　貯水性　　　　エコロジー，打水効果
　　　植生　　　　　緑化

これまでも透水性雨水枡等として地下水の涵養に利用されてきたが，近年，注目

写真 4.2.9　ポーラスコンクリート[提供：マテラス青梅工業]

されているのは，道路の排水性舗装としての利用である．高速道路や一般道では，降雨時の雨水を路面から側溝に流して排水しているが，路面に水があることによる制動の低下や，水しぶきによる視界の悪化等による交通事故を防止するため，表層をポーラスコンクリートで施工し，降雨時において路面に水膜を作らないよう積極的に排水するものである．このコンクリートを市街地道路舗装に用いれば，雨水の排除による安全性確保のほか，自動車走行による発生音の低減と吸収によって騒音の低下に効果がある．また，地下水の涵養や打水効果，緑化といった自然環境との調和を図るためにも有効である．

### 4.2.3 コンクリートの施工方法

#### (1) コンクリートの運搬方法

生コン工場から現場に運搬されたコンクリートは，ポンプ車のホッパに排出され(写真 4.2.10)，輸送管を用いて所定の場所まで圧送される(写真 4.2.11)．写真は，合理化施工の1つである分岐管工法と呼ばれるもので，広い面積を一度に打設するのに適している．本工法は，配管の先に向かうに従って管を二股に分け，順次，分岐していく．

昔は一輪車で少量ずつ運搬したり，コンクリート用バケットに入れてクレーンで吊って運搬していた．昭和40年代に入ってからはポンプ車の出現により，施工性は大幅に向上した．ポンプ施工の特徴としては，

① 高所あるいは低所へ配管さえすれば，連続的かつ容易にコンクリートを送れる．例えば，都庁舎の施工においては，地上階から高さ240mまでポンプによりコンクリートを圧送している．

写真 4.2.10 コンクリートの受入れ

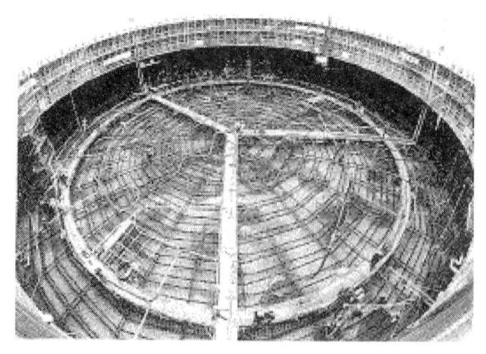

写真 4.2.11 コンクリートの打設状況(広範囲の一括打設)

② 狭い空間部でも配管のスペースがあれば，施工は可能である．例えば，トンネルや地下施設の構築においては，掘削機械やその他の機器が置かれ，アジテータ車(トラックミキサ車)が入って行けない場所でも，直径 10 ～ 15 cm の配管を行うことで，数百 m 離れた場所へコンクリートが運搬できる．
③ 圧送用の配管をしてしまえば，少人数でコンクリートの圧送作業が行える．

等が挙げられる．

### (2) 工場製品の利用

コンクリートは，以上述べてきたように，生コン工場からまだ固まらない状態で出荷し，現場でそれを受け取って型枠の中に流し込んで構造物を造るものが多い．一方で，工場製品またはプレキャスト製品と呼ばれる，既に所定の形状に硬化したコンクリートを製品として出荷し，それを現場で組み立てる場合もある．工場製品の利用は，省力化，機械化による高齢化社会，労働力不足への対策として有効で，また，コンクリート構造物の品質の保証，高耐久性の確保に役立つ．近年，熟練技術者の不足により構築される構造物の品質の低下が懸念されており，管理された工場で製造された製品は，品質の安定した，高い耐久性が期待できる．

写真 4.2.12　セグメント(仮置き状態)［提供：大成ユーレック］

工場製品の代表的なものにセグメントがある(写真 4.2.12)．前述のように，セグメントは，主にシールドトンネルの施工時に掘削した断面の崩落を防ぐために使用される．掘削の進捗に合わせ，6 ～ 8 個程度に分割されたコンクリートブロックを円形に組み上げ，地山の力に抵抗する(写真 4.2.13)．このほか，構造物の部材自体をプレキャス

写真 4.2.13　セグメントの組立て状況［提供：大成建設］

トとして工場または現場内の製作ヤードで製造し，それを繋ぎ合わせて構造物を完成させることもある（図4.2.8）．これは，主に工期の短縮を目的としており，部材を小分割して製作しておき，現場でPC鋼材を用いて締め付けるなどの方法で一体化するものである．

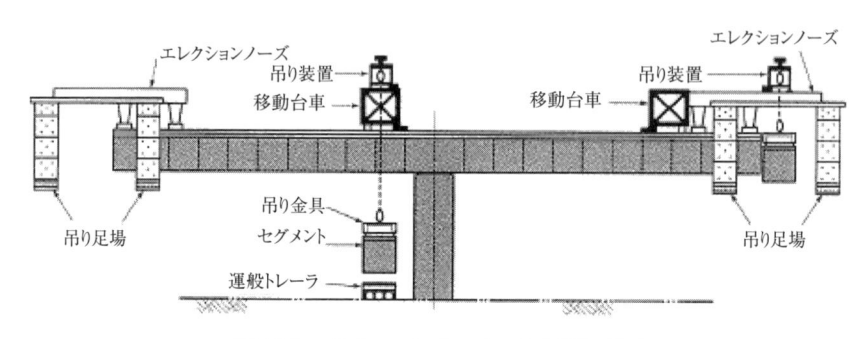

図4.2.8 プレキャストブロックによる橋梁の施工

### (3) 型　枠

　型枠は，コンクリートを流し込んで部材を造るための型となるもので，通常，広葉樹の板を何層かに重ね合わせた合板が使用される．この合板に使用される広葉樹は，熱帯雨林地域で多く伐採されている．近年，地球環境保護，温暖化防止のために合板の使用を低減する活動が積極的に進められている．なお，最近多く用いられるのが化粧合板と呼ばれるもので，表面を樹脂でコーティングして，打ち上がり面が綺麗になるばかりでなく，型枠の転用にも有効である．さらに，合板の代替品として使用が検討，推進されているのが，表4.2.1に示す各種型枠である．

　その中で，コンクリート製の埋設型枠は，型枠として機能させるが，内部に打設したコンクリートが固まった後もそのまま存置しておくものである（このため，埋設型枠という．写真4.2.14）．この利点は，合板の使用を低減することのほか，型枠を外す手間が不要となり，工期短縮，省力化，少人化が図られることにある．建設分野でも，人件費がコストに占める割合は高く，埋設型枠の使用により工費の削減が可能となる．

　また，プラスチック型枠は透明あるいは半透明で，コンクリートの打設状況を観察しながらコンクリートの施工ができ，施工欠陥の防止に役立つ．

表 4.2.1 型枠の種類と特徴

| 種類 | 特徴 長所 | 特徴 短所 | 転用回数の目安 |
|---|---|---|---|
| 合板型枠 | ・仕上がり面がきれい<br>・加工がしやすい<br>・経済的である | ・転用回数が少ない<br>・廃棄物として処理される | 5回程度 |
| 鋼製型枠 | ・転用回数が多い<br>・剛性が高い<br>・組立や解体が容易 | ・重い<br>・錆びやすい<br>・保湿性が悪い<br>・加工できない | 30回以上 |
| プラスチック型枠 | ・透明なものは打設管理に適している<br>・転用回数が多い<br>・軽い<br>・リサイクルが可能 | ・高価<br>・衝撃に弱い | 20回以上 |
| 埋設型枠 | ・型枠の取り外しが不要<br>・耐久性の向上に効果<br>・自由な形状にできる | ・高価<br>・現場合わせが難しい | 転用なし |

### 4.2.4 コンクリート構造物の劣化

昭和50年代まで，コンクリート構造物は耐久性があり，メンテナンスフリーで半永久的に使用できると言われ，それが鋼構造物との違いであると言われてきた．鋼構造物の場合，一般に10〜20年に1度程度，塗り替えが行われている．

昭和60年代に入り，山陽新幹線の橋梁において塩害劣化(鉄筋の腐食)が早期に発生し，社会的問題となった．これについては原因が明確で，高度経済成長期で工期厳守のため，海砂を除塩せずに使用したというごく基本的な問題に起因していた．この反省から，関連する規準類を見直し，規格値を明確にすることで，その後の劣化の発生は大幅に減少した．また，最近ではトンネルや高架橋からのコンクリート塊の剥

写真 4.2.14 埋設型枠の設置状況［提供：大成建設］

落が発生し，一般市民に危害を及ぼす危険性が大きく取り上げられている．これらは，経年的にコンクリート構造物の劣化が進行して生じたものが多いが，施工上の注意が必ずしも十分でなかったというものもある．

### 4.2.5 コンクリート構造物の寿命

　土木構造物に鉄筋コンクリート構造物が用いられるようになったのは19世紀末で，日本における最初のRC橋は，琵琶湖疏水の山科付近に架かる床版橋［明治35(1903)年竣工．写真4.2.15］である．RC橋が実用化されてから，まだ100年ほどしか経っていない．コンクリート構造物は，構築してから何年もつのか？　その答えは難しい．それは，構造物の設計，施工，維持管理のそれぞれの影響が複雑に関与してくるからである．ただし，昔のようにメンテナンスフリーで半永久的に使用できるとは誰も思っていない．適切な設計をし，丁寧な施工を行い，完成後は定期的に点検・補修を行えたかどうかが，その構造物の寿命を左右する．そして，それらのどれか1つでも欠けると，構造物の寿命は極端に短くなってしまう．

　コンクリート構造物の劣化としては，以下のものが挙げられる．

**写真4.2.15** 琵琶湖疎水［出典：琵琶湖疎水記念館パンフレット］

① 　コンクリート構造物が建設当時保有していた耐力の低下（構造物の安全性の低下）．
② 　たわみの増加等，供用性の低下（機能の低下）．
③ 　一般人への影響（第三者被害）．

　保有耐力の低下の原因は，次の2種類である．
1) 　鉄筋の腐食に伴う断面積の減少．
2) 　コンクリート自体の劣化による部材圧縮域の減少．

　以下では，これらについて説明する．

#### (1) 鉄筋の腐食に伴う断面積の減少

　構造物の耐力を左右する鉄筋断面積が腐食により減少すれば，保有耐力は低下する．鉄筋は，前述したように，一般にコンクリート中に埋め込まれている場合，腐

食は生じない．これは，通常の場合，コンクリートは強アルカリ性を呈し，その雰囲気において，鉄筋は，腐食を抑制する薄い皮膜(不動態皮膜と呼ばれる)で覆われているためである．なお，以下のような環境下では鉄筋表面の薄い皮膜が破壊され，鉄筋が腐食する．

① 中性化(炭酸化ともいう)　コンクリートは，通常，pH 12～13の強アルカリを呈している．ところが，大気中の炭酸ガス($CO_2$)がコンクリート中に次第に浸透し，コンクリートを構成する1つの成分[$Ca(OH)_2$]と反応することにより，コンクリートのpHを表面部から順次低下させてしまう．経年的にこの現象が進み，鉄筋位置まで進んだ場合，鉄筋表面を覆っていた不動態皮膜が破壊され，鉄筋の腐食が進行することになる．

② 塩害　鉄筋は，強アルカリ環境にあるコンクリート中では腐食の心配はないが，ここに塩化物イオン($Cl^-$)が存在すると，たとえ強アルカリ環境下であっても腐食を生じることになる(写真4.2.16)．

図4.2.9に腐食のメカニズムを示す．鉄筋が腐食を生じるアノード部と，その他の部分であるカソード部との間で電池を形成し，アノード部では水酸基($OH^-$イオン)と反応して赤錆や黒錆を生じる．これまでの多くの研究から，鉄筋の腐食を生じる塩化物イオンの量(コンクリート$1 m^3$中に$Cl^-$イオンが1.2 kg程度)が明らかにされており[4]，構造物の構築に当たっては，期待する供用期間中に塩化物イオン量がこの量に達しないように注意する．前述した

**写真4.2.16** 塩害による劣化(桟橋の鉄筋腐食)

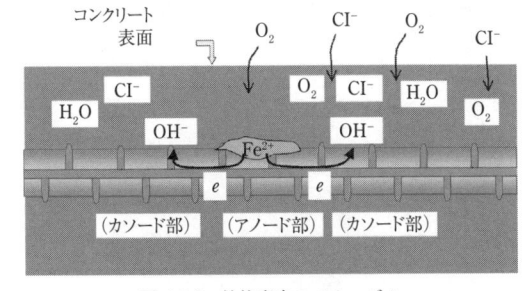

**図4.2.9** 鉄筋腐食のメカニズム

海砂による山陽新幹線の橋梁の劣化では，構築時において既に鉄筋を腐食させるだけの塩化物イオンが含まれていた．

　塩化物イオンがコンクリート中に浸透するのは，建設時だけではない．海洋構造

物や海岸線に近い箇所に構築される構造物では，供用期間中にも外部から風，波しぶき等により塩化物イオンが供給され，これが次第にコンクリートの内部に浸透，蓄積されていく．また，寒冷地や山間地域では，路面の凍結防止のために融雪剤として塩化カルシウムを散布しており，これからも塩化物イオンは供給される．このような状況において，鉄筋位置で腐食を生じる塩化物イオン量に達した時に鉄筋の腐食が始まる．

なお，コンクリートにひび割れは付き物である．構造耐力面からすれば，一般にひび割れが入っていてもたいした問題にはならない．ただし，耐久性の観点からすれば，悪影響を及ぼす要因となる．ひび割れは，炭酸ガスや塩化物イオンの経路となり，早い段階で鉄筋位置が上記で示した中性化や塩化物イオン量に達することになるためである．

### (2) コンクリート自体の劣化による部材圧縮域の減少

鉄筋コンクリート構造物は，圧縮をコンクリートが，引張りを鉄筋が受け持って荷重に抵抗している．圧縮を受け持つコンクリートの一部が様々な要因により期待できなくなった場合，構造物の耐力は低下することになる．コンクリートを劣化させる原因としては，次のものが挙げられる．

① 凍害　　冬季，寒冷地においては，気温の変動によりコンクリート中の水が凍って氷となったり，これが融けて水に戻ったりの繰返しを生じる．凍害とは，この凍結と融解の繰返し時における水の体積変化（水が氷になるときに9%の体積膨張を生じる）により内部組織が次第に破壊されるものである．この劣化は，外気温の影響を最も強く受ける表面部近傍から生じる（写真 4.2.17）．

② すりへり　　重量車両や高速の水流等により，コンクリート表面が削られていく現象である．

③ 化学的侵食　　酸，アルカリ，塩類等とコンクリートの構成成分が表面部から順次反応し，圧縮を受け持てない状態になってしまう．

写真 4.2.17　凍害による劣化[提供：八戸工大]

### 4.2.6 ライフサイクルコストへの意識改革

　コンクリート構造物は，様々な劣化因子の影響を受け，長い年月を経た後，劣化が多かれ少なかれ生じている．その程度は，設計，施工，維持管理のそれぞれをいかに的確に実施したかによる．例えば，①設計においては，鉄筋の腐食を防止するためにコンクリート表面から鉄筋までの距離（かぶり）をどの程度にしたらよいかを判断し，設定する．②施工においては，設計図面に書かれているとおりに，いかに造るか，その精度が将来の構造物の健全性を左右する．また，③維持管理においては，定期的に構造物の健全性を評価し，適当な時期に最も適した補修を行うことが構造物の延命策として重要である．

　逆に言えば，これら3項目すべてを確実に実施して，初めて長期間の耐用年数を期待できる．コンクリート構造物を構築する場合には，これら3項目を考慮し，経済性，耐久性，供用性を踏まえて構造物を設計しなければならない．コンクリート構造物は，決してメンテナンスフリーではない．意図的に安全側の設計を行う場合は別として，通常は的確な維持管理を行うことで構造物の寿命を延ばす．経済性，耐久性，供用性のすべてに最適な設計はまずあり得ない．すなわち，メンテナンスフリーとしたい場合には，劣化因子の影響を受けないように鉄筋のかぶりを大きくしたり，コンクリート表面に塗装等を施し，劣化因子の侵入を抑制することになるが，この場合，当然コストアップになり，経済性の面で問題である．

　そこで，供用したい年数（供用期間）を設定し，経済性，耐久性，供用性の妥協点を見出す必要がある．これまでのコンクリート構造物の設計に当たっては，建設時の費用のみがすべてで，構築する時に最も安く造れることが条件になっていた．ところが，これからの経済情勢を考えても，傷んできたから造り替えましょうという時代ではない．とくに，社会資本である土木構造物は，既設の構造物を維持管理しつつ，いかに延命を図り供用していくかが最も重要な課題である（図4.2.10）．そのためには，建設時の費用だけでなく，期待する供用期間に行われる維持管理のための費用をも考慮しなければならない．供用期間を通して，その構造物に掛かる費用の総額をもとに構造物の設計がなされなければならない．

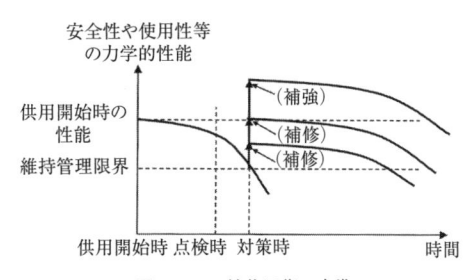

**図 4.2.10** 性能回復の水準

これが，ライフサイクルコストの考え方である．すなわち，イニシャルコストと想定されるメンテナンスコストの総計が最小となるように設計する．

都心部では，代替用地の確保自体が困難である．都心部を縦横無尽に結んでいる高速道路網も既に40年以上の年月を経たものも多い．広大な土地があれば，劣化した構造物の側に新たに構造物を造ればそれで済むが，実際にはあり得ない話である．既設の構造物においては，日頃，我々の目にも止まる補修工事を行いながら維持管理し，供用していくしかない．新設の構造物においては，ライフサイクルコストを意識しつつ，メンテナンスを定期的に行い供用していく必要がある．

### 4.2.7 コンクリート構造物の劣化防止策および補修・補強

鉄筋コンクリート構造物を劣化させる因子は様々である．定期的な点検を行い，かつ適切な時期に補修・補強を行うことで，社会資本である鉄筋コンクリート構造物を延命させていくのが我々の責任である．新設構造物に対して，また，既設構造物に対しても，劣化因子(炭酸ガス，塩化物イオン)の侵入を抑制するための様々な劣化防止策がある．一番簡単なのは，鋼橋の維持管理と同様に，コンクリートの表面部を塗装することである．ただし，コンクリートの場合にも，塗装材(一般に樹脂系)を10～20年程度ごとに定期的に塗装することが必要となる．その結果，コンクリートの品質を向上し，施工欠陥のない構造物を造ることが対策の第一と考える．

構造物は経年的に劣化し，性能の低下を生じる．構造物を安全に供用していくためには，定期的に点検を行い，適宜，補修・補強を実施することで機能の回復を図る必要がある．

土木工事に占める新設費の割合および維持管理費の割合の傾向は，今後，ますます変化することが予想されている．新設費の割合は低下し，維持管理費の割合が次第に増加していく．近い将来，補修・補強関連の工事が土木工事の50%近くに達することを想定しておかなければならない．とくに，都心部では，新たに構造物を造ろうにも場所がない．構造物の構築費に占める土地の購入費は，非常に高い．大深度地下利用法ができても，現実的にはなかなか50m，100mの地下を利用することは難しい．必然的に，既設の構造物を補修しつつ使用していかなければならない．

道路橋床版の劣化が顕在化してきている．床版の変状は図4.2.11に示すとおりで，ひび割れが次第に発達し，最終的には供用できなくなってしまう[5]．交通量の増加，

4.2 社会資本であるコンクリート構造物　121

過大積載のトラックの走行等，当初の予想を大きく超える影響が床版に作用している．変状が見られるようになった早い段階で，補修・補強を実施し，機能の回復を図ることが構造物の延命策の基本である．これに対して様々な補修・補強工法が適用されている．代表的なものとして，既存の床版の上に新たにコンクリートを打ち足す方法（上面増厚工法．図4.2.12)や，床版の下面に鋼板またはFRPを接着する方法（鋼板接着工法，FRP接着工法．写真4.2.18)がある．

なお，平成7(1995)年の阪神・淡路大震災後，耐震補強が日本全国で行われるようになり，幹線道路，鉄道構造物，学校や公共施設等が立地条件にあった方法で補強されてきている．橋脚等の柱状の構造物では，従来からの鉄筋コンクリートの巻立てや鋼板巻立てのほか，炭素繊維シートやアラミド繊維シートによる巻立て補強が，重量の制約を受ける場合や施工スペース，施工時間の制約を受ける場合等において使用されるようになった．

補修・補強で問題となるのは，その工事に伴う交通規制である．利用者への影響をできるだけ少なくすることが求められ，上面増厚工法では，補強効果が明確であるものの，工期の短縮が大きな課題となる．床版の補強を取り上げても，絶対というものがない．施工環境を考慮しながら，適切な方法

① 版として挙動する初期の段階
② 乾燥収縮クラックの発生により並列の梁状になる段階
③ 活荷重により縦横のクラックが交互に発生し，格子状のクラック密度が増加する段階
④ 下面から発生した曲げのクラックが移動荷重の影響で上面まで貫通する段階
⑤ 貫通したクラックの断面同士が摺り磨き作用により平滑化されせん断抵抗を失う段階
⑥ 低下した押抜きせん断強度を超える輪荷重により抜落ちを生じる段階

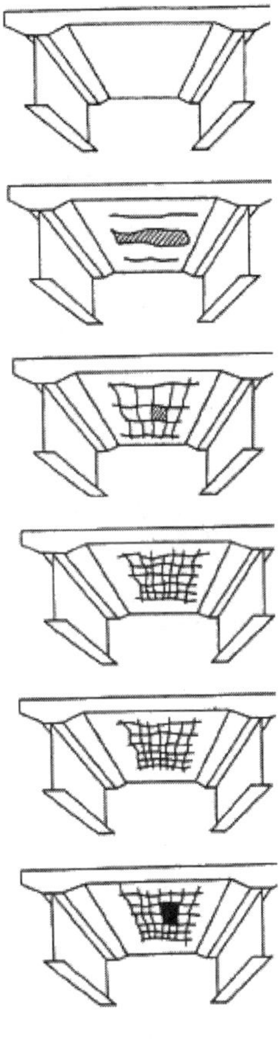

**図 4.2.11**　RC床版の損傷メカニズム[出典：松井繁之他][5)]

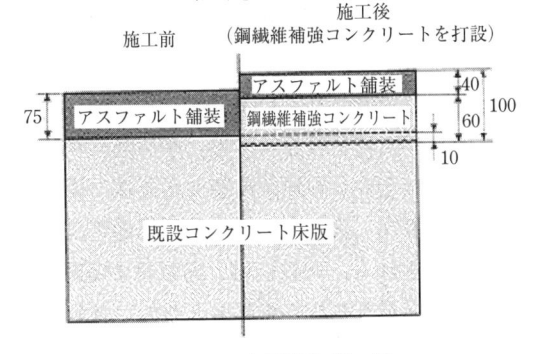

**図 4.2.12**　上面増厚工法の例

122　第4章　都市を造る

炭素繊維シート

床版

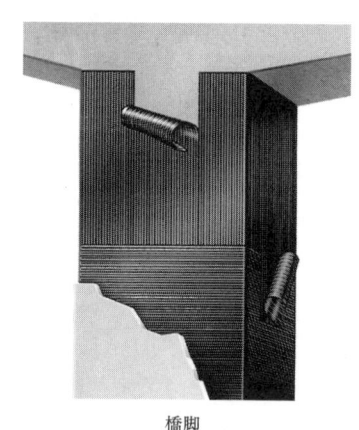

橋脚

写真 4.2.18　FRP接着工法の施工［提供：日鉄コンポジット］

が採用されることになる．大都市の機能を維持するため，今後，ますます補修・補強が重要な役割を担うことであろう．

### 4.2.8　まとめ

　日本における鉄筋コンクリート構造物の歴史は，まだ100年ほどに過ぎない．しかしながら，その特徴を活かし，合理的な構造形式を考案しながら，現在までに膨大な数の構造物が構築されてきた．

　新設の時代から維持管理の時代へと移行しつつある中，コンクリートの品質を向上させ，高耐久のコンクリート構造物を構築していくことが我々に課せられた責任である．既設構造物の延命を図り，社会資本であるコンクリート構造物を有益なものとして次世代に引き継いでいく責任は重い．

## 4.3 鋼橋の設計法の高度化

### 4.3.1 事故の教訓と設計への反映

とても残念なことであるが，知識はしばしば悲劇をばねにして成長を遂げる．土木技術は，大事故や自然災害等をきっかけに，深い反省を踏まえて大きく発展してきたところがある．図 4.3.1 は，American Scientist(1993 年)に掲載された「橋の大事故は 30 年周期でやってくる」と題する記事の一部である．1847 年にトラス桁の横ねじれ崩壊した Dee 橋(英国)に始まり，1879 年の Tay 橋(英国)，そして 1907 年の Quebec 橋(カナダ)である．この橋は架設時の座屈が原因で 2 度崩壊しており，1 回目 82 名，2 回目 12 名の犠牲者が出ている．さらに，1940 年の Tacoma Narrows 橋(米国)，1970 年の Milford Haven 橋(英国)の崩壊と続き，次は 2000 年頃，構造的に斜張橋だろうとの記事である．後述するように，その予想は外れたが，それでも 2007 年に Minneapolis I-35W 橋が落橋している．これらの橋の崩落は，材料，風(空力学)，座屈，設計ミス等が主要因になっている．

以上の崩壊例を含め，土木構造物の設計技術の進歩に寄与した代表的な事故要因には，①風による事故，②震災による事故，③構造用材料(鋼材，コンクリート)の性能不足による事故，④圧縮荷重による事故(座屈)，⑤繰返し荷重(変形)による事故(疲労)，⑥腐食による事故，⑦津波による事故，⑧その他(品質不良，衝突等)等を挙げることができる．ここでは，これらの代表的な事故例について紹介するとともに，その教訓を踏まえた設計法の進歩について述べる．

### (1) 風による事故

1879 年に錬鉄製の連続トラス橋である Tay(テイ)橋(英国)が強風のため落橋し，

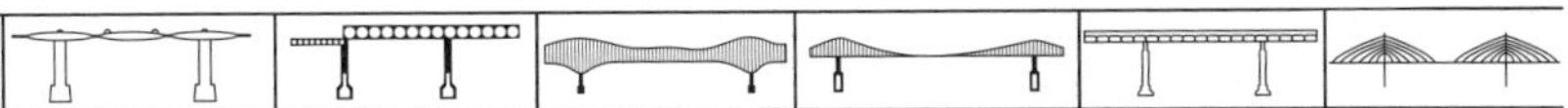

| Bridge | Dee | Tay | Quebec | Tacoma Narrows | Milford Haven | ? |
|---|---|---|---|---|---|---|
| Type | Trussed girder | Truss | Cantilever | Suspension | Box girder | Cable stayed |
| Type of instability | Lateral torsional | Static wind | Strut buckling | Aerodynamic | Plate buckling | ? |
| Date of collapse | 1847 | 1879 | 1907 | 1940 | 1970 | ca. 2000 |

図 4.3.1 代表的な橋の崩落例

写真 4.3.1　テイ(Tay)橋(英国，1879年)［出典：Arnold Koerte[6])］

列車が乗客もろとも海中に沈み，75名の犠牲を出した(写真4.3.1)．その原因は，風による横方向の荷重であり，橋脚がその風荷重に対して，材質の悪さ，接続部分等の不全のため抵抗できなかったためである[7]．

Tacoma Narrows(タコマ)吊橋(米国)は，1940年の完成後，4ヶ月たって，写真4.3.2のように毎秒18m程度の風速によって逆対称1次のねじれ振動が原因で崩壊してしまった．幅員も狭く，桁高もきわめて低い構造が空気の流れを不必要に乱し，カルマンの渦励振を生じさせ，桁の固有振動数と渦の発生周期が合致して振動の増幅したことで，いわゆる空力上の不安定性により落橋した．

テイ橋の事故の教訓として，作用する静的な風圧により生じる静的な変形および静的空気力による不安定現象(ダイバージェンス，横座屈)等を考慮した適切な風荷重を規定することを認識した．タコマ橋の事故以降は，本格的な耐風設計を施すようになり，計画の段階において風洞実験が義務付けられ，比較的低風速で発生する

写真 4.3.2　タコマ橋(Tacoma Narrows)橋(米国，1940年)［出典：伊藤学[8])］

振幅の限定的な空力振動(渦励振)や,高風速で発生して,風速の増加とともに急激に発達する空力振動(発散振動:ギャロッピング,フラッタ),さらに風速の増加とともに徐々に発達する不規則な空力振動(ガスト応答)を照査する体制を構築した.さらに,床版に風通しの良いオープングレーチングを採用するとともに,桁にはねじれ剛性増加のため,補剛トラス形式や流線形箱断面が適用されるようになった.

### (2) 地震による事故

過去の大規模地震,昭和39(1964)年の新潟地震,平成7(1995)年の兵庫県南部地震(写真4.3.3),平成16(2004)年の新潟県中越地震,平成19(2007)年の新潟県中越沖地震,平成20(2008)年の岩手・宮城内陸地震,そして平成23(2011)年の東北地方太平洋沖地震において,ライフラインとしての重要な橋梁,道路,鉄道,港湾施設(岸壁,防波堤)および水道・ガス導管等に大きな被害が発生した.

これらの大事故の教訓として,①耐震性能のランク分け,②耐震性能照査法の開発,③変形性能の高い構造の研究開発,④免震・制震構造の導入等の耐震設計の見直しが実施された.平成7年の兵庫県南部地震以後の橋梁等の上部構造物の耐震設計には,レベルⅡ設計地震動が導入され,レベルⅠ設計地震動とともに耐震設計に用いられるようになった.土木学会では,土木構造物の耐震設計法に関して1次提言[平成7年],第2次提言[平成8(1996)年)],第3次提言[平成12(2000)年]が出されている.第3次提言では,レベルⅠ設計地震動は,構造物の物理的寿命の間に

写真4.3.3 兵庫県南部地震(神戸4号線,1995年)[出典:読売新聞社,土木学会[9]]

発現する可能性が十分に高い地震動であり，この地震動に対して，基本的にいずれの新設構造物においても無被害レベルの耐震性を要請された．レベルⅡ設計地震動に対しては，現在から将来にわたって当該地点で考えられる最大級の強さを持つ地震動であり，被災して使用できなくなっても崩壊せず，短期間に機能が復旧できることを要請している．

平成7年の兵庫県南部地震では，写真4.3.4のような曲げと圧縮を受ける鋼製橋脚において，補剛板を集成した矩形断面柱の角溶接部の割れや断面変化部の局部座屈，また円形断面柱の全周局部座屈(提灯型座屈)や脆性的破断現象等が発生した．

写真4.3.4 鋼製橋脚の局部座屈(1995年)[出典：日経コンストラクション[10]]

(a) 角部をコーナープレートにより補強した構造
(b) 角部を円弧状とし，角落接部をなくした構造
(c) 母材の鋼管の外側に隙間をあけて鋼板を巻き立てた構造（防錆のため軟質の樹脂等を充填する）
(d) 鋼管内に縦リブを設けた構造

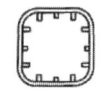

図4.3.2 耐震性向上をめざした鋼製脚の断面例[出典：日本道路協会[11]]

そこで，現在，脆性的破壊を防ぎ，靭性を向上させる構造詳細として図4.3.2に示す例が推奨されている[5]．矩形断面柱に対しては，①角部内側を鋼板により補剛

する，②角部に丸みを付け，角溶接をなくす，③角部の溶接は十分な溶け込みを確保するようにし，併せて板厚方向の材質に機械的性質を保証する，④補剛板の座屈パラメータの制限を厳しくする，などである．また，円形断面柱に対しては，1)径厚比の制限を厳しくする，2)鋼管内に縦リブをつける，3)母材の鋼管の外側に錆を防ぐ軟質の樹脂等を充填した隙間を介して鋼板を巻き立てる，4)鋼管内部にある高さまでコンクリートを充填する，などである．その他，炭素繊維巻立て等が提案され，既に実用化されている．

### (3) 鋼材の性能不足による事故

1928年に竣工した米国のシルバーブリッジ（Silver Bridge）が写真4.3.5のように1967年12月に崩落した．この要因は，アイバの破壊であり，46人が死亡，17人が負傷した．この事故を契機に，1971年から2年に1回の定期点検が義務化された．この事故調査の結果は，鋼材の靱性不足が要因であり，要求靱性値の設定を義務づけることを提言され，設計方法，材料選定法および施工の仕様，さらに点検方法等の充実が図られた．

**写真4.3.5** シルバーブリッジ（1967年）［出典：NCHRP[12]］

2007年に発生したMinneapolis I-35W橋の崩落（写真4.3.6）は，13人が死亡，145人が負傷した．この橋は，1967年に供用開始した床版幅34.5 m，中央径間長139 mの14径間鋼上路トラス橋である．日交通量は140,000台と多く，1993年以前は2

**写真4.3.6** Minneapolis I-35W橋の崩落（2007年）［出典：MnDOT[13]］

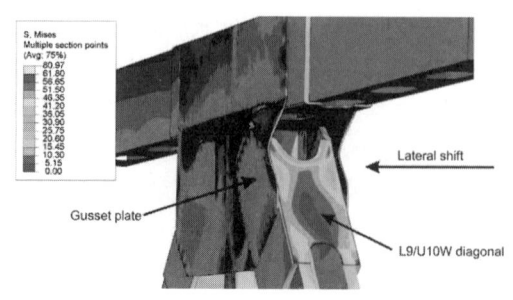

図 4.3.3 Minneapolis I-35W 橋のガセットプレートの変形(2007 年)[出典：NTSB[14]]

年ごとの点検頻度，1993 年以後は毎年点検を実施していた．将来計画として，2020〜2025 年に架け替えを予定していた．橋の上部構造の状態は，塗装劣化しているいくつかの箇所の腐食，トラスや床組における溶接不良，可動しない支承，トラス横梁，取付け橋にある疲労き裂等を認識したため，1997 年に補修，モニタリングが実施されていた．

しかし，2007 年東側および西側の格点 U10，U10'，L11，L11' のガセットプレートが崩壊し，落橋した．要因は，ガセットプレートが要求板厚の約半分(12 mm)しかなかった設計ミス(道路橋示方書に従う場合，板厚 29 mm 必要)であるが，さらに，その時，床版の打ち替え工事のための機材・材料重量等の補修工事における死荷重，交通荷重と集中荷重(材料，装置)の偏載および床版の劣化を防ぐための上面の増し厚 5 cm による 20％の死荷重増等も影響したようである．2006 年の点検調査では，ローラ支承が腐食して十分に動かなかった恐れや図 4.3.3 に示すようにトラス格点部のガセットプレートの曲げ変形も判明していた．

この事故調査により，設計ミスの防止方法，および点検・診断による健全度評価制度の見直し等が提言された．

(4) 座屈による事故

1969〜1971 年の間に，欧州および豪州において架設中の箱桁橋落橋事故が連続して発生した．欧州では，新ウィーン・ドナウ橋(オーストリア)が 1969 年に，1970 年にミルフォードヘヴン橋(Milford Haven Bridge，英国)，1971 年にはドイツのライン川を跨ぐコブレンツ橋が落橋した．さらに，豪州では 1970 年にウエスト・ゲート橋が落橋している．

新ウィーン・ドナウ橋は，張出し架設時に 2 箱桁断面を有する主桁の下フランジ

2箇所に座屈が発生した．生じた座屈は写真4.3.7のように補剛板の全体座屈であり，補剛板の剛性不足，架設時荷重の推定ミス，および温度差応力の推定ミス等が主要因である．ミルフォードヘヴン橋は，鋼箱桁連続橋であり，張出し架設時に中間支点上のダイヤフラムが最初に座屈し，次にウェブが座屈して断面形状を保持できずに落橋した．したがって，支点上ダイヤフラムの強度不足が主要因であり，設計上の補剛の考え方に誤りがあった．

コブレンツ橋は，1箱桁連続橋であり，前述の2橋と同様に張出し架設工法を採用し，最終ブロックを釣り上げる時に事故が発生した．この事故は，箱桁のブロックの繋ぎ部分での溶接されていない無補剛状態が原因である．

さらに，ウエスト・ゲート橋は，斜張橋とそれに連なる高架橋からなり，斜張橋に最も近い桁で事故が発生した．橋脚上で2つの桁をボルト締めする際，製作誤差およびクレーン荷重，ダイヤフラムや添接板重量の影響による施工誤差を補正するため，重りを載せるなどした際，桁の接続側で座屈が発生したため，施工法を検討し，座屈箇所付近のボルトを緩めた結果，力学的に自由突出板となり，変形が許されたため座屈が進行した．原因は，桁の大きさに比してきわめて剛性が小さな構造になっていたこと，施工上の架設時応力の検討を行っていなかったことが挙げられている．

これらの一連の事故に対して，メリソン委員会で検討し，メリソン委員会暫定設計施工基準：IDWR(Interim Design and Workmanship Rules)を作成した．この基準では，箱桁の応力解析法，複雑な応力場にある補剛および無補剛板，それらの接合部の設計法，製作時の許容値と密接に関連する溶接残留応力と幾何学的不整の影響等の27項目について包括的かつ多面的内容を含む規定を提示している．とくに，(監理責任)技術者と契約者との責任分担を含めた契約の手続き方法，設計と架設方法の独立した照査方法(とくに，座屈に関する検討)，さらに設計基準の適用は適切な経験を有する設計者のみに限定するなどを記述した．日本でも，諸外国での事

写真4.3.7 新ウィーン・ドナウ橋(オーストリア，1969年)[出典：大田孝二[7]]

故を受けて，耐荷力に関する実験，解析が実施され，箱断面部材の補剛設計に関する見直しが行われ，その成果が基準に反映された．

### (5) 繰返し荷重(変形)による事故(疲労)

聖水大橋(韓国，1979年10月竣工)は，1994年にトラス桁が落橋し，32人が死亡，17人が負傷した．走行中に揺れが激しいと苦情が寄せられ，ソウル市当局が事故前日の夜も応急の補修工事を行っていた．主な要因は，吊り材の溶接不良および疲労き裂である．

ホーン橋(米国 Milwaukee 州)は，その破壊の2週間前に点検が行われていたにもかかわらず，写真4.3.8のように2000年に主桁が疲労き裂に伴う脆性破壊により，交通止めとなった．その後，具体的対応策が検討され，新設の予算は4,100万US$(53億円)，それに対して補修では1,900万US$(25億円)となることから，最終的にこの区間の爆破による架け替えが決定され，約1年間の交通障害の後2001年11月に再開通した．

写真 4.3.8 ホーン橋(米国 Milwaukee 州，2000年)[出典：Wisconsin highways[15)]]

写真 4.3.9 山添橋(2006年)[出典：奈良国道事務所[16)]]

国内の疲労損傷例には，平成6(1994)年1月の大垣大橋ゲルバヒンジ部の損傷，平成14(2002)年の国道1号東山高架橋の円形断面橋脚の損傷，湘南大橋の鋼床版デッキプレートの損傷，平成18(2006)年の名阪国道山添橋における写真4.3.9の主桁のき裂，成田橋(千葉県)の鉛直部材にき裂および床版との接合面に溶接割れ等が挙げられる．さらに，高速道路等の鋼床版の疲労き裂等が発生してい

る.

これらの損傷の教訓から，道路橋示方書に疲労条項追加(2002)において，①疲労照査用荷重，②疲労許容応力度の設定，③耐疲労構造化構造ディテールの提示，および④疲労を考慮した品質管理基準が規定された．さらに，平成19(2007)年には，点検・維持管理の徹底通達として，道路橋の予防保全に向けた有識者会議(国交省)提言が出された．このように，目視点検による「良好」，「不良」等の定性的な性能評価の限界が明らかになり，点検制度，点検データによる定量的指標，計測技術，情報管理等の合理的な維持管理と事故の防止に寄与する客観的手法に向けて技術開発が進められている．2012年版の改定では，疲労耐久性の向上に向けて，疲労設計に関する規定化および鋼床版の構造細目の見直し等が行われている．

### (6) 腐食による事故

平成19(2007)年6月，国道23号木曽川大橋(写真4.3.10)，同年9月，本荘大橋(写真4.3.11)の鋼トラス橋斜材が相次いで破断した．鋼材(斜材)がコンクリート(床版)を貫通する構造になっており，コンクリートとの接触面には変形が生じ，長年経つと隙間ができ，水，塩分が入り込んで錆が進行して破断に至った．また，写真4.3.12は平成2(1990)年7月にケーブル破断によって落橋した島田橋(38.7 m)である．4 tトラックを載せたまま崩れ落ちた．昭和38(1963)年に架設されたもので，片側の2本のケーブルが腐食により破断した．ケーブルは，直径4 mmのPC鋼線で束ね，その表面はコンクリートで長方形に被覆されていた．

このような状況を踏まえて，2007年度に点検・維持管理の徹底通達として，道路橋の予防保全に向けた有識者会議(国交省)提言が出された．このように，目視点

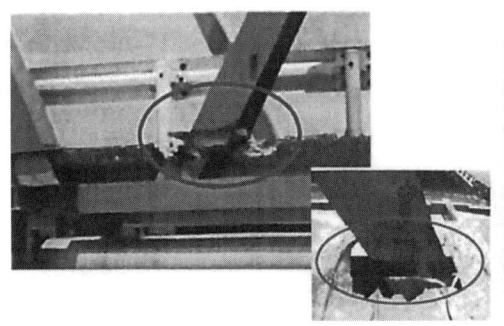

**写真 4.3.10** 木曽川大橋トラス橋斜材の破断とその補強(2007年) [出典：国土交通者[17]]

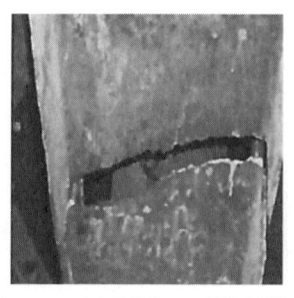

写真 4.3.11　本庄大橋トラス斜材破断とその補強(2007年)[出典：国土交通省[18)]]

写真 4.3.12　島田橋の落橋(1990年)[出典：国土交通省[18)]]

検による「良好」，「不良」等の定性的な性能評価の限界が明らかになり，点検制度，点検データによる定量的指標，計測技術，情報管理等の合理的な維持管理と事故の防止に寄与する客観的手法に向けて技術開発が進められている．さらに，同年には長期防錆・防食工法の基準化として防食便覧がまとめられるとともに，腐食が発生し難い構造として排水設備の充実，局部的に滞水する可能性のある構造詳細の排除に向けて対応が進められた．また，LCC(ライフサイクルコスト)最小化基準により高性能防食材料の適用の推進，長寿命化維持管理計画が一機に推進された．

### 4.3.2　設計法の高度化

これまでの事故を教訓にして設計法が発展してきたことは，4.3.1 に述べたとおりである．一方で，平成 23(2011)年の東日本大震災，それに伴う大津波，最近 1～2 年のゲリラ豪雨災害等の自然災害の猛威により甚大な被害が発生している．さらには，火災による構造物の損傷も発生している．このような状況において，とくに東日本大震災における津波に対する港湾施設をはじめとした社会インフラの設計概念の見直し，さらに笹子トンネル天井版崩落事故(写真 4.3.13)を契機とした社会インフラの維持管理への技術者の明確な姿勢提示が求められている．

そのため，平成 25(2013)年，政府は，安全・安心な国民生活のための防災・減

災に資する国土強靱化法の成立のもと，社会インフラの長寿命化に向けた技術開発および大規模更新等を推進している．例えば，安全で強靱な社会インフラシステムの構築を目指して，①アセットマネジメント技術，②ロボット技術，③構造材料・劣化機構・補修・補強技術，④情報・通信技術，および⑤点検・モニタリング・診断技術等の開発研究に積極的に取り組んでいる．

写真 4.3.13　笹子トンネル事故(2011年)[出典：時事通信社[19]]

とくに，日本の維持管理は，定期点検の結果を定性的に活用するにとどまっており，目視点検やモニタリング，構造解析から構造性能に関する定量的な情報を得て，それらを構造物の維持管理に利活用する体系化の構築も急がれる．また，同年，土木学会においては社会インフラの維持管理・更新に関する戦略的取組みとして，1)社会インフラ維持管理・更新の知の体系化，2)人材確保・育成，3)制度の構築・組織の支援，4)入札・契約制度の改善，および5)国民の理解・協力を求める活動について検討を開始している．

　このような状況において，現在，鋼道路橋の設計は，部分係数形式による性能設計に改定中であり，座屈設計，耐震設計，耐風設計，耐久設計の連携が重要になる．つまり，これまで設計の中心であった強度設計から，維持管理性を考慮した耐久設計を含めた基準体系の新たな構築等の設計法の高度化が求められている．この高度化の具体的な試みとして，従来の設計コンセプトによる設計後に，終局状況予測やリダンダンシ分析等を取り込む概念が模索されている．さらに，ダメージコントロールの発想，つまり損傷後の性能を制御し，多用な状況に確実に対処できるようにするため，被災の発生は止む得ないものとして，その程度を極力抑える，あるいは被災をあらかじめ想定した範囲やモードに収めるなどのための損傷位置制御法等も検討されている．

　前者のリダンダンシとは，一般に冗長性，補完性または代替性と呼ばれており，その意味するところは，「将来にわたっての時間や対象構造物を包含する空間やシステム全体にとって，必要最小限としてしまうと，全体として十分機能しなくなり，場合によっては破壊したりという，むしろ全体にとって望ましくない状況に至ることを回避するための余裕(その時点や部分だけをとれば余計であるが，あそび)」で

あり，簡潔には，必要最低限のものに加え，本来必要でないものを加えることである．しかし，リダンダンシを考慮した設計法は，リダンダンシの定量的評価手法およびその評価結果の利用方法が未構築である．設計，製作，維持管理，点検の各段階でのリダンダンシ評価結果の適用方法，リダンダンシの有無で点検維持管理を合理化する手法，さらにはリダンダンシのない橋梁に対する対応，例えば設計，製作，点検，状態評価(rating)でどのような対応をするか？など今後の研究開発が待たれる．

後者のダメージコントロール設計は，これまでの構造物の均一耐力の発想から脱皮し，構成部材ごと，あるいは部分構造ごとに異なる耐力水準を設定して，構造物の損傷位置や形態の制御(ダメージコントロール)することにより，全体構造系の大規模な変状を回避する新たな設計概念が検討されている．例えば，写真 4.3.14 のように支承を壊して上部構造を流失させる考えである．この概念では，点検性の向上および復旧のしやすさを意図した破壊への確実な誘導の達成，さらには突発的事象発生リスクの低減や第三者被害予防レベルの向上等も考慮される．このように，設計意図の再現性に考慮した性能の階層化において，信頼性の概念を取り入れた部分係数設計法が有効になる．

このような設計法の見直しにおいては，設定した外力レベルを超える作用に対して，つまり，偶発作用設定が困難な事象(確率的手法による決定も困難)については，設計における設定を国民に説明し，社会的認知を得ることが求められる．

最後に，設計基準は，本来新しい研究成果に基づく照査技術の進歩に従って，設

**写真 4.3.14** 鉄道橋の津波による鋼桁の流失(2011 年)[出典：日本鋼構造協会[21)]

計者の自由裁量を制限する細目規定は，順次緩和，あるいは撤廃されていくべきものであり，その意味で性能設計法を導入することにより，①技術開発，②幅広い選択肢，③コストダウン等への対応が容易になるとともに，要求性能を満たす解を広く求めることが可能になり，より合理化による利益が追求できる．しかし，反面，1)構造性能の評価法，2)発注者が要求性能を検証するための具体的な工学的指標を用いたわかりやすい記述方法等，今後継続的に開発検討していかなければならない．

## 4.4 都市インフラの維持管理

### 4.4.1 都市インフラのストックの現状

インフラストラクチャは，交通システム(道路，鉄道，空港・港湾施設)，上下水道，電気・都市ガスの施設等の社会・経済活動に密着したものから，治水・利水のための都市河川の管理，土砂災害から守る治山事業等，国土保全に関わるものまで多岐にわたっている．都市のインフラストラクチャ(都市インフラ)の特徴は，それらが高密度かつ複合的に構築されていること，利便性と長期にわたる安全性が求められる点にある．本節では，交通システムを構成する施設の代表として，主に橋梁に着目して述べる．

橋梁は，道路，鉄道，水道等，様々な交通システム，用途に組み込まれており，社会・経済活動の発達に伴って，そのストックは増加している．例えば，15 m以上の道路橋は約15.7万橋[平成23(2011)年時点]ある．図4.4.1に道路橋の建設数の推移[21]を示す．橋梁数は，戦後の昭和25(1950)年から増え始め，1960〜1970年代の高度経済成長期に急増している．その後は徐々に減少に転じ，平成12(2000)年以降の橋梁の建設数は激減している．これらのうちのほとんどは市区町村が管理する橋梁である．建設後50年以上が経過する高齢化橋梁は，2011年時点で全体の9％，平成33(2021)年で28％，平成43(2031)年で53％を占めており，高齢化が急速に進むことがわかる．これは道路橋のデータの一例であるが，その他の都市インフラについても，日本では同様の背景で建設されていることから，建設数の推移と高齢化の傾向はほぼ同じであると考えてよい．したがって，高齢化する膨大な都市インフラの維持管理と更新は避けて通ることはできない社会問題となっている．

図4.4.2に各年度における道路橋の架替え理由の構成比[22]を示す．橋梁の上部構造，下部構造の損傷による架替え理由は全体の20％程度であり，機能上の問題と

136　第4章　都市を造る

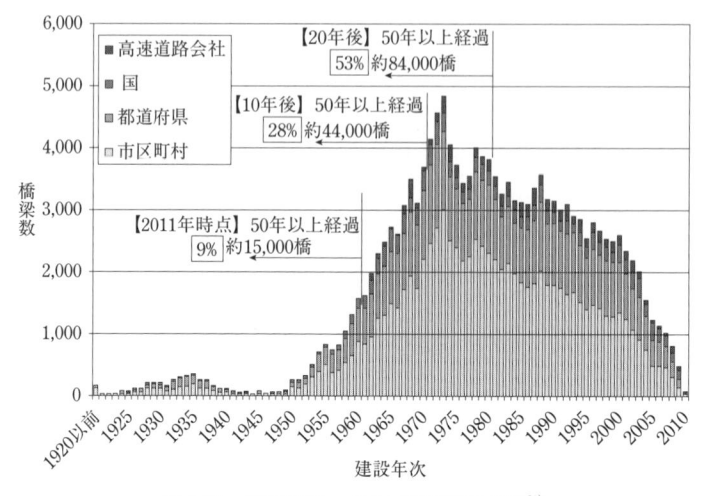

**図 4.4.1**　道路橋（15 m 以上）の建設数の推移[21]

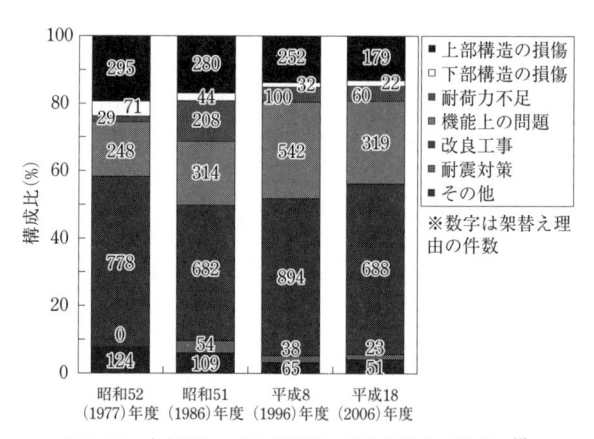

**図 4.4.2**　各年度における道路橋の架替え理由の構成比[22]

改良工事（例えば，道路の線形改良，河川改修等）がほとんどを占めていることがわかる．これより，現状では，経年劣化を含む橋梁の損傷によって架け替えられることが比較的少ないこと，また，損傷はなくても機能上の要求を満たさないために架け替えられることが圧倒的多いことがわかる．したがって，橋梁の損傷への対策だけでなく，機能の陳腐化に対しても適切な対応が求められる．過密する都市の交通インフラでは，立体交差化や橋梁の拡幅が実施されることも多いため，より高い要求性能に耐えうる対策が必要となることもある．

インフラ構造物の維持管理では，その劣化の要因を十分に理解することが重要であり，劣化の要因を除去することで，延命化を図ることも可能である．図4.4.3に道路橋の損傷による架替え理由の内訳[22]を示す．鋼材の腐食が全体の49.2％と最も多い．鋼材の劣化には，腐食のほかに，「自動車荷重に伴う鋼部材のき裂・破断」として示さ

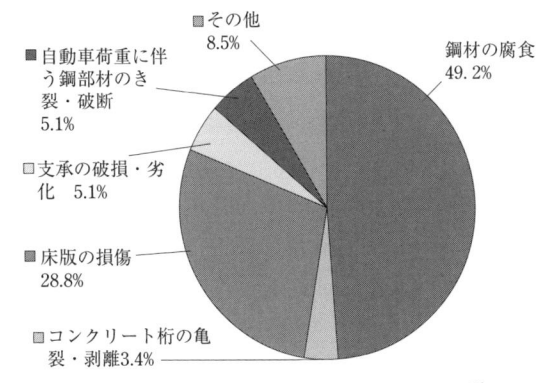

**図4.4.3** 道路橋の損傷による架替え理由の内訳[22]

- その他 8.5%
- 自動車荷重に伴う鋼部材のき裂・破断 5.1%
- 支承の破損・劣化 5.1%
- 床版の損傷 28.8%
- コンクリート桁の亀裂・剥離 3.4%
- 鋼材の腐食 49.2%

れている疲労がある．床版の損傷は全体で28.8％を占め，2番目に多い架替え理由である．床版は主に鉄筋コンクリートで造られており，交通車両の輪荷重が直接作用する部材であるため，繰返し荷重によるコンクリート床版のひび割れや内部の鉄筋の腐食と膨張によるコンクリートの破壊が主な損傷である．コンクリート構造物の劣化と対策は，4.2節で述べられているので参照されたい．次項では，鋼部材の代表的な劣化である腐食と疲労の特徴について述べる．

### 4.4.2 鋼構造物の劣化と対策

#### (1) 鋼材の腐食と防錆防食法

鋼材の腐食は，水と酸素が存在する環境で酸化鉄となり，表面に「さび」として現れて進行する現象である．腐食は，自然環境下では，雨水に含まれる塩分や硫黄酸化物，路面の凍結防止剤に含まれる塩分等によって促進される．したがって，鋼構造物を長期にわたって利用するには，適切な防錆防食の措置を講じる必要がある．表4.4.1に鋼橋の代表的な防錆防食法[23]を示す．防錆防食法は，使用される環境条件に対して必要な耐久性が得られるものでなければならないが，方法ごとに適用できる部材の規模，形状等に制約があることや，防錆防食性能の維持に必要な点検の難易度や補修の作業性についても方法ごとに条件が異なる．

塗装は，一般的に用いられる防錆防食方法で，鋼材表面に保護皮膜を形成して腐食を防止する．環境中では種々の要因で塗膜が劣化するため，周期的な塗替えによって機能が維持される．

耐候性鋼材は，適量の合金元素を添加した鋼材で，大気中で乾湿を適切に繰り返

表4.4.1 鋼橋の代表的な防錆防食法[23]

| 種類 | 主たる防錆防食原理 | 機能低下形態<br>(予想外の劣化促進を含む) | 機能喪失時の補修方法 |
|---|---|---|---|
| ①塗装 | 塗膜による大気環境遮断 | 塗膜の劣化 | 塗替え |
| ②耐候性鋼材 | 緻密なさびの発生による腐食の抑制 | 層状剥離さびの発生とそれに伴う断面減少 | 塗装等 |
| ③亜鉛メッキ | 亜鉛酸化物による保護皮膜および亜鉛による犠牲防食 | 亜鉛層の減少 | 溶射または塗装 |
| ④金属溶射 | 溶射金属の保護皮膜および溶射金属(アルミ,亜鉛等)による犠牲防食 | 溶射金属層(アルミ,亜鉛等)の減少 | 溶射または塗装 |

すると,鋼材表面に緻密で密着性に優れたさび層が形成される.これが鋼材表面を保護することで以降のさびの進展が抑制され,腐食速度が普通鋼に比べて低下する.塗替えが不要であるため,維持管理コストを抑えることができる.無塗装耐候性橋梁の全鋼橋発注量に占める割合は23.7％[平成25(2013)年度]である.耐候性鋼材は,表面に均一で緻密なさび層が形成されることで機能を発揮するため,使用する環境条件が重要である.飛来塩分が多い環境や凍結防止剤を散布する地域では,緻密なさび層が形成されにくい場合があるので,適用が制限される.

防錆防食を施した場合でも,その機能が維持されないと鋼材に腐食が生じる.一例として,図4.4.4に鋼桁橋における腐食損傷の多い箇所[24]を示す.水が溜まりやすく,かつ風通しが悪い箇所では,湿潤状態が続き,腐食が生じやすい状況となる.桁端部,支点上面,添接部等では注意が必要である.塗装橋梁においても桁端部等は,局部的に環境の悪い箇所であるため,耐候性鋼材を使用する場合であっても部分的な塗装等を検討することが推奨されている.また,床版や排水装置からの漏水

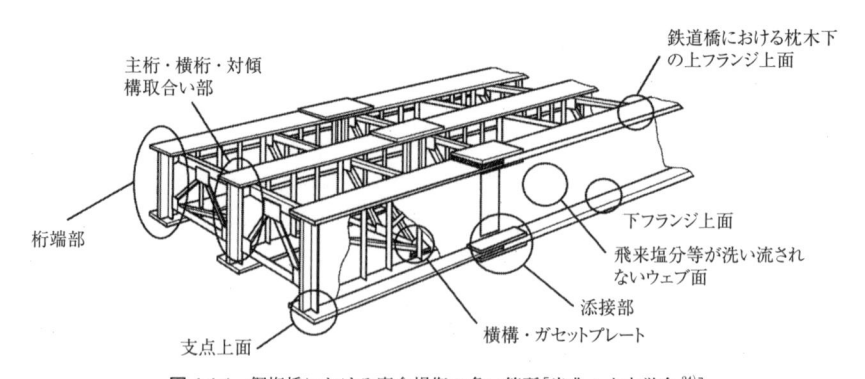

図4.4.4 鋼桁橋における腐食損傷の多い箇所[出典:土木学会[24]]

によって腐食が進行する場合も多いため，その要因を取り除くことが重要である．現場連結部からの水の侵入や結露によって，橋梁の箱桁や鋼製橋脚の内部に滞水して腐食が生じる例もある．

　腐食が進行すると，鋼材の厚さが薄くなったり，部分的に欠損が生じたりして，設計で想定している荷重に耐えられなくなる．腐食損傷の形態は環境に応じて様々であるが，部分的に集中して欠損を生じることもしばしばあり，写真 4.3.10，4.3.11 に示したように，トラス橋の部材が破断する場合もあるため，十分な注意が必要である．

#### (2) 鋼材の疲労と設計の考え方

　疲労は，鋼材の材料強度よりも小さい応力が鋼部材に繰り返し作用することで，き裂が発生し，徐々に進展する破壊現象である．鋼橋において疲労損傷に支配的な作用は，車両の通行や風による繰返し荷重であり，前者は活荷重，後者は風荷重と呼ばれ，都市部の一般的な鋼桁橋では活荷重による疲労が設計で考慮されている．図 4.4.5 に鋼桁橋における主な損傷部位[25]を示す．疲労損傷は，周辺よりも応力が高い切欠き部(応力集中部)や，鋼部材同士を高温で溶融して接合した部位(溶接接合部)に生じることが多い．都市部の鋼道路橋では，交通量の増加や大型車両の通行による疲労損傷が数多く報告されている．

　鋼材の腐食と同様に，放置しておくと疲労き裂が進展し，写真 4.3.8，4.3.9 に示したように鋼部材が破断して，落橋する場合や重大な事故につながる恐れがあるの

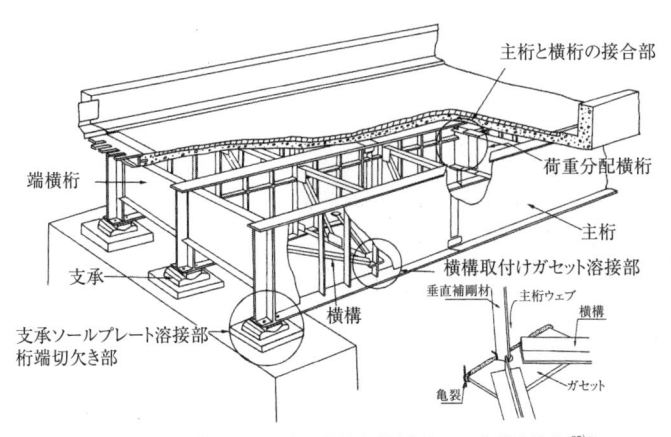

図 4.4.5　鋼桁橋における主な損傷部位[出典：日本道路協会[25]]

で，十分な注意が必要である．

　溶接接合は，ボルトやリベット等を用いた機械接合に比べて外観や重量の変化が小さい点で優れるが，所定の品質を確保するためには，適切な設備や製作者の技能が求められる．また，溶接接合部では，高温の液状から常温の固体へと変化する際，著しい体積変化によって「残留応力」と呼ばれる自己釣合いの内部応力が生じる．この残留応力は，溶接継手部では，一般に鋼材の降伏強度に匹敵する高応力となり，疲労強度に大きな影響を及ぼすことが知られている．したがって，疲労に対する所定の耐久性を満足するように，溶接継手の設計・施工において十分な配慮がなされている．

　溶接接合部は，これまでの疲労試験結果に基づいて継手分類が定められ，疲労強度が評価されている．図 4.4.6 に溶接接合部の疲労強度の評価の概念図を示す．溶接継手をモデル化した小型の継手試験片に，応力を繰返し作用させることで，疲労き裂を発生させ，さらに，き裂が進展して破壊するまで疲労試験が行われる．

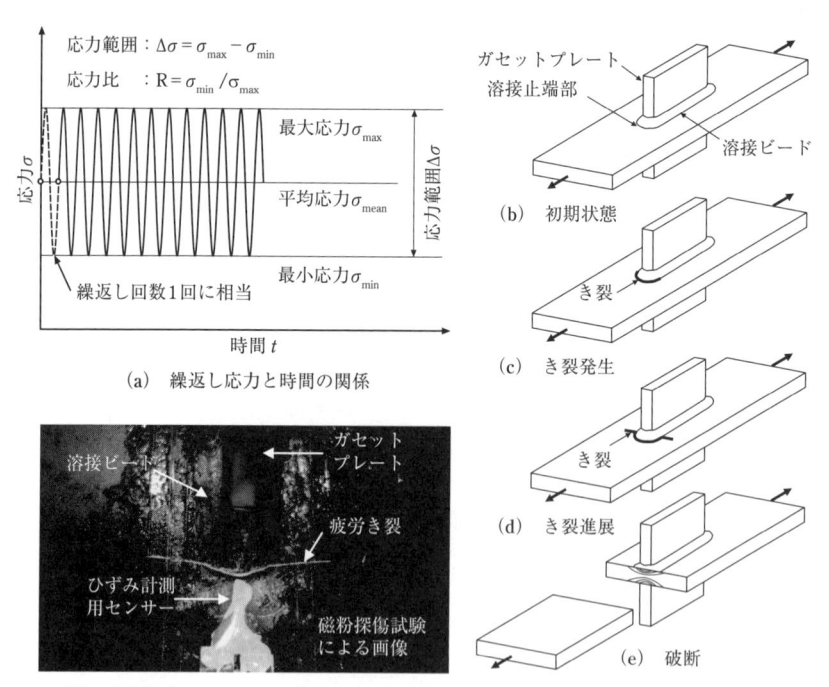

(a) 繰返し応力と時間の関係

応力範囲：$\Delta\sigma = \sigma_{max} - \sigma_{min}$
応力比：$R = \sigma_{min}/\sigma_{max}$

最大応力 $\sigma_{max}$
平均応力 $\sigma_{mean}$
最小応力 $\sigma_{min}$
応力範囲 $\Delta\sigma$
繰返し回数1回に相当
時間 $t$
応力 $\sigma$

(b) 初期状態 — ガセットプレート，溶接止端部，溶接ビード
(c) き裂発生 — き裂
(d) き裂進展 — き裂
(e) 破断

(f) 溶接止端部から発生した疲労き裂の一例
溶接ビード，ガセットプレート，疲労き裂，ひずみ計測用センサー，磁粉探傷試験による画像

図 4.4.6　溶接接合部の疲労強度の評価の概念図

一般に，き裂長さが小さいほどき裂進展速度は小さいため，破断に到るまでの時間(繰返し回数)に対して，疲労き裂が発生するまでの時間がほとんどを占める．溶接継手の疲労強度は，最大応力と最小応力の差である「応力範囲」と破断に到るまでの「繰返し回数」で整理される．一例として，図4.4.7に鋼道路橋における直応力を受ける継手の疲労設計曲線[23]を示す．これは，過去に実施された溶接継手の膨大な疲労試験結果の下限値に基づいて定められた疲労設計用の曲線であり，継手の強度等級A～H'に分類されている．疲労照査では，設計対象の継手に作用する応力範囲の最大値が，各継手の一定振幅応力に対する打切り限界としての応力範囲以下であることを基本とするが，それを満たさない場合には，継手に作用する応力変動を考慮して照査する．

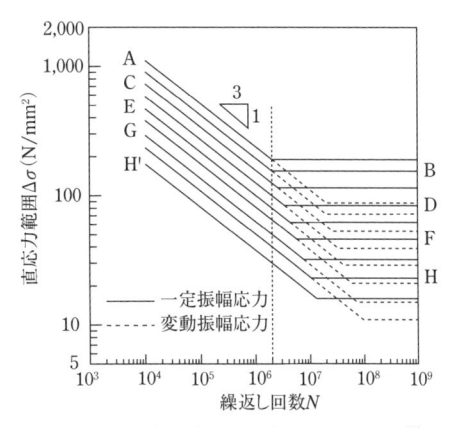

図4.4.7 直応力を受ける継手の疲労設計曲線[23]

### 4.4.3 インフラ構造物の性能と維持管理

インフラ構造物は，供用期間中に想定される作用に対して，安全性，使用性，耐久性が確保されるように設計されている．鋼構造物は，維持管理において塗替えを前提としている場合や，前述したような腐食や疲労による損傷を生じる場合がある．例えば，鋼桁橋の性能は，概念的には図4.4.8の破線で示される劣化曲線のように，経年とともに低下すると考えられている[26]．このような性能の低下に対して，図

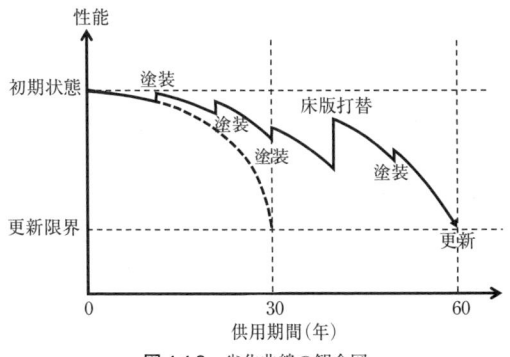

図4.4.8 劣化曲線の観念図

中の実線で示される種々の措置を講じて性能を回復することになる．従来型の維持管理は，変状が生じるなど性能が低下してから実施されてきたが，このような対症療法的な維持管理では，今後急増が予想される高齢化したインフラ構造物に対応できない恐れがある．

そこで，その時点での構造物の状態を定期的な点検を実施して把握し，性能(健全性)を診断して，所定の性能を満足していない場合には，適切な処置を講じるという「予防保全型」の維持管理が推奨されている．措置とは，健全性の診断結果に基づき効率的な維持および修繕を図ることを目的とした行為であり，補修(当初の性能に状態を戻すこと)，補強(当初の性能よりも高い状態とすること)，撤去のほか，通行規制・通行止めも含まれる．このように，維持管理は，①点検，②診断，③措置，④記録の繰返しで実施することが基本となる．記録は，点検，診断，措置の結果を取りまとめ，評価・公表することであり，一連の履歴を残すことである．

それでは，健全性がどれくらいのレベルで，どのような措置を行うのがよいのだろうか？ これについては，様々な組合せが考えられる．この場合，建設費，維持管理費，撤去・更新費を含むライフサイクルコスト(LCC)を試算して判断することになる．一般に，撤去・更新費は高いことから，効率的な維持管理によって長寿命化を図り，LCCを小さくすることが一般的な考え方である．したがって，性能の低下の程度が小さい段階で，あるいは計画的，戦略的に措置(補修，補強)を行うことが推奨されている．図4.4.8には，定期的な塗装によって性能が回復される概念も示されている．前述したように，鋼材は表面に保護皮膜がないと腐食が生じる．腐食が進行した段階で塗替えの措置を行うと，腐食した箇所のさび落とし(ケレン)の作業に手間がかかること，また，十分にケレンされない状態で塗替えを行うと，塗膜の付着が十分ではなく，塗装の耐久性が低下するなどの不具合が生じることになる．

一方，構造部材の劣化が進行した場合には，適切な補修・補強を実施して性能回復を図ることになる．図4.4.8では，コンクリート床版の打替えの例が示されている．コンクリート床版は，交通車両の輪荷重を直接受ける部材であることから，ひび割れ等の損傷が生じる．図4.4.3に示したように，2番目に多い架替えの理由となっており，高速道路では，今後，大規模な床版の打替え工事が計画されている．さらに，腐食による鋼部材の断面欠損や，溶接接合部からの疲労き裂については，図4.4.9に示すように一般に鋼製の当て板を高力ボルトで接合する方法で補修が行われている．

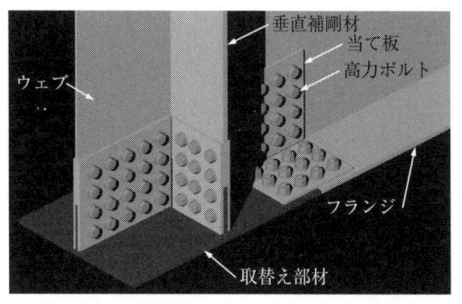

(a) 鋼桁端部の鋼当て板による補修

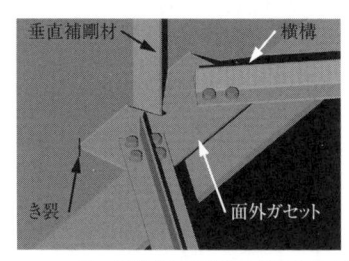

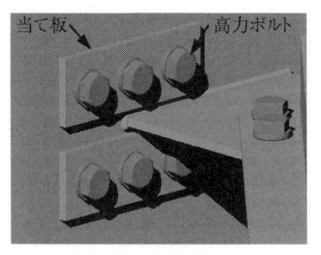

(b) 面外ガセット溶接止端から発生した疲労き裂と鋼当て板による補修

図 4.4.9 鋼製当て板の高力ボルト接合による鋼部材の補修の一例

### 4.4.4 長寿命化に向けた取組み

　道路施設として，橋梁(2 m 以上)は約 70 万橋，トンネルは約 1 万本あるといわれている．橋梁のうち 75％の約 52 万橋が市区町村道にあり，建設後 50 年を経過した橋梁の割合は，平成 35(2023)年には約 43％となる．このように急速に高齢化を迎える道路施設に対して，国土交通省は，平成 25(2013)年を「社会資本メンテナンス元年」として，インフラの老朽化対策についての総合的・横断的な取組みを推進している[25]．

　維持管理の概要は，前項で述べたとおりであり，橋梁等の道路施設の多くは，地方公共団体が管理している．そこで，道路管理者は，橋梁ごとに定期点検，修繕・架替え時期および健全度等を記載した「橋梁長寿命化修繕計画」を策定している．全体で 81％(2013 年 4 月時点)の団体が策定し，計画書の内容は Web サイト等で公開されている．

　さらに，国土交通省は，「点検，診断，措置，記録」のメンテナンスサイクルに基づいて道路管理者が維持管理を計画的に実施することを義務付けている．すべての

橋梁，トンネル等は，国が定める統一的な基準により，5年に1度，近接目視による「定期点検」を実施することとしており，道路施設別に「定期点検要領」を公表している．平成26(2014)年度の定期点検の実施率は，橋梁で8%，トンネルで13%であり，5年間ですべての道路施設の点検を実施することとしている．

一方，点検の結果は表4.4.2に示すように，4段階に分けた判定区分によって健全性が診断されている．国土交通省が管理する全橋梁の20%の点検結果(2014年度)は，判定区分の割合は，Ⅰで47%，Ⅱで40%，Ⅲで13%，Ⅳで0.03%であり，早期措置段階の判定区分Ⅲについては，建設後30年を過ぎると急増すること，緊急措置段階の判定区分Ⅳは2橋で，速やかに緊急措置が実施されたことが報告されている．これらの検査・診断の結果は，管理団体，橋梁名が公開されており，今後，継続的に実施され，随時，更新されるようになっている．

表 4.4.2 健全性診断の判定区分[28]

| 区分 | | 状態 |
| --- | --- | --- |
| Ⅰ | 健全 | 構造物の機能に支障が生じていない状態． |
| Ⅱ | 予防保全段階 | 構造物の機能に支障が生じていないが，予防保全の観点から措置を講ずることが望ましい状態． |
| Ⅲ | 早期措置段階 | 構造物の機能に支障が生じる可能性があり，早期に措置を講ずべき状態． |
| Ⅳ | 緊急措置段階 | 構造物の機能に支障が生じている，または生じる可能性が著しく高く，緊急に措置を講ずべき状態． |

インフラ構造物が市区町村に集中している現状においては，財源や人材の不足が課題となっている．メンテナンスサイクルを持続的に回す仕組みとして，地方公共団体に対しては，複数年にわたり集中的に実施する大規模修繕・更新に対して支援する補助制度が検討されている．また，関係機関の連携による検討体制を整え，課題の状況を継続的に把握・共有し，効果的な老朽化対策の推進を図ることを目的として，都道府県ごとに「道路メンテナンス会議」が設置され，地方公共団体の取組みに対する支援体制を整えている．

加えて，産学官によるメンテナンス技術の戦略的な技術開発も推進されている．例えば，点検技術としては，近接目視を実施しにくい箇所については写真4.4.1に示すように，橋梁点検車を適用したり，無線の遠隔操作による無人検査器の導入も試みられている．また，補修・補強技術としては，写真4.4.2に示すように，軽量で腐食しない繊維強化プラスチック(FRP)を用いた新しい接着工法が開発され，適用され始めている．

(a) 橋梁点検車　　　　　　　　(b) 無人検査器

**写真 4.4.1**　近接目視を支援する検査技術［出典：土木学会[29]］

(a) 鋼横桁の補強　　　　　　　(b) 腐食による断面欠損部の補修

**写真 4.4.2**　FRP 接着による補修・補強技術［出典：土木学会[30]］

　このように，道路施設の組織的，系統的な維持管理の取組みは，始まったばかりであり，克服すべき課題も多い．都市インフラのメンテナンスサイクルを回していくうえでは，国民の理解が不可欠であるとともに，財源・人材不足を補完するさらなる技術開発の推進が求められている．

**参考文献**

1) セメント協会：セメントのLCIデータの概要，2011，http://jcassoc.or.jp/cement/4pdf/jg1i_01.pdf.
2) セメント協会：セメント産業における地球温暖化対策の取組，2011，http://www.jcassoc.or.jp/cement/4pdf/jg1h?01.pdf.
3) セメント協会：廃棄物・副産物の受け入れ状況，2011，http://jcassoc.or.jp/cement/1jpn/jg2a.html.
4) 土木学会：2012年制定 コンクリート標準示方書［設計編］，pp.148-154.
5) 松井繁之，西川和廣，大田孝二：RC床版とその損傷（その2），橋梁と基礎，講座；鋼橋の床版，Vol.32，No.6，pp.47-50，1998.6.

6) AmoldKoerte：Two railway bridges of an Era-firth of Forth and Firth of Tay, BirkäuserVerlag Basel, p.49, 1992.
7) 大田孝二，深澤誠：橋と鋼，建設図書，2000.
8) 伊藤学：改定鋼構造学(増補)，コロナ社，1996.
9) 土木学会：阪神・淡路大震災調査報告書，橋梁，1996.
10) 日経コンストラクション：地震に強い土木，1996.
11) 日本道路協会：兵庫県南部地震により被災した道路橋の復旧に関する仕様，1995.
12) Transportation Research Board ：Inspection and management of bridges with fracture-critical details, NCHRP synthesis 354, 2005.
13) MnDOT：http://www.dot.state,mn.us.
14) NTSB：Collapse of I-35W highway bridge Minneapolis,Minesota August 1,2007.
15) Wisconsinhighways：http://www.wisconsinhighways.org/indepth/hoan_bridge.html.
16) 国土交通省近畿地方整備局奈良国道事務所：http://www.kkr.mlit.go.jp/nara/ir/press/h22data/press 20101122.pdf.
17) 国土交通省：http://www.mlit.go.jp/road/sisaku/yobohozen/yobo3_1_1.pdf.
18) 国土交通省：http://www.mlit.go.jp/road/ir/ir-council/maintenance/1pdf/3.pdf.
19) 時事通信社：http://www.jiji.com/jc/d4?d=_soc&p=ssg122-jlp13728883.
20) 日本鋼構造協会：土木鋼構造の点検・診断・対策技術，2014.
21) 国土交通省：国土技術政策総合研究所資料，平成23年度道路構造物に関する基本データ集，2012.
22) 国土交通省：国土技術政策総合研究所資料，橋梁の架替に関する調査結果(Ⅳ)，2008.
23) 日本道路協会：道路橋示方書・同解説，Ⅱ鋼橋編，2012.
24) 土木学会鋼構造委員会：腐食した鋼構造物の性能回復事例と性能回復設計法，鋼構造シリーズ23，2014.
25) 日本道路協会：鋼橋の疲労，1997.
26) 西川和廣：高齢橋は老朽橋ではなく長寿橋である，コンクリート工学，Vol.46，No.9，pp.12-15，2008.
27) 国土交通省：道路の老朽化対策，http://www.mlit.go.jp/road/sisaku/yobohozen/yobohozen.html，2016年2月アクセス確認.
28) 国土交通省：道路橋定期点検要領，2014.
29) 土木学会鋼構造委員会：100年橋梁－100年を生き続けた橋の歴史と物語－，2014.
30) 土木学会複合構造委員会：FRP接着による鋼構造物の補修・補強技術の最先端，複合構造レポート05，2012.

第5章　　　　　　　　　　　　　　　　　　　　都市を支える

## 5.1　都市の地盤

### 5.1.1　地盤を観察してみる

　我々が生活している地面の下がいったいどうなっているのか，関心を持つ人は今までは少なかった．ところが，大地震において発生した斜面崩壊，地滑り，液状化等がクローズアップされたことから，我々が生活している地面の下に関心を持つ人が増えてきた．しかし，一般の人にとって地面の下の様子を観察することは容易ではない．大きな崖で地盤の断面を観察することが最も便利な方法であるが，そもそも都市は，平坦な土地にあって崖が少ないうえに，崖があったとしても，都市は土地を高度に利用する必要性から，その直近の崖面は人工壁に覆われているのが普通である．昨今では，地表面すらほとんど見えないのが実状である．
　そのような中で，東京の山の手台地の地盤断面を観察できる地点がある．東急大井町線の等々力駅から目黒通り沿いに南下し，環八通りとの交差点を越えた所に不動寺があり，すぐ裏に深い谷がある．谷底には小さな滝があり，その背後の高さ7〜8mほどの崖がその地点である（図5.1.1）．
　写真では判然としないが，崖を調べてみると，右図のように地盤はいろいろな種類の土から構成されていることがわかる．一番上の地表面には20〜30cmの腐植土(植物の根や葉が腐ったもの)があり，その下には厚さ3m程度の褐色の軟らかい土が堆積している[図5.1.1の(1)の縦線部]．これは関東ロームと呼ばれる，富士火山や箱根火山から飛来した火山灰が風化したもので，噴火のたびに飛来し，数十にも積み重なっている．とくに約5万年前の箱根火山の噴火による白い軽石層は目立っている[図5.1.1(TPの白抜き部)]．ローム層の下には小石(礫)が厚さ1〜2m

148　第 5 章　都市を支える

図 5.1.1　世田谷区不動寺の境内の崖で観察できる山の手台地の地盤

で堆積している[図 5.1.1 の (2) の丸印部]．上方ほど礫は少なく，上面付近ではほとんど粘土になっている[図 5.1.1 (斜線部)]．これは後述するように，水中で土が堆積した際，分級作用(水中で粗い粒子が下に沈み，細かい粒子が上に積もること)によって生じた構造である．この礫層の下には，一見，岩のような固い地層がある[図 5.1.1 の (3) の点々部]．実際に触ってみると，カチカチの岩ではなく，爪等で表面を削り取れる程度の硬さの粘土で，道具があれば人力でもなんとか穴を掘れそうな感じである．この層は十万～数十万年以上前に堆積したと考えられており，一般的に「東京層」と呼ばれている．とくに礫質の部分(東京礫層)は，都市部の大きな建築物や橋梁等の構造物を支える，非常に重要な役割を果たしている．

　不動寺の滝の崖で観察される地層は以上であるが，この谷の川底には東京層よりもさらに古い粘土や砂の層が観察できる．これは「上総層群（かずさそうぐん）」と呼ばれる百万年以上前の分厚い堆積物の一部である．百万年というと，ずいぶん古い地層のように感じられるが，地質学的にはこれらの地層はすべて第四紀という最も新しいグループに所属するものである．第三紀以前のいわゆる「岩盤」あるいは「地質学的基盤」は，周辺の山岳部では地表に現れるものの，東京の都市部では数百～数千 m の深さにあり，建物等を支えるために利用することはできない．このような状況は東京だけではなく，平野部に存在する都市の大部分に共通するものである．すなわち，多くの

都市は，未固結の軟弱な第四紀地盤に立地していることが工学的に重要な特徴になっている．都市の構造物は，第四紀地盤の中でも東京礫層や上総層群のような比較的強度の大きい地層によって支えられている．このような構造物の支持層は，「工学的基盤」と言われる．

地盤の観察に興味のある読者は，参考文献1)，2)等を参照されたい．これらの文献には，地盤を観察するのに好都合な崖の位置や，そこで観察される地層の地学的な背景等が説明されている．

### 5.1.2 地盤を調査する

前項では東京都世田谷区の不動寺における地盤の観察を行った．そこで見られた地盤構造の組合せは，東京都心の山の手から東京都西部にかけての台地と丘陵の典型的な地盤構造である．しかし，当然ながら，地盤構成の詳細や土の硬さは場所によってまちまちで，台地地形以外の場所，例えば東京の下町や湾岸部等では地盤構造が大いに異なる．したがって，なにかの工事，建設を行う場合には，その工事地点での地盤の状況を直接に調査したいという要求が生まれる．とくに工学的基盤の深さは，土木工事の計画，設計において重要な情報である．

そこで行われるのが地盤のボーリング調査である．これは，前項のように崖によって直接に地盤断面を目視できない場合，地表面から小さな孔（通常は直径6〜10 cm程度）を垂直に堀削して，地盤内部を調査するものである．一般的には，建物の建設予定地の片隅等で高さ3〜4 mの三角形のやぐらを組んでボーリング調査を行う（図5.1.2）．

ボーリング調査の中で代表的なものは，標準貫入試験（SPT）である．これは，所定の深さまで孔を堀削した後，外径51 mm，内径35 mmの鉄管（サンプラ）を孔の底に下ろし，これを打撃して地盤に貫入させる時の貫入抵抗によって地盤の硬さを測定する．また，貫入後に鉄管を引き上げて内部に採取された土を目視することにより土の種類（粘土，砂，礫等）を判別するものである．打込みは，重さ63.5 kgの錘を高さ75 cmから落下させて鉄管を打撃することにより行い，鉄管を30 cm貫入させるのに必要な打撃回数を$N$値として記録する．$N$値が50以上の地層であれば，ほとんどの場合，問題なく工学的基

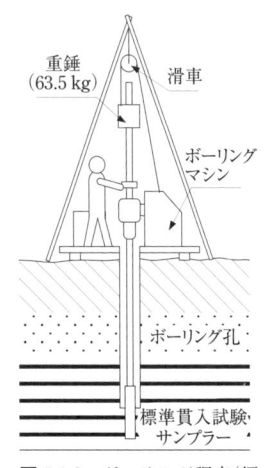

図 5.1.2 ボーリング調査（標準貫入試験）

盤として機能することが期待できる．通常，ボーリング深さ1mごとに標準貫入試験を行うので，ボーリング調査によってその地点における土質とN値の深さ方向の分布が求まり，土質柱状図として表現される．図5.1.3は，前項の東京都世田谷区の不動寺近傍の上野毛地区で行われたボーリング調査で得られた土質柱状図である．崖での観察とよく対応していることがわかる．

### 5.1.3 東京の地盤の形成史

日本の都市の地盤の代表例として，再び東京の地盤を見てみる．都心部では数多くの工事に伴って至る所でボーリングをはじめとする地盤調査が行われている．それらを総合すると，東京の地盤の構成は，概略，図5.1.4の⑥に示すような構造を有することがわかる．台地部の地盤構成は既に述べたとおりだが，下町低地や湾岸部には，東京層の上に沖積層と呼ばれる，N値が概して10以

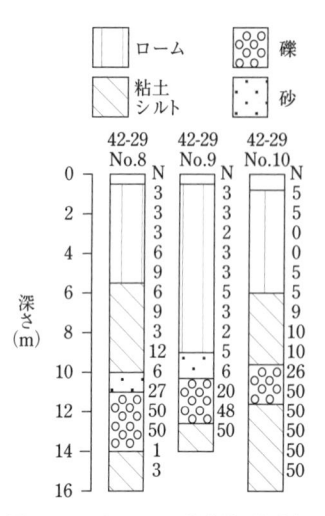

図5.1.3 ボーリング調査結果例［出典：東京総合地盤図，東京都土木技術研究所］

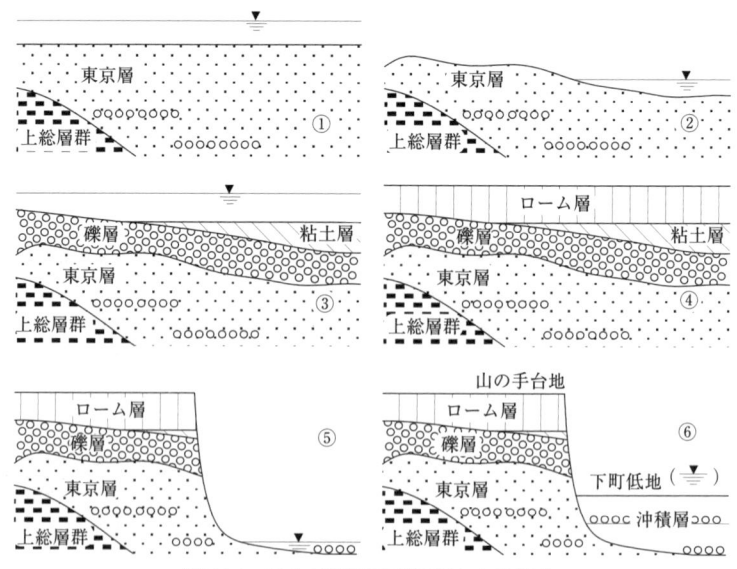

図5.1.4 東京の地盤形成（単純化した模式図）

下であるきわめて軟弱な粘土や砂を主体とした地層が存在している．前述した不動寺の崖では，ちょうど台地と低地の境目を観察していたことになる．

　このような地盤構造の形成で重要となるのは，地球規模の気温変動による海面の上昇(海進)，下降(海退)の履歴である．基本的に，地盤表面が陸上(海面より上)にある時，そこは浸食場であり，地盤は削り取られていく．浸食は，谷筋に沿って集中するので，現在の山岳部に見られるように凹凸の激しい地形が形成される．一方，地盤表面が海面下にある時には，そこは堆積場である．海面が上昇してきた当初，まだ海岸線から近い場所に堆積する土は，陸上から浸食されて運ばれてきた粗い礫質の土で，細かい粒子は沖まで運ばれる．海面がさらに上昇して先ほどの場所が海岸線からの距離も遠くなると，粒径の大きな礫は供給されずに，粒径の細かい砂や粘土だけが海流によって運搬され堆積する．したがって，1回の海面の上昇過程によって形成される地層では，下部に礫(基底礫層)を有し，上部にいくほど砂，そして粘土と細かい土が分級して堆積する．また，当然，谷のような低い部分に最初に海水が浸入して堆積活動が始まるので，海面の上昇に伴って凹凸を埋めるように平らな地盤面を形成していく特徴がある．東京の多摩地方や下町低地に見られるような平坦な地形は，比較的新しい海進によって形成された地盤面が，あまり浸食を受けずに残っている場所である．

　ここで，東京の地盤の形成史を単純化すると，以下のようになる．

　百万年ほど前までに形成された上総層群は，造山運動のために褶曲を受け，現在の東京湾付近で大きく窪んだ構造を有していた．数十万年前，海面は何回かの上昇，下降を繰り返しながらも全般的に高い状態にあり，東京層を堆積させた(図 5.1.4 ①，②)．

　浅海条件では礫も堆積したが，全般的には砂・粘土質の土である．十万年ほど前に最後に大きく海面が上昇した際に東京層の上にまず礫が堆積し，次に粘土が薄く堆積した(図 5.1.4 ③)．

　その後，箱根山，富士山の火山活動が活発となり，飛来した火山灰がローム層として平らに降り積もった(図 5.1.4 ④)．

　数万年前に氷河期に入って寒冷化し，海面は現在よりも約 100 m も低くなった．そのため，古東京川(現在の利根川)や古相模川の浸食活動により，現在の東京湾および下町部分には深い谷が形成された(図 5.1.4 ⑤)．

　約 2 万年前から再び海面は上昇傾向にある．約 6 千年前に海面は氷河期以降の最高位に達し(いわゆる，縄文海進)，現在は若干低下している．この過程で低地部の

沖積層が堆積した（図 5.1.4 ⑥）．

　沖積層は粘土が主体であるが，その堆積過程においても小さな海進，海退が繰り返されており，若干の基底礫層，砂層を含むこともある．特に約1万年前にやや明瞭な地層の境界があり，東京では沖積層下部を七号地層，上部を有楽町層と呼ぶことが多い．

## 5.1.4　構造物の基礎

　大きな建築物や橋梁，擁壁等の土木構造物を建設する際には，それらを十分に堅固な地盤によって支持することが必要である．それでは，堅固で工学的基盤として利用できる地盤とはどのようなものであろうか．まず最も良好な地盤として火山岩類や固結した砂岩，泥岩(でいがん)等の岩盤（軟岩とも言う）が挙げられる．これらは第三紀以前の地質であり，きわめて大きな安全性を求められる構造物の支持基盤として適している．ところが前述したように，多くの大都市が立地する平野部では概して岩盤の深度が大きく，これを工学的に利用することができない．原子力発電所が大都市の中にはない理由は，もちろん人口密集地での危険性を回避する目的もあるが，主には厳しい安全性の要求に応えられる支持基盤が存在しないことによるものである．

　次に支持基盤として考えられるのは，堆積年代が古くて固結度がより進んでいる地盤である．海中に堆積した軟弱な土も何万年，何十万年と経過するうちには自重やより上位の地層の重さによって密実化が進む．また，化学作用によって粒子同士の結び付きが強まるため，十分な強度を持つことができる．東京の地盤では，上総層群はまず問題なく工学的基盤として機能することができる．また，東京層も多くの場合は工学的基盤としての機能を備えていると言ってよい．それでは，沖積層のような未固結の土は全く役に立たないのかというと，そうではなく，ある程度の厚さと広がりを持つ基底礫層はしばしば工学的基盤として利用されることがある．粘土のような粒子は，小さい土では粒子同士が水分子を介して結び付いているので柔らかく変形しやすいのに対して，礫のような大きな粒子は直接に固体粒子同士が接触して力に抵抗するので，年代が新しくて固結していない場合であっても，ある程度の強度が期待できるのである．

　実際に構造物を構築する際には，地盤調査によって確認した工学的基盤に確実に荷重を伝達する必要がある．そのための手段として最も確実な方法は，地盤表面を掘削して軟弱な土を取り除き，基盤を露出させて直接その上に構造物を建設するものである．このような基礎形式は，直接基礎と呼ばれる．図 5.1.5 は，横浜のレイ

ンボーブリッジのアンカレイジ(吊り橋の主ケーブルを支える土台)の様子である．この地点では，上総層群の上に直接に厚い沖積層が堆積しているが，海面下 50 m 近くまで堀削して上総層群の中にケーソン(コンクリート製の箱形の基礎)を設置している．東京新宿の高層ビル群も直接基礎によって支えられている．新宿は山の手台地上にあるが，ここでは軟弱なローム層を取り除き，さらに東京層の中

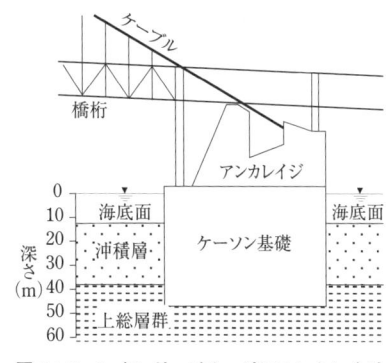

図 5.1.5　レインボーブリッジのアンカレイジ

でも特に強度の大きな礫質地盤(東京礫層)まで地上から 20 m 以上の堀削を行い，ビルの基礎を構築している．

　直接基礎は最も堅固な基礎形式ではあるが，構造物の規模の割に支持基盤までの深さが大きい場合には設置が困難である．例えば，高速道路の高架橋の橋脚一本一本について数十 m の堀削を行って基礎を設置することは，経済的に非現実的である．このような場合には，鋼管あるいは鉄筋コンクリート製の杭を支持層まで打設し，その上に構造物を建設することが多い．この基礎形式は杭基礎と呼ばれる．通常，構造物の広

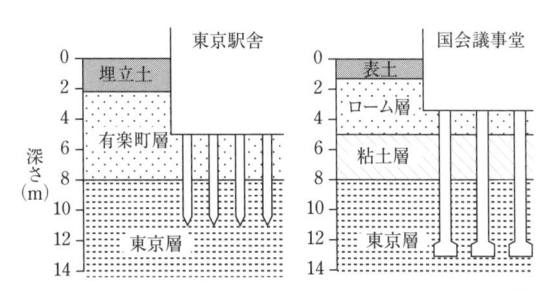

図 5.1.6　東京駅舎と国会議事堂の杭基礎[出典：遠藤邦彦他[4]]

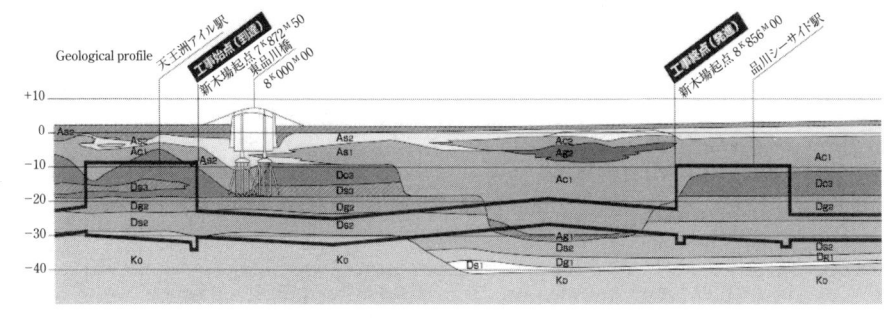

図 5.1.7　りんかい線の地質縦断図[出典：旧鉄道建設公団パンフレット]

がりに応じ，杭は数本から数十本以上まとめて打設する．図5.1.6に大正3(1914)年に建設された東京駅舎と昭和11(1936)年に建設された国会議事堂の杭基礎を示す．東京駅は低地に，国会議事堂は台地上に位置するが，いずれも沖積層やローム層等の軟弱地盤の下にある東京層に杭を打設して支持基盤としている．東京駅の杭には松材の木杭が用いられていた．

図5.1.7は，りんかい線の天王洲アイル～品川シーサイド間の地質図である．頭文字Dは洪積地盤，Aは沖積地盤である．太線は，りんかい線のトンネルと駅を示している．地盤の中に洪積層の谷や丘が存在することがわかる．

### 5.1.5 埋立地盤

本節の最後に都市の沿岸部に多く存在する埋立地盤について概観する．表5.1.1，図5.1.8は，東京湾中心部の埋立地の歴史と埋立材料の概要を示したものである．この図表から，東京では江戸時代から堀や運河の浚渫残土あるいは地震や大火で生じた瓦礫等を用いた埋立が進められており，現在の下町の市街地の少なからぬ部分が実は人工的な埋立地盤であることがわかる．浚渫や掘削工事の残土を埋め立てた部分については，堆積過程は人工的であるものの，土そのものは自然界に存在していたものであり，その地盤は非常に年齢の若い沖積層として位置付けることができる．年齢が数十年程度の埋立地盤はきわめて軟弱であり，何らかの地盤改良(地盤中への砂の圧入，排水材料の挿入や抑え盛土による脱水と密実化，セメント薬剤の注入による固化等)を行わなければ，通常の土地利用はできないと考えた方がよい．もちろん，大規模な構造物は杭基礎による支持が必要である．近年の地震による液状化被害(7.1節を参照)も埋立地盤に集中する傾向がある．

戦後は，都市部の急激な人口増大に伴い，産業廃棄物，厨芥(生ごみ)，プラスチック廃材，下水汚泥等の都市ごみが爆発的に発生し，その処分場としての埋立地

表5.1.1 東京港におけるごみ地盤形成史[出典：清水惠助他[5)]]

| 時 代 | 江戸時代 | 明治～昭和20年 | 昭和20～40年 | 昭和40年代 | 昭和50年代以降 |
|---|---|---|---|---|---|
| 埋立地名 | (a)永代島<br>(b)富岡八幡付近<br>(c)深川越中島<br>(d)東陽町<br>(e)木場 | (f)深川平久町<br>(g)塩崎町<br>(h)枝川町・潮見町<br>(i)砂町<br>(j)豊洲 | ① 8号地<br>② 14号地(夢の島) | ③ 15号地<br>④ 防波堤内側 | ④ 防波堤内側<br>⑤ 防波堤外側<br>⑥ 羽田沖 |
| ごみ質 | 厨芥，瓦礫，運河の浚渫地 | 厨芥，瓦礫，残土(浚渫土砂) | 厨芥，産業廃棄物，プラスチック類 | 厨芥，産業廃棄物，プラスチック類 | 厨芥，産業廃棄物，プラスチック類 |

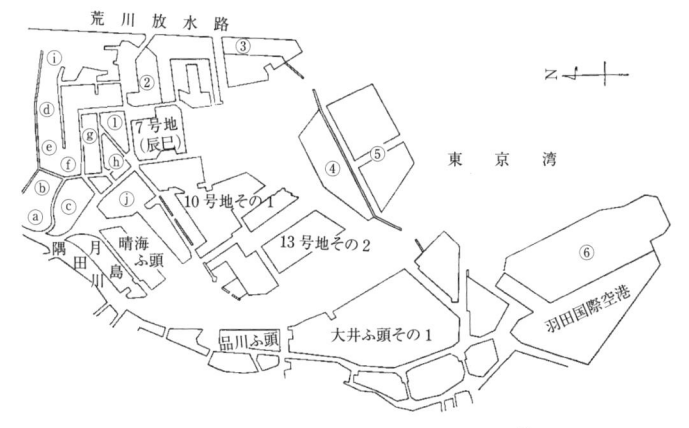

図5.1.8 東京港の埋立地[出典：清水恵助他[5]]

造成が急速に広がってきた．これらの埋立地は当面のところ，廃棄物の処分だけを目的として造成されており，これを多目的に利用することは具体的には考えられていない．しかしながら，これらの廃棄物を安全に管理するとともに，将来は有効な地盤としての活用が求められることは間違いない．「夢の島」等，戦後早い時期に造成された廃棄物地盤では，既に公園，ゴルフ場，運動施設，ごみ処理施設等としての利用が始まっている所もある．

## 5.2 都市のトンネル，地下空間の建設

### 5.2.1 都市のトンネル

都市の地下には，数多くのトンネルや地下空間がひしめいている．地下鉄はなじみが深く，誰でも都市のトンネルとして思いつく．また，地下鉄の駅とリンクした地下街も平面的な広がりを持ったトンネルの一種である．一方，上水道というと，多くの人は水道管程度の太さをイメージするかもしれないが，大元に遡（さかのぼ）れば，大きなトンネルで浄水が運ばれている．下水道も各家庭からは細い管で流されるが，本管は車も通れる大きさのトンネルとなっている．

都市の消費電力を賄うために地方の発電所から高圧送電線で電力が都市に供給されている．しかし，都市部周辺で目にする高い送電鉄塔の列は，市街地に近付くと見えなくなる．実は高圧送電線は，郊外で送電用トンネルへ潜り込んでいる．この

トンネルで高圧送電線を都市内の変電所まで送っている．しかも，変電所自体も都心部では見かけないが，変電所本体が地下化されている．したがって，高圧送電線網や変電所が都心に存在すること等を全く意識することはない．

これら電力線，ガス，上下水道，通信ケーブル等を共通のトンネルに納め，地上空間をオープンスペースとして利用すると同時に，これらライフラインとしての耐震安全性を高めることが行われている．これについては後述するが，共同溝と呼ばれている．「溝」という文字を使ってはいるが，れっきとしたトンネルである．

これらトンネルが造られている都市の地盤は，比較的軟弱で，地下水位の高い洪積から沖積地盤に多く位置しているため，構造物を支える地盤として問題を含む場合もある．さらにトンネルを都市部で掘削する場合は，既設の密集している地上構造物や近接する地下構造物に影響を与えないようにする必要があり，多くの工夫がなされている．そのため，トンネルを山岳地帯に造る場合ほど，安価かつ容易には造れない．

ここでは，主に代表的なトンネルの造り方を紹介し，都市の地下利用については5.3節に委ねる．

### 5.2.2 開削トンネル

#### (1) 概　要

開削トンネルは，地上から溝状に地盤を掘削し，予定深さに達した後，掘削した開削部の大きな溝の中で鉄筋を組み，コンクリートを打設してトンネル躯体を構築する．躯体が完成した後，躯体丸ごとを埋め戻す．埋め戻すまでは地上の建物を構築する状況と変わりはない．したがって，複雑な形状の地下構造物でも構築することが可能である特徴があるが，トンネルの設置位置が深くなると，掘削と埋め戻しに莫大な時間と費用が掛かり，工法としては不利になる．

この工法は，最も古い地下鉄である営団地下鉄銀座線等の比較的古い時期の浅い地下鉄建設に多く用いられたのをはじめ，現在でも，駅部や，駅部へ接続するトンネル断面の変化部等の複雑な形状，もしくは開口部が必要な地下構造の構築に用いられている．図5.2.1は，東京メトロ南北線と都営三田線が共用する白金高輪駅の地下鳥瞰図である．複線の営業線に加え，留置線への付加線が見える．また，事業者の異なる地下駐車場，高圧変電所等が併設され，複雑な構造になっているが，開削工法なので構築できている．5.3節でも述べるが，地上になくてもよい駐車場や変電所を地下化し，地上のオープンスペースを確保するとともに，地上の都市環境

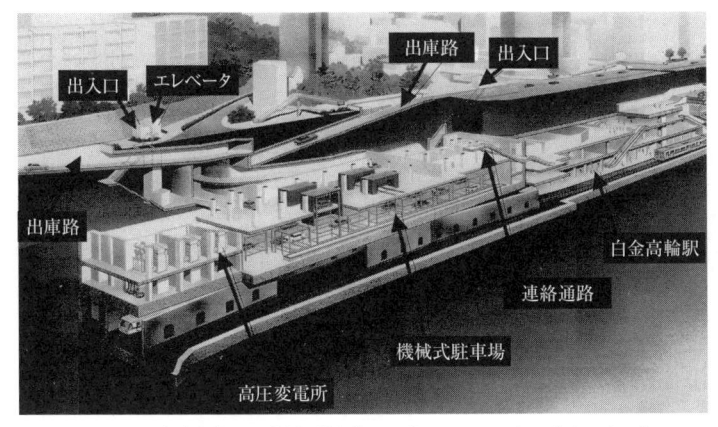

5.2 都市のトンネル，地下空間の建設　157

図 5.2.1　白金高輪駅の鳥瞰図［出典：工事パンフレット，東京メトロ］

を維持するため，事業者の違う構造物を合同で地下に設置することが最近行われている．白金高輪駅はその良い例である．

### (2) 施 工 法

　地下鉄のトンネルや駅は，そのほとんどが公共用地である道路下に設置される．都市部では道路周辺に建物が接しているため，道路を掘削する際に地盤の崩壊や過大な変形が建物等の周辺構造物に影響を与えないよう，地盤内に仮壁を設けて周辺地盤を防護する．これらの仮設の壁は，「山留め」もしくは「土留め」と呼ばれる．H形鋼（H形の断面の建設用鋼材）を芯材とした円柱杭を連続させた壁や，スリット状に掘削した溝にH形鋼を建て込んで芯材とした壁等が用いられる．
　また，掘削規模の大きい場合や山留めに高い信頼性が求められる場合，地下連続壁工法という方法が用いられる．この工法では，調合した泥水(でいすい)で周辺地盤の崩壊を防ぎながら地盤に深いスリット状の溝を掘り，その中に組み立てた鉄筋を挿入してコンクリートを打設し，溝の下部から徐々に泥水をコンクリートに置換しながら鉄筋コンクリートの壁を地中に先行構築する．その後，地中壁の内部を掘削する．地下連続壁は，工事費が高くなるが，信頼性は高い．
　山留めの構築後に掘削を始めるが，現場は公共の道路下であることが多く，交通を阻害しないよう，掘削の開口部には覆工版(ふっこうばん)という矩形の板を数多く敷き詰め，その下で掘削作業を行う．山留めや覆工版を支えるため，写真 5.2.1 の右に示すようにH形鋼を梁や柱として開削部分に建て込んでいくことから，開削部分ではこれ

158　第5章　都市を支える

(a)　埋設吊防護工　　　　　　　　　　(b)　山留支保工

写真 5.2.1　山留めおよび吊り防護[出典：都営12号線清澄工区パンフレット，前田建設工業株式会社]

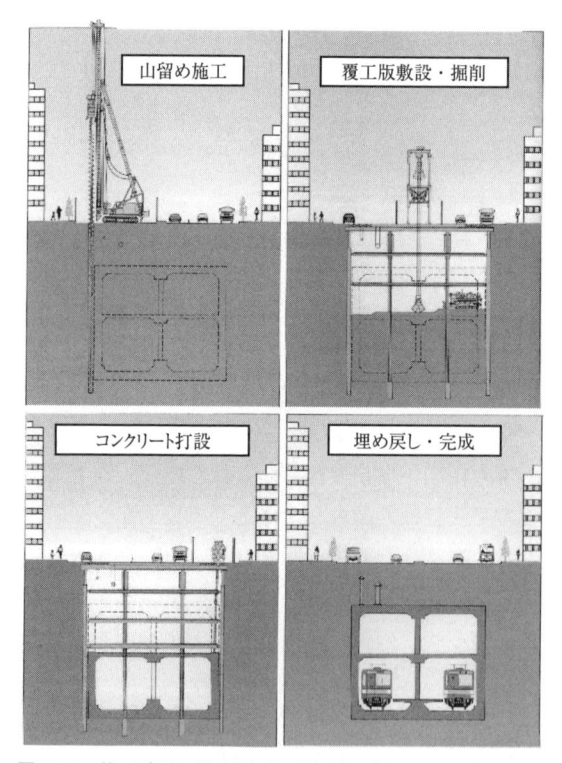

図 5.2.2　施工手順の概略[出典：営団地下鉄の建設工法パンフレット，東京メトロ，一部加筆]

らの梁，柱が縦横に組まれ，大きな作業空間は確保しにくい欠点がある．

　道路下には上下水道，ガス，電気，通信ケーブル等が埋設されている．とくに地下鉄等が建設される主要な道路には，これらの本管や枝管が輻輳して設置されていることが多い．開削工事ではこれらの各種管やケーブルを活かしたまま施工する必要があるので，工事前に既存の埋設記録を調査，場合によっては部分的に先行掘削して埋設物の確認を行い，これらの各種管やケーブルをどのように防護するかを十分に検討する．道路下で埋設されていたそのままの位置でワイヤ等を使って覆工版や梁に吊り下げることが一般的であ

るが，これを吊り防護という．例えば，吊り防護は，ガス管の継ぎ目からのガス漏れ等を確実に阻止しなければならないため，きわめて重要な作業である．写真5.2.1の左に山留めおよび吊り防護の状況を示すが，通信ケーブルが右側に8条5段で設置されている．

　開削トンネルは，躯体構築を地上の構造物の施工と同様，鉄筋組立て，コンクリート打設を繰り返して行う．ただし，道路となっている覆工版を支えている柱は外せないので，そのまま本体構造物の中に取り込み，構造物内の空間に出てくる柱部分のみを後で切断する．図5.2.2に施工の全体の概略を示す．最終的には完全に躯体を埋め戻し，道路を復旧して完成となる．

### 5.2.3　シールドトンネル

#### (1)　概　　要

　都市部では，地下水が豊富で軟らかい未固結地盤が多い．多くの人は子供の時，砂浜でトンネルを作ったことがあるでしょう．水浸しの砂にトンネルを掘ろうとすると，含まれている水とともに砂がすぐに流れ出し，トンネルは掘れず，適度に湿った砂の場合が一番掘りやすかったはずである．実際のトンネルでも条件は同じで，未固結地盤の地下水位下でトンネルを掘削することは容易ではない．地下水位を施工時の一時期のみ下げることができる場合は，適用できる工法に選択の余地が生じるが，地下水位を下げると地盤沈下を生じることが多い．都市部では，地下水位を下げずにトンネルを構築することが求められる．

　英国ではテムズ川底でトンネル建設が1798年から進められていたが，地盤が悪く，たびたびトンネルが崩れて水没し，工事中断を余儀なくされた．この時期，M.I. Brunelは，船喰虫が船腹に穴をあけ，その内側を石灰質の分泌物で固めていくことにヒントを得て，鋳鉄製の頑丈な外殻（シールド）で地盤の崩壊を防ぎながら外殻の前方で地盤を人力で掘削し，同時に外殻の中でトンネル外壁を造るシールド工法を考えた．外壁構築後，外殻をわずかに前進させて同じことを繰り返せば長いトンネルを構築することができる．

　現在の工法は当時と異なり，シールド内に土砂や地下水が流入しないようにシールド前方が密閉された機械が主流となっている．シールドの前面の回転する面版に取り付けられたカッタビットで地盤を掘削し，シールド内の後方で，工場製作したトンネル外壁のパーツ（セグメント）を組み立てて尺取り虫のようにトンネルを構築する．

## (2) 施工法

最近用いられる代表的なシールド機は，土圧式シールド機もしくは泥水式シールド機(写真 5.2.2)である．

土圧式は，カッタビットで地盤を掘削し，その掘削土砂の流動性を高めて切羽(シールド機の一番前の面版の真正面の地盤部分)の土圧や地下水に対抗し，掘削中の地盤の安定を保つ工法である．泥水式は，比重や粘性を調合した泥水を配管によって切羽に供給し，泥水の圧力で地盤の土圧や地下水に対抗して掘削中の地盤の安定を保つ工法である．どちらも，作業をするシールド機の中と掘削している地盤は隔壁で隔てられて密閉されており，土砂がシールド機の中に入ることは基本的にない．これら密閉型のシールド機による地盤安定の信頼性は高く，この工法は都市内におけるトンネル構築の主流となっている．

図 5.2.3 に泥水式の概略を示す．シールドトンネル内の上の配管で泥水を送り，下の配管で泥水とともに掘削土を吸い上げ，ポンプで排出する．シールド機本体の後方でセグメントを組み立て，そのセグメントに反力をとってシールド機自身が前方に進む．組み立てられたセグメントは，土圧や地下水圧のほかにシールド機の推進に必要な数千 t の推力に対するトンネル軸方向の反力も支持しなければならない．

写真 5.2.3 にセグメントの例としてコンクリートセグメントの 1 ピースを示すが，このほかに鋼製セグメントや鋼とコンクリートの合体した合成セグメント等がある．

円形の面版上の小さいポッチはカッタビットと呼ばれる掘削用の歯

(a) マシンの正面

中央上部の配管は泥水を送る送泥管．中央下部は排泥管．掘削土は泥水とともに流体輸送できる

(b) マシンの背面

**写真 5.2.2** 泥水式シールド機[出典：シールド技術パンフレット，株式会社熊谷組]

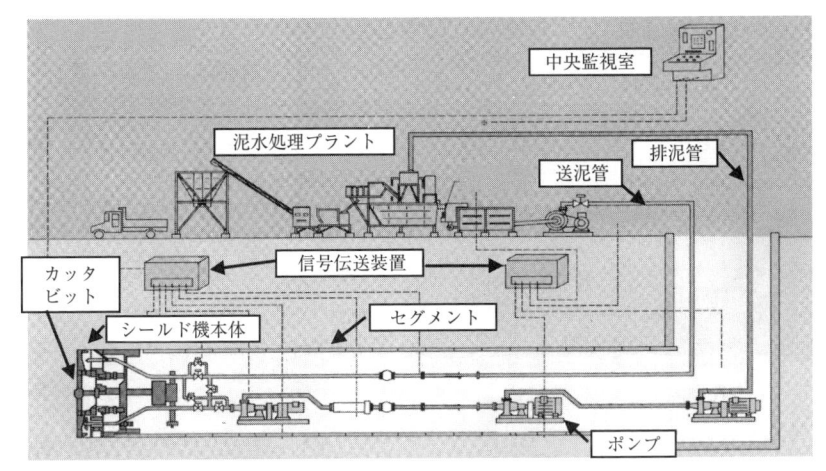

**図 5.2.3** 泥水式シールド機のシステム［出典：シールド技術パンフレット，株式会社熊谷組，一部加筆］

この円弧状のセグメントをリング状に組み立ててトンネル外壁とする．

### 5.2.4 NATMトンネル

#### (1) 概　要

　都市部でも地盤が比較的良く，地下水がないか，工事中は地下水位を下げてもよい場合には，掘削工法としてNATM(New Austrian Tunneling Method)が用いられる．NATMでは，掘削したアーチ状の空洞の内面にアーチ形状に曲げたH形鋼(H形の断面の建設用鋼材)を立て，

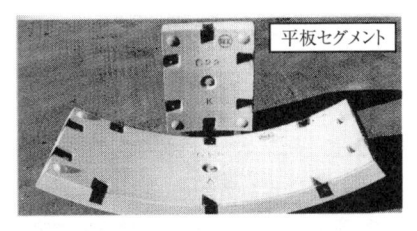

**写真 5.2.3** コンクリートセグメント形状

直ちに吹付けコンクリートを施工してH形鋼とともに一体化したシェルで地盤表面を覆い支える(写真5.2.4)．また，吹付けコンクリートの上から削孔してロックボルトと呼ばれる鉄筋棒を地盤に打ち込み，地盤に縫い付ける．ロックボルトは，H形鋼と吹付けコンクリートのシェルを地盤に固定する働きをする．これらのH形鋼，吹付けコンクリート，ロックボルト等を総称して支保工という．支保工で地盤と密着し，地盤自身の強度を引き出しながら掘削した空洞を支えようという考え方の工法である．

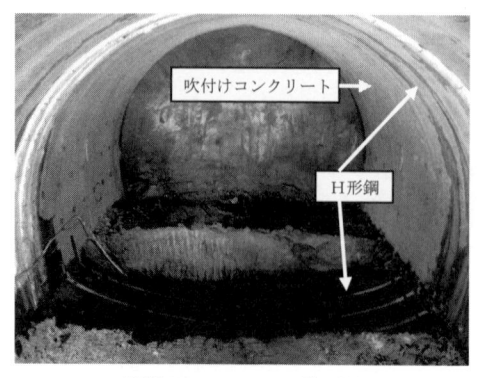

写真 5.2.4 NATM の施工例

自然界には，よくアーチ形状をした空洞や自然のトンネルが存在する．これらの空洞やトンネルは，人工的な支えを必要としていない．すなわち，地盤自身が空洞を支えていることになる．これら空洞の天井部分の多くはアーチ型になっているが，矩形の空洞よりアーチ型の空洞の方が安定性に優れていることを示している．古代，石積みアーチの橋やドーム型建物が多く建設されたのは，アーチ形状の力学的有利さに基づく．NATM の考え方も同じで，地盤が持っている地盤自身の強さを利用する．支保工は，支保工自身の強度で地盤を支えるのではなく，もともと崩れやすい地盤が一体的に挙動して，地盤自身でアーチ状の空洞を支えられるように補助しているに過ぎない．この考え方は，すべての土圧や水圧をトンネル構造体で支える開削トンネルとは大きく異なる．

普通，トンネルの形状では，矩形，円形，おむすび等のようなアーチ型の断面を多くの人は思い浮かべる．多くの場合，矩形は既に述べた開削工法によって，円形は後述するシールド工法によって造られる．アーチ型は NATM によって造られる．アーチ型でもよく見ると，個々のトンネルで幅と高さの比が異なっている．鉄道のトンネルの断面は幅が広くないが，都市部の道路トンネルは，片側二車線に歩道等が付加されるため，一般に山岳の一般国道等のトンネルに比較して扁平な断面となっている．

アーチ型の安定性が良いことは既に述べたが，扁平になるほど安定性は低下する．とくに都市部の地盤は，一般には強い強度を持っていないため，掘削中は地盤の崩壊や過度の変形を誘発する可能性がある．そのため，トンネル掘削には工夫が必要となる．

(2) 施 工 法

弱い地盤で大きな断面を一度に掘削しようとすると崩壊しやすく，小さな断面であれば比較的安定に掘削できる．そこで，幅の広い都市部の道路トンネルの断面を小断面に分割して掘削し，掘削したらすぐに支保工で地盤を支え，安定させてか

5.2 都市のトンネル，地下空間の建設　163

ら次の小断面の掘削を行えば，地山の安定性を確保しながら最終的には幅の広いトンネルを造ることができる．

切羽(掘削しているトンネルの一番前の地山部分)を小断面にどのように分割するかは，地盤条件，トンネル断面の大きさ，扁平度等によって異なる．図5.2.4に切羽の分割施工の例を示す．この場合，トンネル断面を左右に分け，さらに上下に3段に分けて合計6分割となっている．

### 5.2.5　沈埋トンネル

#### (1) 概　要

東京湾岸では，レインボーブリッジ，鶴見つばさ橋，横浜ベイブリッジ等の多くの橋が航路，運河を跨いでいるが，トンネルによりこれら航路，運河を横切っている所も多い．とくに羽田空港付近で空路の高度制限を受ける地域では，高さの高い塔を持つ橋梁を設置することができないため，トンネルで航路を横切らざるを得ない．

小さな河川下にトンネルを造る場合には，一時的に河川の一部を締め切って水を汲み出し，開削工法でトンネルを造る場合もあるが，航路では水面を長期にわたって占有することはできない．そのため，トンネルを軸方向に分割した沈埋函と呼ばれる中空の大型の箱のようなトンネル本体のパーツを陸上で作成し，海面を浮かせて現場まで曳航して沈め，水中で連結してトンネルとする沈埋工法が採用される．

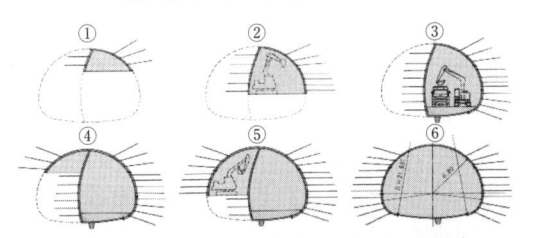

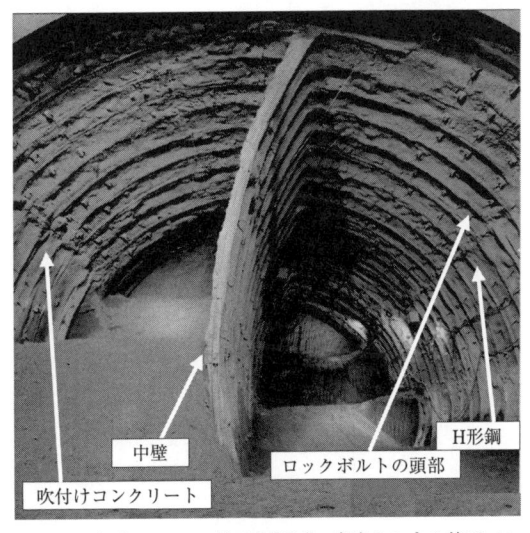

図 5.2.4　都市 NATM の施工例[出典：真米トンネル施工パンフレット，三井建設株式会社，一部加筆]

## (2) 施 工 法

　沈埋工法では，初めに現場近くの海沿いの陸上にドライドックを設営する．ドックは，海面より低く掘り下げた広い平地である．図5.2.5に例として示した東京西航路沈埋トンネルでは上図左上に見えるが，広さは総面積21万$m^2$，沈埋函作成の場所のみとしても約11万$m^2$の面積を持つ．ドライドックは締切堤で海と隔てられている．

　沈埋函は鉄筋コンクリート構造で，外側は防水鋼板や保護コンクリート，防水シートで保護されている．沈埋函は陸上のドライドックで製作されるため，通常の

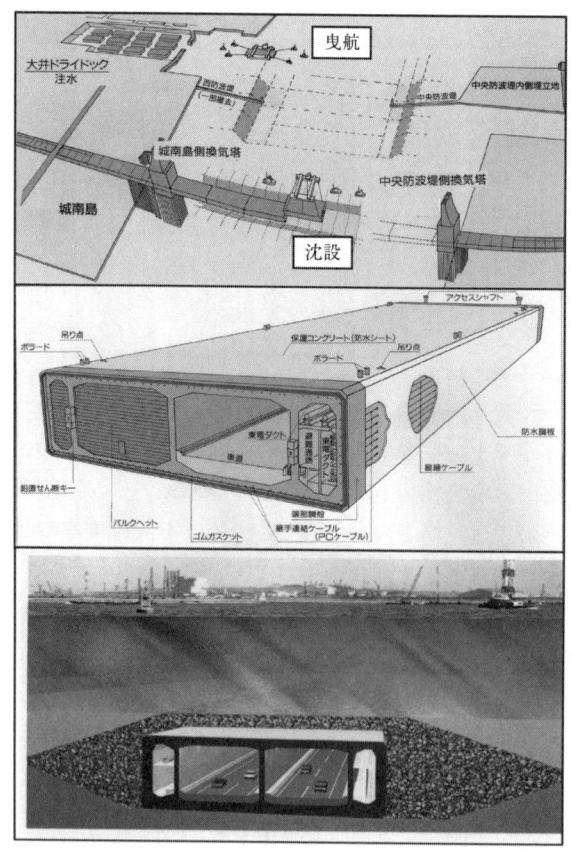

図5.2.5　沈埋トンネル[出典：東京港臨海道路東京西航路沈埋トンネルパンフレット，東京都，一部加筆]

鉄筋コンクリート構造物と同じ作製方法で，同時にいくつも造られる．両端部にはそれぞれの沈埋函を海底で連結するためのゴムガスケットと呼ばれるパッキングや継ぎ手ケーブル等が配置されている．

　この例では，トンネルは 11 ブロックの沈埋函に分割された．それでも 1 ブロックの沈埋函は，幅 32 m，長さ 120 m となる．図 5.2.5 中段の図右半断面に示すように沈埋函の断面は，車道と避難通路，上水道や通信，電気ケーブル，排水溝等が入る空間に分割されている．

　ドライドックでの沈埋函の作製と平行し，トンネルを設置する海底ではトンネル軸に沿って浚渫し，沈埋函を埋める溝を設ける．

　沈埋函の完成後，図 5.2.5 の図左断面に示すように沈埋函の両端部の開口部，すなわちトンネル断面は，バルクヘッドと呼ばれる蓋で閉じられる．ドライドックの二重締切堤の一部が開口されると，海水がドライドックに流入して沈埋函は浮き上がる．沈埋函は曳航され，沈設現場で沈埋函内のバラストタンクに注水し，海中での位置を三次元的に測定しながら徐々に沈下させて，海底の所定の位置に設置する．

　先行設置されている既設沈埋函に引き寄せた後，水圧接合という海水圧を利用した独特の方法で接合させる．この海水圧は，隣接する 2 つの沈埋函の間のゴムガスケットを強く圧縮し，沈埋函内への漏水を防ぐ．継ぎ手部は，ゴムガスケットと連結ケーブルのほかに，せん断キーと呼ばれる'たぼ'のような突起でそれぞれの沈埋函のずれを抑止する．止水が確認された後にバルクヘッドを撤去してトンネルが一沈埋函分延びることになる．すべての沈埋函を連結した後，最後にトンネルの保護のために図 5.2.5 の下図のようにトンネル全体を礫でカバーして完成する．

　沈埋工法では，水中でそれぞれの沈埋函を接合するために前述の 3 工法とは異なった独特の構造要素と施工法を有している特徴がある．

## 5.3 都市のトンネル，地下空間の利用

### 5.3.1 地下空間の利用例

#### (1) 概　要

　都市において安全で快適な生活，社会経済活動を行うためには，都市の規模に応じた都市施設が必要である．都市が発達すると，地表は高密度に利用されるようになり，都市施設を設けるための地上空間が不足してくる．都市施設には，上水道や

下水道のように地下に埋設されるのが常態のものもある．一方，鉄道のように地上にある方が建設費では有利な施設であっても，開かずの踏切に代表されるように交通阻害や地域分断，騒音等の問題から，コストが掛かっても地下化されるようになる．都市が発展すればするほど，地上のオープンスペースとしての空間やアメニティの向上のために，地上になくてもよいものは地下へ移設するなど，地下空間は貴重な空間となる．

例えば，大都市の道路の下には，地下鉄，後述する共同溝のほか，上下水道，ガス，電力，通信の管路が埋設されている．とくにライフラインである管路は，各建物に取り込む枝管を接続する管のほか，本管も平行して設置されて集積度が高い．平成14(2002)年度末で，東京都区部の国道下には，道路延長1km当たり32.5kmの管路が埋設されており，いかに地下が都市にとって重要な空間であるかが理解できる．

これからの都市は，機能ばかりではなく，環境やアメニティ，安全性や住みやすさが重視されるようになることを考えると，地下空間はますます貴重で重要な空間と位置付けられ，地下空間をいかに使っていくかによって都市の品格，質が決まってくるといても過言ではない．

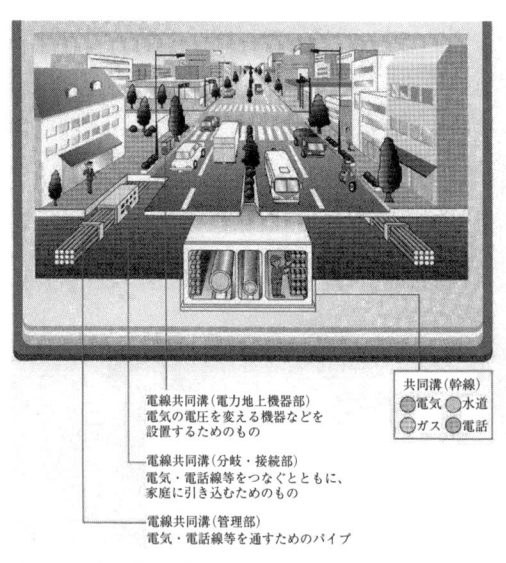

図5.3.1　共同溝の例[出典：岡山共同溝パンフレット，国土交通省岡山国道事務所]

### (2) 共同溝

共同溝は，道路の付属施設として道路管理者が電気，ガス，通信事業者等の計画に基づき設置するもので，共同溝と"溝"の文字を使うがトンネルである．元はライフラインの幹線をまとめて効率的に収容し，道路の掘り返しの防止を目的として制度が設けられたが，現在では都市のライフラインの安全性を確保するための重要な施設となっている．共同溝は，近年の大地震でもその機能を損なうような被害は受けなかった．共同溝には，

収容する施設によっていろいろな大きさ形状のものがあるが，開削工法あるいはシールド工法で造られる．図 5.3.1 は共同溝の例で，開削工法で造られた例である．同様の施設には各企業体が単独に設けたライフライン用のトンネルも多くあり，電力の場合には洞道（とうどう）と呼ばれている．

### (3) 地下鉄

地下鉄は，大都市における交通おいて大きな役割を担っており，代表的な地下利用形態である．首都圏の都営地下鉄と東京メトロの 2 社だけでも 13 路線 285 駅，営業キロ数は 304.1 km，平成 23(2011) 年度の 1 日平均利用者数は約 850 万人である．東京の地下鉄は，昭和 2(1927) 年に上野 - 浅草間 2.2 km が開通したのが初めてである．その後，昭和 30(1955) 年，当時の運輸省は，都市交通における基本計画を策定し，その第一次答申において，山手線までであった私鉄各線と地下鉄とを相互接続して直通運転を行えるようにし，急速に輸送人員が増加した．

地下鉄は，そのほとんどが道路下に設けられている．当初の地下鉄は開削工法を用いて造られたが，開削工法は地上から掘削するため，工事中の道路交通や沿線の人々に与える影響が大きい．また，地下利用が輻輳し，地下鉄同士やほかの埋設施設と競合してくると，地下鉄の相互交差 (図 5.3.2) や設置深度が深くなってきて，

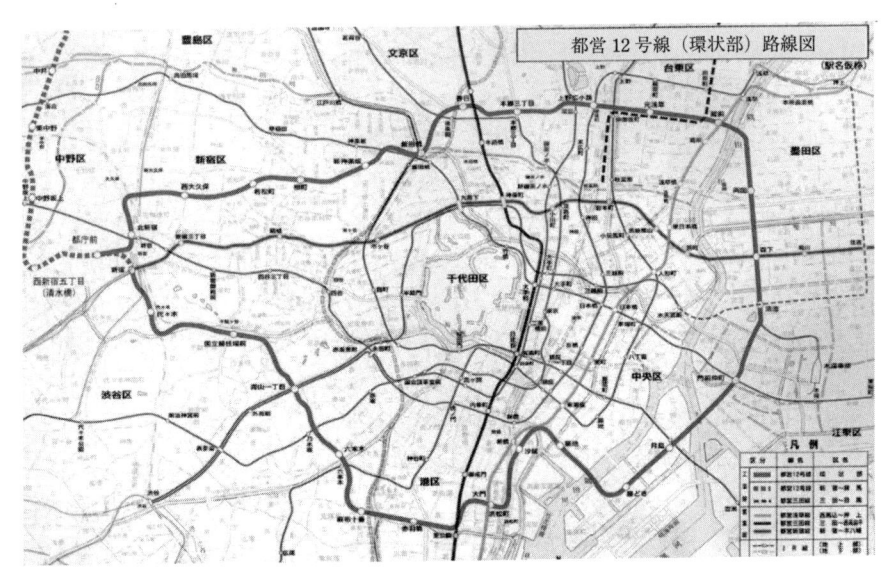

図 5.3.2　大江戸 (12 号) 線環状部の路線図 [出典：都営 12 号線工事パンフレット]

開削工法はコスト的にも不利となることもあり，モグラ式にトンネルを掘削できるシールド工法が多く用いられるようになった．

現在，都営地下鉄，東京メトロとも，過去に計画された路線は整備された状況にあるが，最近の地下鉄工事では路線が深くなる傾向が顕著である．また，都市という環境の中でほかの構造物との近接工事が多くなり，建設費と工期が増大する傾向にある．とくに環境に関して沿道の関係者の関心は高く，工事に関する合意形成に多くの時間を費やしているのが実状である．地上とのアクセスが必要な駅部を除き，シールド工法を用いて周辺に与える影響を最小限に抑えて工事を進めるのが一般的になっている．

### (4) 地下街

大規模なターミナル駅等の周辺に建設された地下街は，都市生活では馴染みの深い存在である．日本における最初の地下街は，昭和2(1927)年に上野-浅草間の地下鉄の開業に伴って設けられた通路に沿った商店街のようなものである．その後，戦後の1950年代の後半から高度経済成長による都市への人口集中が著しくなり，交通混雑で劣悪な状況にあった駅前広場の再生，駐車場等の不足解消等から，駅前の一体的な整備の一環として多くの地下街が造られた．駅前という限られた面積の中で地下空間を利用しての高密度の土地利用を図ることができ，乗り換えの利便性の向上，あるいは高度な商業サービスの提供等，利点が多く，広く受け入れられていった．

しかし，一時期，地下街やそれに隣接する建物での火災や爆発によってその安全性が疑問視される事態が発生した．その主なものを挙げると，大阪の天六地下鉄工事現場におけるガス爆発事故［昭和45(1970)年］，大阪の千日前デパートビル火災［昭和47(1972)年］，静岡ゴールデン街ガス爆発事故［昭和55(1980)年］等がある．事故のたびに規制が設けられ，地下街の新設または増設は，やむを得ない場合を除いて原則禁止の方針となった．しかし，地下街の建設に対する社会的要請は強いものがあり，地下街は閉塞空間であることを考慮し，安全性に十分な配慮しながら，昭和61，63(1986，1988)年には運用方法の改善が図られ，現在に至っている．

地下街を含めた地下の利用は，市街地再開発の手法としてきわめて有効である．パリでは，かつての中央市場跡地に地下4階建ての巨大なショッピングセンター，駐車場，地下鉄駅を含む巨大な複合施設を設けたフォーラム・デ・アルが有名である（写真5.3.1）．地下3階まで掘り込まれた明かりの空間が設けられ，建物部分はガ

5.3 都市のトンネル，地下空間の利用　169

ラス張りでこの広場に面しているため，地下であるということを意識させない設計となっている．建物の地上部分は公園となっており，付近の町並みに対して違和感を与えないようになっている．古い町並みの中でいかに現代的な都市としての機能を持たせていくかは，地下利用を考えることによって解決されることが多いことを示している．

写真 5.3.1　フォーラム・デ・アル

(5) 地下道路

　道路は地上に設けられるのが通常である．しかし，大都市では道路用地や拡幅用地の取得が容易でないということとともに，道路が周辺環境に与える影響から沿道の関係者からの合意を得るのが難しく，地上に設けるのが非常に困難になってきている．とくに環状道路の整備は，東京では非常に重要な課題となっている．図 5.3.3 は，東京外郭環状道路の関越道 - 都県境間の構造計画の変遷を示している．当初は高架構造および平面道路構造で計画されたが，環境問題の解決を図るために半

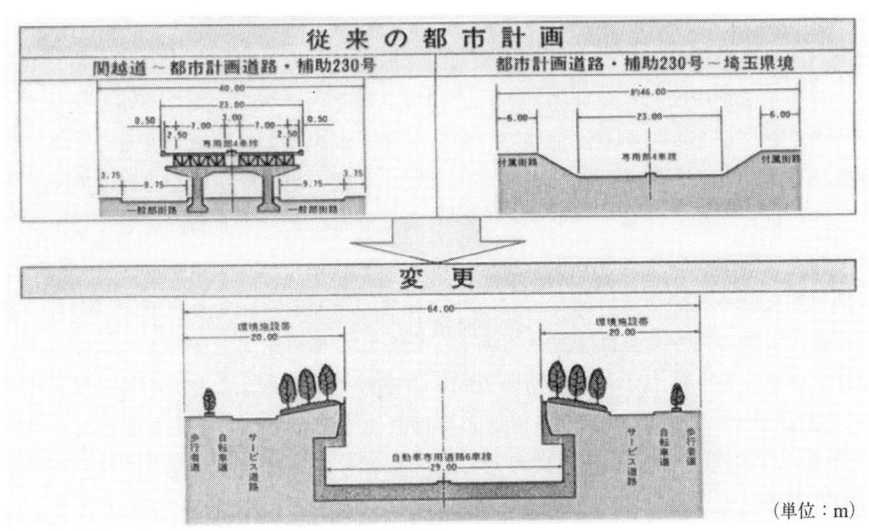

図 5.3.3　道路構造計画の変遷 [出典：国土交通省パンフレット][出典：国土交通省パンフレット]

地下構造が採用されるに至っている．

　首都高速道路は，放射状の路線が都心環状線で合流するため，激しい渋滞を起こす原因となっている．このため，中央環状線の整備が進められている．中央環状線の東側は，荒川，中川放水路の中堤を利用した高架構造で完成しているが，西側部分は都道の環状6号線(山手通り)に計画されているため，環境上の問題から基本構造を地下式として進められ，図5.3.4に示すような地下道路で工事が進められた．図のスケールは縦長に表示している．長い距離を縮めて表記すると，既設の地下構造物を避けるためにかなりのアップダウンがあることがわかる．

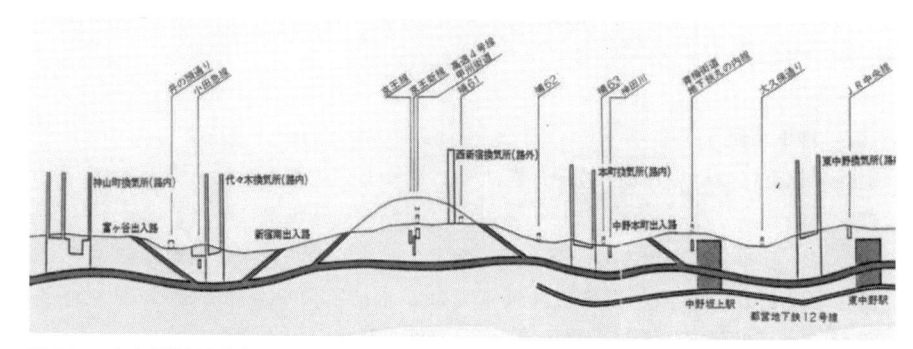

図 5.3.4　中央環状新宿線(新宿付近)地下道路構造 [出典：首都高速道路(株)パンフレット][出典：首都高速道路(株)パンフレット]

　トンネルの構造は，できるだけ道路交通や沿道に与える影響を少なくするため，シールド工法を中心とした非開削工法が採用された．だが，主要な道路と接続するためのランプが必要であり，道路の合流分岐構造が複雑で大規模であることから開削工法を用いざるを得ない部分も多い．また，既設の地下構造物を避けるため，トンネルの位置が深くなり，ランプの長さも長くなるなど，建設費が大きくなり，地下道路の計画上の課題となっている．

　都市における道路構造に関しては，狭い意味の環境の問題からだけではなく，景観や都市計画の面から見直す動きもある．限られた都市空間をどのように使うのが望ましいかという視点から，都市の道路構造を考えるということである．米国ボストンでは，セントラル・アテリー計画と呼ばれた事業で，市の中央を走っている高架構造の高速道路(I-93)を地下に移設した．もともと，当時の高速道路交通量の増大したため拡充が必要になっていたが，この機に高速道路を地下に入れ，空いた地表部を公園の中心として利用しようとする計画であった．この高架の高速道路はグ

リーンモンスターと呼ばれ，都市の景観にふさわしくなく，地域分断の原因になっているとの評価のもと，この計画が行われることになった．同様の事例は韓国でも実施された．

## (6) 地下河川

都市化が進むと，地表は建物や道路で覆われ，水田，畑，森等のような降った雨を蓄える役割，地下に浸透させる役割を持つ自然な土地の面積が少なくなる．そのため，降った雨は河川に一気に流出することになり，河川のピーク流量は大きくなり，従来の河川容量では氾濫し，大きな被害を発生させることになる．都市化による新たな人為的災害である．しかし，都市化が進めば進むほど土地は高度に利用され，河川改修に必要な用地を得ることが難しくなる．そのため，東京，大阪，名古屋，横浜等の多くの大都市では，川幅を拡げて河川の改修を行うことは難しくなり，地下にトンネルを掘ってバイパスの地下河川としたり，一時的に雨水を貯める貯留施設を設けたりすることで対応している．

写真 5.3.2 神田川調整池シールドトンネル[出典：東京都建設局パンフレット]

写真 5.3.2 は，東京の神田川等のピーク流量をカットするために設けられた地下河川の例である．1時間 50 mm の降雨に対応する計画になっているものを 75 mm の降雨にも対応できるようにするため，環状 7 号線の下 30～40 m の地下にシールド工法により外径 13.7 m の巨大なトンネルが造られている．最終計画では東京湾まで達する地下河川であるが，現在は第一期，第二期工事が完成した段階で，出口のない地下貯留施設 (54 万 $m^3$) として使われており，洪水が終了したら貯留した水をポンプアップして元の河川に戻している．

同様に，複数の中小河川を結んでピーク流量をカットし，余裕のある河川に放流する施設も多く設けられている．図 5.3.5 は，首都圏外郭放水路の鳥瞰図である．

172　第5章　都市を支える

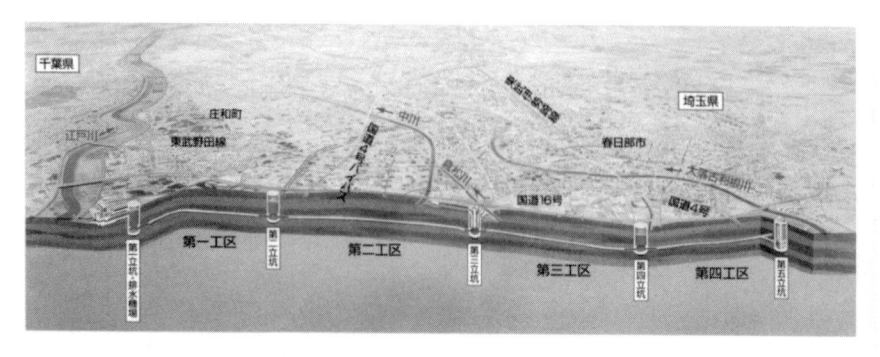

図 5.3.5　首都圏外郭放水路鳥瞰図の変遷［出典：国土交通省パンフレット］

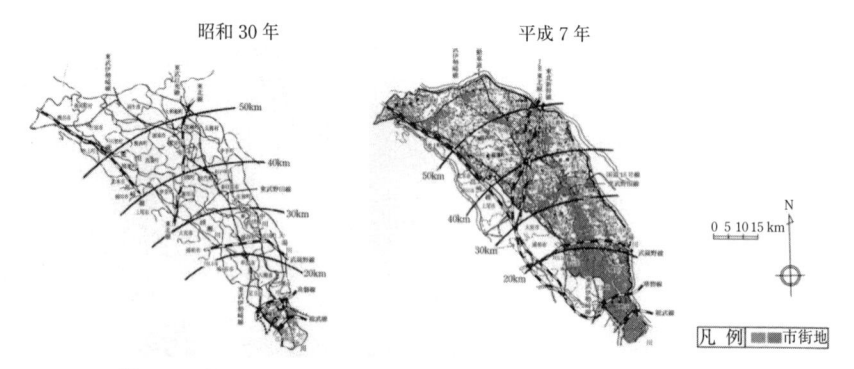

図 5.3.6　中川・綾瀬川流域の都市化の変遷［出典：国土交通省パンフレット］

対象地域は，都市化によって山林や田畑が急速に減少（図 5.3.6）したため，地域の保水力が低下し，地域の中小河川に雨水が急速に流下するようになって洪水が頻発した．そのため，地下にトンネルを掘り，ピーク流量をトンネルに取り込んで余裕がある江戸川にポンプアップしている．都市では集積度の高い土利用がなされるため，いったん洪水が起こると被害は甚大なものとなる．地下河川は工事費が大きいという課題は残るが，都市という条件下では重要な選択肢の一つとなっている．

### 5.3.2　地下空間の特徴

#### （1）　地下空間内の特性

　地下空間は，人が先史時代から長い間利用してきた空間ではあるが，特異な例を除けば，地下を本格的に利用するようになったのは，ごく最近のことである．とくに都市における地表と地下を総合的に捉えた空間利用は，これからの大きなテーマ

である．地下は，人が利用する空間としては特異な空間であり，その特性を考慮して合理的に利用することが必要である．地下空間の特性には利点もあれば，当然，欠点もある．使い方によっては欠点が利点になる場合もあり，また，その逆の場合もある．どのように地下空間の持つ特性を利用し，利用にあたって問題が生ずるとすれば，その問題をどのように回避するかが重要である．

地下空間の特質として，閉鎖性，遮断性，隔離性，恒温性，耐震性等がある．先史時代には断熱性，恒温性，耐候性等は気象変化からの生活環境保全のために，閉鎖性，遮断性，隔離性等は動物からの身の保全，防御の手段として用いられた．

現在では，それらの特性を踏まえて地上空間を補完する二次的な空間として多様な地下利用がなされている．断熱性，恒温性，耐候性の観点では，例えば大谷石の採掘坑道跡や，トンネル断面が現在の自動車や電車等の寸法に合わなくなって放棄されたトンネルが温度，湿度変化を嫌う食料の熟成，保存，備蓄の手段として用いられているのもこの特性を利用している．また，低温にしておく必要があるLNGタンクを半地下に設置して，断熱材として地盤を利用している例も最近多い．

閉鎖性，遮断性，隔離性の観点では，外環境からの振動，騒音，電波，宇宙線等を嫌う地下施設，例えばスーパーカミオカンデや，微弱地震研究施設等として利用されており，また，落ち着いた環境と空調の節減を狙って大学の教室として地下を利用しているところもある．

内環境から外環境への影響遮断にもこの特性は使われており，騒音の地上への拡散が遮断される地下鉄，地下道路等のほか，先に述べた地下河川もこの特性を利用している．地下河川は都市型洪水の発生を防止しているが，洪水はなくなったのではなく，地下のトンネルの中に移動しただけで，人々が住む地上空間から洪水が切り離されているだけである．さらに，閉鎖性，遮断性，隔離性，耐震性によって地下空洞は備蓄空間としても安全性が高く，石油や天然ガスの大規模な国家備蓄にも大きな地下空洞は利用されている．

一方で，断熱性，恒温性は，換気の阻害，また採光の阻害等のマイナス面も持っている．閉鎖性，遮断性，隔離性も方向感覚の欠如，圧迫感，恐怖感を誘発する．このように，地下は一般的に心理的な不安感を与えることが多く，地表との出入り口が少なく，外部からの監視ができないこと，いったん利用した地下空間は元に戻すのが容易ではないこと，地上に構造物を造るのに比べて建設費が一般的には高いこと等の課題を挙げることができる．しかし，都市では，地下を利用することによって貴重な都市空間を立体的に利用することができ，地表，地下のそれぞれの特

性を活かした合理的な都市建設が可能となる．そのためには，地下空間の特性を踏まえたしっかりした計画が重要である．

### (2) 地下空間構造物の外環境への影響

　地下空間を利用することは，それ自身が環境問題を解決する手段になっているが，地下を利用することによる周辺の外環境への影響が問題にされることがある．問題となるのは，工事中の騒音，振動，道路交通の部分的阻害，地下水低下等で，完成後には地下水流動阻害，工事中に地下水位を下げている場合には地下水の水位回復不足のよる水位低下，粘性地盤の地盤沈下等がある．

　工事中の騒音，振動は，建設機械から出る音と施工に伴う騒音がある．一般に環境基準に照らして騒音管理を行うが，周辺の方々への情報提供としてデジタルの騒音表示等を行って情報の開示に務めることもある．道路交通阻害は，地下工事の際の資材搬入，掘削土砂搬出のためのヤードの確保，運搬ダンプの通行増加による交通支障である．これらも地域環境を考慮して事前に施工計画を立てて地元との協議を行って環境保全に努める．

　都市部の地盤には，地下水位を下げることにより沈下を起こす地盤がある．このような場合には，地下水低下を招かないような工法を採用する．施工中に地下水位を下げることができる場合には，施工中に地下水を下げて施工し，完成後に地下水位を回復させることがある．この場合，周辺地盤の調査を行って，地下水位を一時的でも下げると沈下する可能性がある地盤が周辺に存在するか，また，存在する場合，地下水の流動解析を行って工事の影響が現れるか否かの検討等を行って工法を決める．

　構造躯体の完成後の地下水流の阻害の問題に対しては，水流をバイパスさせる工法が開発されており，コストは掛かるが，地下水に対する影響を抑制することができるようになっている．施工中，完成後のどちらにおいても，地下工事での地下水は大きな因子になっている．

　地下工事もしくは構造物が地下水に与える影響を述べたが，逆の問題もある．東京都区部では，地下水の汲み上げ規制に伴って地下水位が上昇し続けている．そのため，地下水位が低い時代に造られた過去の地下構造物が地下水中に没して漏水が増加したり，構造物全体に浮力が働き浮き上がる危険性にさらされている例もある．例えば，東京駅や上野駅は，浮力を抑える工事を新たに行い浮き上がりを防いでいる．このように，環境の変化がきわめて少ないように思える地下構造物でも，周辺

環境の変化から受ける影響，周辺環境に与える影響があることに十分留意しておかなければならない．

### 5.3.3 大深度地下利用制度

大都市では土地が高密度に利用され，都市施設を整備する空間を地表に求めることが非常に困難になってきている．また，整備に当たり，関係者との合意形成に長時間を要するようになり，事業の完成までの期間が長期化する傾向が顕著となっている．このようなことから，都市施設を整備する空間を地下に求めざるを得ない場合も増えており，既に述べたように多くの都市施設が地下に設けられるようになっている．このような場合，用地取得の必要がないことから，公共用地，特に道路の地下が用いられることが多いが，都市の主要な道路の地下は，既に過密状態になっている所が多い．

一方，民地の地下はほとんど利用されていない．平成17(2005)年度の調査によると，東京都における建物の地下利用階数は，地下利用の建物の99.81％が地下4階までの利用である．そこで民間の地下で，通常利用しない深さの地下空間を公共のために利用することはできないかという発想が生まれた．すなわち，一般の土地所有者が通常は利用しない地下深い空間を生活に不可欠な社会資本のために，円滑な手続きで有効に活用しようとする制度を創ろうとするものである．この制度は，大深度地下利用制度と一般に呼ばれている．

大深度地下利用制度は，バブル期の著しい地価の高騰の時代に着想され，ジオフロントというキャッチフレーズとともに官民で検討が進められたが実現しなかった．しかし，その後，制度の必要性は認識され，平成6(1994)年に内閣総理大臣の諮問機関として「臨時大深度地下利用調査会」が設置され，中間とりまとめ，答申を経て法制化が進められ，平成12(2000)年5月に「大深度地下の公共的使用に関する特別措置法」が成立し，平成13(2001)年4月から施行された．大深度地下の制度は，通常は利用されていない民間の地下を公共の利益となる事業について円滑に使用するための制度である．大深度地下は，土地所有者の許諾なしに使用することができる．井戸，温泉等の既に利用されている場合のほかは補償は受けられない．したがって，大深度地下は通常の土地利用が行われていない深さであるとともに，大深度地下に造られる構造物には，通常の土地利用を妨げない構造が要求される．大深度地下は，「土地所有者による通常の地下利用が行われない深さ，すなわち，①地下室の建設のための利用が通常行われない深さ，または，②建築物の基礎の設置のための利用

が通常行われない深さのうち，いずれか深い方から下の空間」とするという考え方が基本になっている．

具体的には図 5.3.7 に示すように，建物の地下室として利用される深さを実績から 25 m とし，直接基礎で建物が建つ場合は，それに基礎を施工するための深さとして 15 m を加えた 40 m 以下の空間を，杭基礎としなければならない場合には，荷重の分散等に必要な厚さとして 10 m を考慮し，基礎を支持することができる支持層の上面から 10 m 下方を大深度地下としている．建物の地下室を建設する深さとして 25 m をとると，既存建物の地下 4 階までの建設が余裕をもって可能である．支持層としての地盤の強さも規定している．

大深度地下，次の①または②のうちいずれか深い方の深さの地下です．
① 地下室の建設のための利用が通常行われない深さ (地下 40 m 以深)
② 建築物の基礎の設置のための利用が通常行われない深さ (支持地盤上面から 10 m 以深)

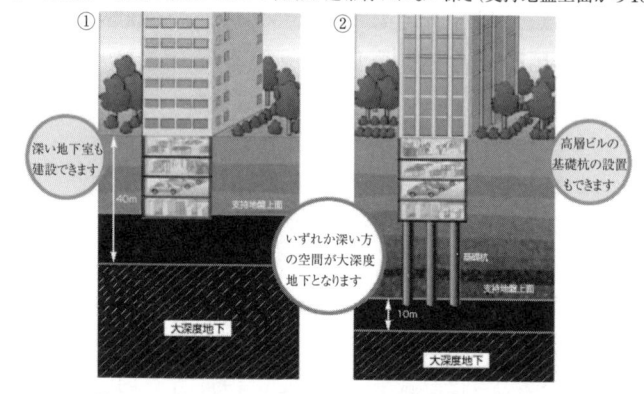

**図 5.3.7** 大深度地下の利用深さ [出典：国土交通省パンフレット]

大深度地下に設けられるトンネル等の構造物は，建物と地下構造物のそれぞれの影響を避けるため，構造物の規模に応じた適切な離間距離をとった位置に設けられることになる．この離間距離は，建物の基礎から原則としてトンネルの直径程度を設定している．

大深度地下は，一般の土地利用を妨げないようにして地下を使っていこうという制度であるから，大深度地下に設けられる構造物は，地表に建物が建っても差し支えのないような構造強度が要求される．そのため，一般の利用としてどの程度の力が作用するか，既存の超高層建物の基礎に加わる荷重を調べ，基礎面での増加荷重（建物を造った時に建物の重さにより増える圧力）を設定して，大深度地下に設け

られる構造物はこの荷重に耐えるように設計することとしており，通常の土地利用には影響しないように配慮されている．

　大深度地下使用の対象となる事業は，道路，鉄道，電気，通信，ガス等の公共公益事業となっている．国土交通省が所管し，国の関係行政機関および関係都道府県大深度利用協議会を組織し，必要な協議を行うようになっている．使用の許可は，国または都道府県が事業者である場合，2つ以上の都道府県の区域にわたる事業の場合等については国土交通大臣が，そのほかのものについては事業区域を管轄する都道府県知事が行うことになっている．

**参考文献**

1) 貝塚爽平：東京の自然史，紀伊国屋書店，1979
2) 大森昌衛編著：東京の地質をたずねて，日曜の地学4，築地書館，1989
3) 東京都土木技術研究所：東京総合地盤図(Ⅱ)-山の手・北多摩地区-，1994
4) 遠藤邦彦他：東京の地盤，ジオテクノート⑦，地盤工学会，1998
5) 清水恵助他：東京港における生ごみ埋立て地盤について，土と基礎，Vol.23, No.8, pp.51-60, 1975

第 6 章　都市を営む

## 6.1　都市の変容と都市計画

### 6.1.1　都市における社会基盤政策

　まず，石倉ら[1]をもとに，社会基盤政策の概念について簡単に整理する．一般に「社会基盤」という言葉から連想されるものは，社会基盤「施設」であることが多いであろう．例えば，道路，鉄道，港湾，空港等の交通施設や，電力や通信のネットワークを構成する設備や構造物等が挙げられる．社会基盤施設を構成する橋梁，トンネル，上下水道等の構造物，鉄鋼やコンクリート等の建設材料も社会基盤の範疇に入るであろう．「土木技術」とは，社会基盤に関わる技術を広範に捉えた概念として古くから用いられている言葉である．上記の社会基盤に関わる設計や施工技術はもちろんのこと，河川，海岸，地盤等の自然条件についての知識や，さらには防災，環境保全，都市計画・国土計画等，社会基盤を運用するための技術も，土木技術の対象と言える．

　土木技術は，いずれも社会基盤に関わるという共通点を持つ．社会基盤をなす構造物や部材・材料はもちろんのこと，上で挙げた河川，海岸，地盤は，社会基盤施設が立地するところであり，あるいは治水，治山等において社会基盤施設が向き合う対象でもあるので，社会基盤と密接に関連する分野である．防災，環境保全は，目指すべき社会の状態や，それを実現するための行為を指すものであり，そのどちらに対しても社会基盤が果たす役割は大きい．そして，都市や国土は，社会基盤によって支えられる，人々の社会的組織体そのものである．

　社会基盤は，英語では infrastructure であるが，これはラテン語で「下に，下部に」を意味する「infra」という接頭辞と構造「structure」が結び付いた単語である．す

なわち，直訳すると下部構造であり，「産業活動や社会生活の基盤となる（支えとなる）施設，構造物」という多くの人が抱く社会基盤のイメージそのものを表しているとも言えよう．土木工学の分野では，こうした定義をもって社会基盤を捉えられることがほとんどであるが，これは狭義の「infrastructure」の概念でもある．

広義には，「人間社会を支えるシステム」として捉えることもでき，人間が手を加えていない自然と人間社会との間にある有形無形のものすべてがinfrastructureであるとも解釈できる．この意味においては，政府，法律，教育等，必ずしも構造物ではない制度的なものも含まれ得る．

社会基盤の範囲を狭義に捉えたとしても，広義に捉えたとしても，人間社会を支える，という本質的な意義に変わりはない．学問分野において，人間社会を対象とする科学は「社会科学」の分野とされ，自然の理を対象とする「自然科学」の分野と区別して扱われる．したがって，社会基盤と人間社会との関連が社会科学の対象となることも，容易に理解できるであろう．とくに，社会基盤の計画，マネジメント，運用等のいわゆるソフト的な政策と呼ばれるものには，自然科学よりも社会科学の知見が活用されることが多い．そして，法学，経済学，政治学等の社会科学の知識は，社会基盤の政策を行う様々な場面において，「技術」として利用される．本節では，こうした社会科学を技術として応用する政策の代表例である「計画」をピックアップする．さらに，政策実施の過程において，計画と表裏一体の関係にある「評価」についても説明する．

### 6.1.2 都市計画

都市の市民の生活において，駅前が区画整理されて新たな商業施設ビルができた，宅地開発がなされた，等の土地利用の変化は，目に見える形で実感することができる．このように都市形状の変化に直接的に影響する政策の一つが都市計画である．ただ，都市計画とは，単一の計画行為を指すのではなく，様々な制度から構成されるものであり，また，その制度も社会のニーズに合わせて変化を続けていくものである[2]．そこで本項では，都市計画の全体像を理解するための重要な制度に焦点を置いて解説する．

計画制度は，各計画の内容の整合性や，計画の効果を効率化するために，段階的（階層的とも言える）に構成される．わかりやすく言うと，広域の範囲を計画するためには広域の計画がなされ，その広域の構成要素となる個別の地域では個別地域の計画がなされる．個別地域の計画は，その範囲がより狭域になるので，その解像

度も詳細となるが，広域の計画においては，その地域解像度は粗く設定される．そして，広域の計画は，より狭域の計画に対して上位にあり，個別地域の計画は広域計画を反映し，地域としての計画の方向性が矛盾しないように整合性が確保されなければならない．

都市計画の範疇において，最も上位に位置する計画は，「都市計画マスタープラン」である．都市計画マスタープランは，長期的視点にたった都市の将来像を明確にし，その実現に向けての大きな道筋を示すものである．法定の都市計画マスタープランとしては，都道府県によって定められる「都市計画区域マスタープラン」（都市計画法では，「都市計画区域の整備，開発及び保全の方針」と記述される．区域マスタープランとも略される）と，市町村が定める「市町村マスタープラン」（都市計画法では，「市町村の都市計画に関する基本的な方針」と記述される）の2つの種類がある．

都市計画区域マスタープランは，基本的には，都市計画の対象となる「都市計画区域」ごとに定められる．ただし，複数の都市計画区域を対象とすることもある．都市計画区域とは，制度上厳密には都市計画法第5条にて定義がなされ，そこでは「都道府県は，市又は人口，就業者数その他の事項が政令で定める要件に該当する町村の中心の市街地を含み，かつ，自然的及び社会的条件並びに人口，土地利用，交通量その他国土交通省令で定める事項に関する現況及び推移を勘案して，一体の都市として総合的に整備し，開発し，及び保全する必要がある区域を都市計画区域として指定するものとする．この場合において，必要があるときは，当該市町村の区域外にわたり，都市計画区域を指定することができる．」と記述されている．条文で述べられている政令で定める要件とは，「都市計画法施行令」第二条において，

(1) 当該町村の人口が一万以上であり，かつ，商工業その他の都市的業態に従事する者の数が全就業者数の五十パーセント以上であること
(2) 当該町村の発展の動向，人口及び産業の将来の見通し等からみて，おおむね十年以内に(1)に該当することとなると認められること
(3) 当該町村の中心の市街地を形成している区域内の人口が三千以上であること
(4) 温泉その他の観光資源があることにより多数人が集中するため，特に，良好な都市環境の形成を図る必要があること
(5) 火災，震災その他の災害により当該町村の市街地を形成している区域内の相当数の建築物が滅失した場合において，当該町村の市街地の健全な復興を図る必要があること

のうちいずれかに該当するものであるとされている．このように，市ばかりでなく，人口が一定程度集積している町村も都市計画区域の指定対象となるので，その範囲は広範となり得ることがわかる．

都市計画区域マスタープランでは，都市計画の中での上位計画として，都市計画の目標，区域区分を定めるための方針，そして，土地利用，都市施設整備，および市街地再開発事業に関する方針などが記述される．

一方，市町村マスタープランは，市町村の区域を対象とし，より地域に密着した見地から都市計画の方針を定めるものである．一般的な市町村マスタープランでは，市町村の将来像や基本方針を示す全体構想と，市町村を構成する地域区分ごとに土地利用や施設整備の方針を示す地域別構想とに分けて策定される．

都市計画マスタープランでは，都市における土地利用や交通体系，環境，防災などの方針が定められ，これらそれぞれの分野について具体的な計画が検討される．中でも土地利用計画は，都市の形態を決定づける計画の根幹とも言えるものであり，これを取り上げて説明する．

都市計画区域の中は，計画的に市街化を図る「市街化区域」と，市街化を抑制すべき「市街化調整区域」に区分されている．この区域区分は，無計画・無秩序な土地利用・乱開発がなされる「スプロール」という状況を防ぐため，市街化を計画的に制御することを目的として定められたものである．都市計画区域において市街化区域と市街化調整区域の区域区分の境界を定めることを，「線引き」とも言う．

土地利用の用途をより詳細に計画する仕組みとして，地域地区という制度があり，その中でも主に市街化区域において指定される「用途地域」制度は，指定された地域の土地利用を具体的に定めている．用途地域の区分は，現在12種類が指定されており，それぞれの用途地域に対して，立地が認められる用途と認められない用途が定められている．表6.1.1に，それぞれの用途地域における建物等の制限の一覧を示す．このように，用途地域を指定することにより，その地域での土地利用が限定され，計画的な土地利用が可能となる．

### 6.1.3 都市計画の上位計画

都市計画は，都道府県や市町村により定められる計画制度であるが，より広域を対象とする計画は，国によって定められる．これらは，都市計画に対する上位計画であり，都市計画は上位計画と整合的に策定される必要がある．

国による計画体系の最上位に位置する計画制度として，国土形成計画と社会資本

6.1 都市の変容と都市計画　183

表6.1.1　用途地域の建築物の用途制限

| 用途地域の建築物の用途制限<br>○：建てられる用途<br>×：建てられない用途<br>(1), (2), (3), (4), ▲：<br>面積，階数等の制限あり | | 第一種低層住居専用地域 | 第二種低層住居専用地域 | 第一種中高層住居専用地域 | 第二種中高層住居専用地域 | 第一種住居地域 | 第二種住居地域 | 準住居地域 | 近隣商業地域 | 商業地域 | 準工業地域 | 工業地域 | 工業専用地域 | 備考 |
|---|---|---|---|---|---|---|---|---|---|---|---|---|---|---|
| 住宅，共同住宅，寄宿舎，下宿 | | ○ | ○ | ○ | ○ | ○ | ○ | ○ | ○ | ○ | ○ | ○ | × | |
| 兼用住宅で，非住宅部分の床面積が，50 m² 以下かつ建築物の延べ面積の 1/2 未満のもの | | ○ | ○ | ○ | ○ | ○ | ○ | ○ | ○ | ○ | ○ | ○ | × | 非住宅部分の用途制限あり |
| 店舗等 | 店舗等の床面積が150 m² 以下のもの | × | (1) | (2) | (3) | ○ | ○ | ○ | ○ | ○ | ○ | ○ | (4) | (1)日用品販売店舗，喫茶店，理髪店等のサービス業用店舗のみ。2階以下。<br>(2)(1)に加えて，物品販売店舗，飲食店，損保代理店，銀行の支店・宅地建物取引業等のサービス業用店舗のみ。2階以下。<br>(3)2階以下(4)物品販売店舗，飲食店を除く |
| | 店舗等の床面積が150 m² を超え，500 m² 以下のもの | × | × | (2) | (3) | ○ | ○ | ○ | ○ | ○ | ○ | ○ | (4) | |
| | 店舗等の床面積が500 m² を超え，1,500 m² 以下のもの | × | × | × | (3) | ○ | ○ | ○ | ○ | ○ | ○ | ○ | (4) | |
| | 店舗等の床面積が1,500 m² を超え，3,000 m² 以下のもの | × | × | × | × | ○ | ○ | ○ | ○ | ○ | ○ | ○ | (4) | |
| | 店舗等の床面積が3,000 m² を超え，10,000 m² 以下のもの | × | × | × | × | × | ○ | ○ | ○ | ○ | ○ | ○ | (4) | |
| | 店舗等の床面積が10,000 m² を超えるもの | × | × | × | × | × | × | × | ○ | ○ | ○ | × | × | |
| 事務所等 | 事務所等の床面積が150 m² 以下のもの | × | × | × | ▲ | ○ | ○ | ○ | ○ | ○ | ○ | ○ | ○ | ▲2階以下 |
| | 事務所等の床面積が150 m² を超え，500 m² 以下のもの | × | × | × | ▲ | ○ | ○ | ○ | ○ | ○ | ○ | ○ | ○ | |
| | 事務所等の床面積が500 m² を超え，1,500 m² 以下のもの | × | × | × | ▲ | ○ | ○ | ○ | ○ | ○ | ○ | ○ | ○ | |
| | 事務所等の床面積が1,500 m² を超え，3,000 m² 以下のもの | × | × | × | × | ○ | ○ | ○ | ○ | ○ | ○ | ○ | ○ | |
| | 事務所等の床面積が3,000 m² を超えるもの | × | × | × | × | ○ | ○ | ○ | ○ | ○ | ○ | ○ | ○ | |
| ホテル，旅館(風営適正化法に既定するものを除く) | | × | × | × | × | ▲ | ○ | ○ | ○ | ○ | ○ | × | × | ▲3,000 m² 以下 |
| 遊戯施設<br>風俗施設 | ボーリング場，スケート場，水泳場，ゴルフ練習場，バッティング練習場等 | × | × | × | × | ▲ | ○ | ○ | ○ | ○ | ○ | ○ | × | ▲3,000 m² 以下 |
| | カラオケボックス等 | × | × | × | × | × | ▲ | ▲ | ○ | ○ | ○ | ▲ | ▲ | ▲10,000 m² 以下 |
| | 麻雀屋，パチンコ屋，射的場，馬券・車券発売所等 | × | × | × | × | × | ▲ | ▲ | ○ | ○ | ○ | ▲ | × | ▲10,000 m² 以下 |
| | 劇場，映画館，演芸場，観覧場 | × | × | × | × | × | × | ▲ | ○ | ○ | ○ | × | × | ▲客席 200 m² 未満 |
| | キャバレー，ダンスホール等 | × | × | × | × | × | × | × | × | ○ | ○ | × | × | |
| | 個室付き浴場等 | × | × | × | × | × | × | × | × | ○ | × | × | × | 風営適正化法に既定する性風俗特殊営業施設 |
| 公共施設，病院，学校等 | 幼稚園，小学校，中学校，高等学校 | ○ | ○ | ○ | ○ | ○ | ○ | ○ | ○ | ○ | ○ | × | × | |

| | | | | | | | | | | | |
|---|---|---|---|---|---|---|---|---|---|---|---|
| | 大学, 高等専門学校, 専修学校等 | × | × | ○ | ○ | ○ | ○ | ○ | ○ | × | × | |
| | 図書館等 | ○ | ○ | ○ | ○ | ○ | ○ | ○ | ○ | ○ | × | |
| | 巡査派出所等 | ○ | ○ | ○ | ○ | ○ | ○ | ○ | ○ | ○ | ○ | |
| | 神社, 寺院, 教会等 | ○ | ○ | ○ | ○ | ○ | ○ | ○ | ○ | ○ | ○ | |
| | 病院 | × | × | ○ | ○ | ○ | ○ | ○ | ○ | × | × | |
| | 公衆浴場, 診療所, 保育所等 | ○ | ○ | ○ | ○ | ○ | ○ | ○ | ○ | ○ | ○ | |
| | 老人ホーム, 身体障害者福祉ホーム等 | ○ | ○ | ○ | ○ | ○ | ○ | ○ | ○ | × | × | |
| | 老人福祉センター, 児童厚生施設等 | ▲ | ▲ | ○ | ○ | ○ | ○ | ○ | ○ | ○ | ○ | ▲ 600 m² 以下 |
| | 自動車教習所 | × | × | × | × | ▲ | ○ | ○ | ○ | ○ | ○ | ▲ 3,000 m² 以下 |
| | 単独車庫(附属車庫を除く) | × | × | ▲ | ▲ | ▲ | ▲ | ○ | ○ | ○ | ○ | ▲ 300 m² 以下, 2階以下 |
| | 建築物附属自動車車庫<br>(1)(2)(3)については, 建築物の延べ面積の1/2以下かつ備考欄に記載の制限 | (1) | (1) | (2) | (2) | (3) | (3) | ○ | ○ | ○ | ○ | (1) 600 m² 以下 1階以下<br>(2) 3,000 m² 以下 2階以下<br>(3) 2階以下 |
| | | (注)一団地の敷地内について別に制限あり | | | | | | | | | | |
| 工場・倉庫等 | 倉庫業倉庫 | × | × | × | × | × | × | ○ | ○ | ○ | ○ | |
| | 畜舎(15 m² を超えるもの) | × | × | × | × | ▲ | ○ | ○ | ○ | ○ | ○ | ▲ 3,000 m² 以下 |
| | パン屋, 米屋, 豆腐屋, 菓子屋, 洋服店, 畳屋, 建具屋, 自転車店等で作業場の床面積が 50 m² 以下 | × | ▲ | ▲ | ▲ | ○ | ○ | ○ | ○ | ○ | ○ | 原動機の制限あり<br>▲ 2階以下 |
| | 危険性や環境を悪化させるおそれが非常に少ない工場 | × | × | × | × | (1) | (1) | (1) | (2) | (2) | ○ | ○ | 原動機・作業内容の制限あり<br>作業場の床面積 |
| | 危険性や環境を悪化させるおそれが少ない工場 | × | × | × | × | × | × | (2) | (2) | ○ | ○ | (1) 50 m² 以下 |
| | 危険性や環境を悪化させるおそれがやや多い工場 | × | × | × | × | × | × | × | × | ○ | ○ | (2) 150 m² 以下 |
| | 危険性が大きいか, または著しく環境を悪化させるおそれがある工場 | × | × | × | × | × | × | × | × | × | ○ | ○ | |
| | 自動車修理工場 | × | × | × | × | (1) | (1) | (2) | (3) | (3) | ○ | ○ | 作業場の床面積<br>(1) 50 m² 以下<br>(2) 150 m² 以下<br>(3) 300 m² 以下 原動機の制限あり |
| | 火薬, 石油類ガスなどの危険物の貯蔵・処理の量 | 量が非常に少ない施設 | × | × | × | (1) | (2) | ○ | ○ | ○ | ○ | ○ | (1) 1,500 m² 以下 2階以下<br>(2) 3,000 m² 以下 |
| | | 量が少ない施設 | × | × | × | × | × | × | ○ | ○ | ○ | ○ | |
| | | 量がやや多い施設 | × | × | × | × | × | × | × | ○ | ○ | ○ | |
| | | 量が多い施設 | × | × | × | × | × | × | × | × | ○ | ○ | |
| 卸売市場, 火葬場, と畜場, 汚物処理場, ごみ焼却場等 | | 都市計画区域内においては都市計画決定が必要 | | | | | | | | | | |

整備重点計画がある．これらは，日本の計画体系における両輪として位置付けられており，他の各種計画に対して上位計画としての役割を果たす．国土形成計画は，国土の利用や整備，保全を推進するための総合的な計画である．

日本の国土全体の計画，すなわち国土計画は，昭和37(1962)年に閣議決定された全国総合開発計画以後，新全国総合開発計画，第三次全国総合開発計画，第四次全国総合開発計画，21世紀のグランドデザインと，過去5回にわたって策定されてきた．それぞれの計画には各々異なるテーマが掲げられているが，いずれにおいても量的拡大，開発中心というコンセプトが基調となっている．さらに，いずれの計画制度も国のみが国土全体の計画策定を行う仕組みとなっている．

これに対し，平成20(2008)年に閣議決定された新たな制度である国土形成計画は，これまでのコンセプトから大きく方向転換し，質的充実，利用中心を謳う計画制度となった．その背景には，人口減少，高齢化といった社会環境の変化や，厳しい財政制約などがあり，開発を基調とした計画から国土の質的向上を図る計画へと転換を図る必要性が高まっていた．また，計画の策定においても，国が策定し，国土の形成に関する基本的な方針や目標を示す全国計画と，複数の都府県から構成される地域ブロックにおいて当該地域における国土形成の方針や目標を策定する広域地方計画の組み合わせによる計画体系となった．広域地方計画は，国だけではなく当該地域の地方公共団体や経済団体等も含めた広域地方計画協議会を組織し，地域の提案や特色を反映できる仕組みとなっている点に特徴がある．

社会資本整備重点計画は，交通社会基盤をはじめとする，全国的な社会資本整備事業の進め方の計画であり，平成15(2003)年に社会資本整備重点計画法が成立し，同法に基づき，同年に閣議決定された[3]．従来，道路，空港，港湾等の社会資本整備に関する計画は，それぞれの事業分野ごとに五箇年計画が策定されていた[4]．しかし，社会資本整備の重点化および効率化を一層推進するため，社会資本整備重点計画では，道路，交通安全施設，空港，港湾，都市公園，下水道，治水，急傾斜地，海岸の9つの事業分野の計画を統合することで，事業間の連携強化が図られた．また，事業分野の統合に加え，計画策定の重点が従来の「事業量」から「達成される成果」に変更され，国民から見た成果目標（アウトカム目標）を明示した点，計画策定のプロセスに住民参加の導入が明確に位置付けられた点に特徴がある．

### 6.1.4 政策評価

公的な社会基盤政策の原資は，市民から徴収される税金である．国債等の債券を

発行して調達される財源も，将来の税収を充当していることと同じであるので，やはり税金が原資となっている．したがって，社会基盤政策の実施にあたり，事業実施主体は，費用を負担している市民に対して説明責任(accountability)を持つこととなる．

行政の説明責任に対する意識の高まりを受け，1990年代の後半より国の行政改革委員会において，公共事業の評価に関する検討が進められ，平成14(2002)年に「行政機関が行う政策の評価に関する法律」(一般に，行政評価法と呼ばれる)が施行された．これにより，公共事業のプロジェクトにおいて，「費用便益分析」等による政策評価が明確な形で組み込まれるようになった[3]．費用便益分析とは，プロジェクト実施に要する費用と，プロジェクトによりもたらされる効果を金銭換算した「便益」を比較し，プロジェクトが効率的なものであるかを判断する手法である．もし便益が費用を上回らなければ，そのプロジェクトは効率的ではなく投資に値しない，いわゆる「ムダ」な公共事業と判断されることとなる．

例えば，国土交通省では，維持管理に係る事業と災害復旧に係る事業等を除くすべての所管公共事業を対象として，事業の予算化の判断に資するための評価(新規事業採択時評価)，事業の継続または中止の判断に資する評価(再評価)，および改善措置を実施するかどうか等の今後の対応の判断に資する評価(完了後の事後評価)を行うこととしている[3]．これらの評価において，費用便益分析は中心的な役割を果たしている．ただし，費用便益分析のみにおいて事業が評価されるわけではなく，そのほかに，必要性，環境に与える影響等も勘案して，総合的に評価がなされる．

政策の評価と計画は密接に関連しており，政策の企画立案(Plan)→実施(Do)→評価(Check)→政策の改善(Action)→Planというマネジメントサイクル，あるいはこれらの頭文字をとったPDCAサイクルの一環に位置付けられる．すなわち，計画や評価は，これら単体で完結するのではなく，サイクルとして実施することにより，事業の改善や円滑な遂行に寄与するものあり，表裏一体の関係にあると言える．

政策評価の主役を担う費用便益分析において，実務的には，政策によりもたらされる便益の計測が重要な課題となる．先述のように，便益とは政策がもたらす効果を金銭価値換算したものであるが，これを把握するための標準的方法においては，政策実施による2つの変化を定量的に計測することが必要である．

一つは，政策実施による価格変化である．公共事業のプロジェクトに対して，価格という言葉との関係がわかりにくい，むしろ，違和感を感じると言う人は少なく

ないだろう．そこで，言葉を言い換えて，公共サービスを利用するために市民が負担する実質的な費用の変化，と説明すると，少しわかりやすくなる．つまり，サービスを享受するために負担する費用を，サービスの価格として捉えるということである．ここでの費用は，実際に料金として支払う費用ばかりではなく，例えば，サービス利用に必要とされる時間等も含まれるものである．時間も，各々の個人にとっては有限の資源であり，金銭価値として換算することができる．例を挙げると，時給1,000円のアルバイトは，その人の人生の一部を構成する貴重な時間を，1時間当たり1,000円の価格で提供していることと同義である．このように，時間を金銭価値に換算するための単位価値を時間価値と呼ぶ．公共サービスの価格に話題を戻すと，ある交通整備政策によって，ある都市間の交通所要時間が10分短縮されたとすると，この都市間移動という交通サービスの価格が，利用者1人当たり10分×時間価値(円/分)だけ低下したと捉えることができる．このように料金以外の要素も金銭換算したものは一般化費用と呼ばれ，この一般化費用の変化が，政策によりもたらされた価格変化に相当する．

　標準的な便益評価にとって把握が必要なもう一つの変化は，需要の変化である．公共事業の実施により，それ以前よりもサービスが便利になる(一般化費用が低下する)と，それに伴って当該公共サービスの利用者数，すなわち需要量自体も変化することもある．水道料金やガス料金が低下すると，これらの使用量(需要量)も増加するであろう．

　公共事業プロジェクトの実施により，サービス需要の変化が複雑に顕在化する例として，交通施設整備がもたらす交通需要変化がある．実際に交通社会基盤整備政策は，公共事業の中でも非常に事例が多く，代表的な公共事業であると言える．交通はその特性上，複数の地域，複数の交通手段，複雑な交通ネットワークを扱う対象であり，交通施設整備プロジェクトがもたらす需要変化の予測も，自ずと複雑な手順を要する．現在では，図6.1.1の概念図に示す4段階推定法が，交通需要予測の標準的手法として定着している．この手法を用いると，任意の地域での任意の交通機関に関する交通施設整備が，当該地域や当該交通機関だけではなく，他の地域や他の交通機関の交通需要に及ぼす影響も予測可能である．交通に関係する政策の費用便益分析においては，交通需要予測をいかに正確に，かつ透明性を持って行うかが，重要なポイントである．

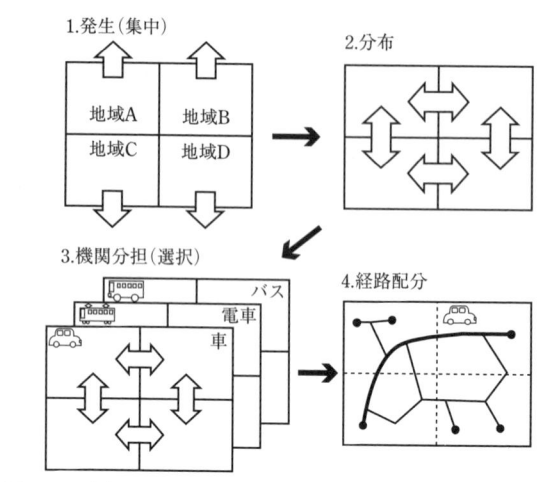

図 6.1.1　交通需要予測の 4 段階推定法 [出典:石倉智樹, 横松宗太[1]]

## 6.2　都市の交通システム

### 6.2.1　都市における交通の役割

　人間は動物の一種であるが，動物とは「運動と感覚の機能を持つ生物群」[5]であることから,「動く」ことは人間を含む動物の本質そのものであるといえる[6]．動くだけならば，水，大気質等，自然の中の物質も動く．これらと人間を含む動物との最も大きな違いは，動物は意思と目的を持って動いている，ということである．とくに，人間は社会的な生き物であり，集まって集落を形成している．規模と密度が一定以上になると，都市として成立することになる．
　さて，都市における交通の役割はどのように位置付けられるだろうか．都市における人間の生活行動は，大きく「住む」「働く」「休む」「動く」という 4 つの基本的行動からなる[7]．このうち，前 3 つが人々の場における活動を表す．人々は，それぞれの生活パターン，社会経済的立ち位置等に従い，それぞれの活動を行うことによって都市生活者としての人生を謳歌していくことになる．しかし，それぞれの機能はその活動に適した形態でそれぞれの場所に立地するものであり，同じ場所においてすべての活動を享受することはできない．したがって，活動を行うためには，活動目的に叶った場所に移動することが必要となる．このような人間の活動の

「場」をつなぐ移動が，4つめの「動く」，すなわち交通であり，都市活動の快適性，効率性は交通にかかっているといっても過言ではない．

なお，多くの場合，都市生活者にとって都市活動そのものが主たる目的で，そのための移動はあくまでも活動に対して派生的に生ずる「派生的交通需要」であることが大半である．これに対して，散歩やドライブ等，移動そのものが目的の場合もあり，これは「本源的交通需要」と呼ばれる．

### 6.2.2 都市交通の特性

#### (1) 交通手段の要素

交通手段の要素は，大きく分けて交通動力，交通具(搬具)，交通路(通路)，運行管理がある．交通動力は移動に要する力を発生させる機構のことであり，人力，畜力(馬車等)，風力，電力，熱力学(エンジンを動力とする自動車等)がある．また，交通具とは，移動する人や物を乗せる箱のことで，自動車，電車，船舶，航空機等がある．交通路(通路)は交通具が移動する"みち"や"場所"のことで，道路，線路，水路，空路，自動車ターミナル，港湾，空港等がある．運行管理としては，運行制御，交通管制等がある．

#### (2) トリップ，交通機関と交通手段

交通の移動を捉える単位としては，トリップ(trip)という概念が用いられる．これは，ある交通目的のもとに出発地から到着地まで移動する事象を指すとともに，それを計測する「単位」としても用いられる．出発地から最終到着地までは交通手段が変わろうとも，1トリップとしてカウントされる．トリップを構成する要素としては，出発地と到着地，交通目的，交通手段がある．出発地と目的地のことをトリップエンドという．また，交通目的としては，通勤，通学，業務，私事，帰宅等の区分がある．さらに，交通手段については，トリップを構成する最も距離の長い交通手段を代表交通手段，それ以外を端末交通手段という．例えば，自宅を出て大学に通学する場合，自転車，鉄

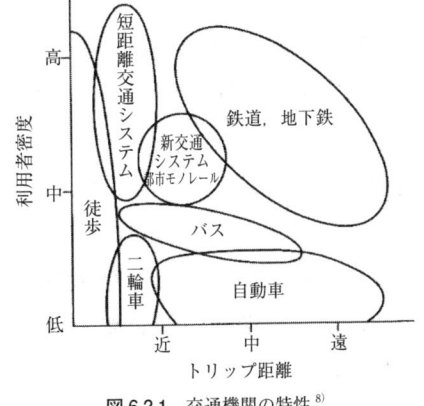

図 6.2.1 交通機関の特性[8]

道，徒歩を用いたとしても，これらは1つのトリップとして扱われる．出発地は自宅，到着地は大学，交通目的は通学，代表交通手段は鉄道，となる．

トリップ距離と利用者密度の関係を表したのが図6.2.1である．鉄道等は，高密度の輸送を担うことになるが，逆に言うと低密度では非効率，あるいは路線を維持できるほどの料金収入が確保できない，ということを表している．それぞれの交通機関に応じた適切な役割を担うことができるよう交通機関が整備されることとなる．

### 6.2.3 都市交通計画

#### (1) 都市交通計画を行う方法

都市の交通計画を行う方法として，都市全体の交通計画と地区交通計画に分けられる．都市交通計画は，都市圏や都市全体の骨格をなす幹線交通ネットワークのありかたについて，長期的な交通需要の見通しを立てて計画する．これに対して地区交通計画は，特定の開発地区や住区において，開発に伴う交通需要の増加への対応や生活交通改善のため交通施設を計画するものである．

都市交通計画のためには，10～20年の長期を計画対象年次とする場合が多く，都市圏や都市レベルの広いエリアのゾーン間を結ぶ幹線交通施設を検討する．計画対象施設は幹線道路，鉄道，新交通システム，バスといった幹線交通施設である．計画の手順は，次の3段階である．

| 第1段階 | ① 交通・交通施設の現況とその問題点の把握 |
| --- | --- |
| | ② 地域の都市活動の発展の方向の検討 |
| 第2段階 | ③ 計画ネットワークの代替案の設定 |
| | ④ 将来交通需要予測 |
| 第3段階 | ⑤ 交通量配分等による計画ネットワークの評価 |

#### (2) 交通・交通施設の現況とその問題点の把握

計画策定対象地域の交通量の現況を測定する調査方法に次の4つの交通量調査がある．

① 断面交通量調査　交通路のある地点を通過する交通量を交通手段別に測定する．

② パーソントリップ調査　人に着目し，ある人がある交通目的を達成するために，出発地から目的地に到着するまでの全交通過程をアンケートによって調査する．抽出率は全住民の2～10%，調査項目は個人属性(年齢，職業等)，1日の行

動(交通目的，利用交通機関，出発地・到着地等)である．通常，大都市では 10 年に 1 度実施する．
③ 自動車起終点調査　自動車の起点と終点を地域別，目的別，交通時刻別に調査するものである．
④ 物資流動調査　事業所，商店等に対して物資発着量をアンケート方式で調査するものである．

### (3) 将来交通需要予測

計画交通ネットワークの策定や評価を行うために，将来の交通需要がどの程度になるかを把握する必要がある．そのために対象地域で生成交通量，つまり総トリップ数がどの程度になるかをまず予測する．次に 4 段階推計法で，
① 発生・集中交通量(各ゾーン別の起終点交通量を推計する)，
② 分布交通量(各ゾーン別に発着する交通量を予測，つまりゾーン間のトリップ数を OD で表す O とは出発地(origin)，D とは到着地(destination)である)，
③ 交通機関別分担率(各ゾーン間交通量がどのような交通手段を利用するかの分担交通量を推計する)，
④ 配分交通量(交通機関別の交通量を当該交通網に割り振ることを行う)，の予測を行う．

この手法はゾーンごとに集計された予測手法のため弾力的な交通政策や交通施設の運営方式には向かない．この弱点を補うものとして個人を単位とした非集計モデルが用いられることが多い．

## 6.2.4　東京都市圏と交通

### (1)　東京都市圏の特徴

東京は，江戸時代には 100 万人を超える世界有数の都市であった．当時の江戸は，都市の大きさも現在の千代田区，中央区等を中心として半径 5〜6 km の範囲で，徒歩 1 時間程度の都市圏であった．当然ながら，江戸時代は鉄道，自動車等の交通機関はなく，人々は徒歩中心の生活であった．その後，東京の人口は，明治末には 260 万人，そして高密度な市街地が徐々に外延化で昭和 15(1940)年には 700 万人にもなった．さらに，現在の東京都市圏(東京都，埼玉県，千葉県，神奈川県，茨城県南部)では，平成 10(1998)年，人口約 3,400 万人が住む巨大なスプロール市街地が形成されてきた．その圏域も江戸時代の 10 倍程度の広がりをみせており，半

径 50 〜 60 km の範囲になっている．

　東京都市圏を支える交通は，世界にも類を見ないほど発達した鉄道網である．明治 5(1872) 年の新橋 - 横浜の鉄道開業以来，鉄道網の整備に重点を置いてきたため，東京都市圏の鉄道網も早い段階から整備が進められてきた．昭和初期には主な郊外の鉄道網は概成したといってよい．当時は都市内の交通は路面電車によっていた．その後，高度成長期に入ると路面電車は姿を消し，代わりに地下鉄が整備された．また，郊外に開発が広がっていくに従い，郊外への鉄道網の延伸も進められた．図 6.2.2 に東京都市圏の鉄道路線網を示す．

図 6.2.2　東京都市圏の鉄道路線網 [9]

　一方，道路網の整備，とくに都市の骨格を形成し，他の都市圏との都市間を結ぶ高速道路網の整備は立ち後れていた．増え続ける東京の交通需要に対応するため，首都高速道路が初めて開通したのは東京オリンピックが開催された昭和 39(1964) 年．都市間高速道路として東京都市圏で初めて開通したのは昭和 42(1967) 年の中央自動車道調布 IC 〜八王子 IC 間である．その後，東京中心部から郊外に延びる放射方向の整備は急ピッチで進められてきたが，環状道路の整備は遅れていた．東京都市圏の環状道路網は，首都高速中央環状線(中環)，東京外環自動車道(外環)，首都圏中央連絡自動車道(圏央道)の"三環状"から構成されるが，このうち，中環は昭和 57(1982) 年，外環は平成 4(1992) 年，圏央道は平成 8(1996) 年にやっと一部区間が開通している．環状道路は，都心部に関係ない交通を迂回させる役割もある．しかし，整備が遅れていたため，通過交通も都心に流入せざるを得ず，首都高速道路

は都心環状線を中心として慢性的な渋滞が発生した．今日では整備が急ピッチで進められており，平成 27(2015) 年 10 月末現在，中環は全線開通し，圏央道は約 80% の整備が終わっているが，外環は約 40% とやや立ち後れている (図 6.2.3)．

図 6.2.3 三環状道路ネットワーク[平成 27(2015) 年 10 月末現在][10]

## (2) 東京都市圏の人の移動 [11]

東京都市圏の人の移動をトリップ数で表すと，平成 20(2008) 年は 8,433 万トリップであり，平成 10(1998) 年の 7,874 万トリップから約 7% 増加している．そのうち，特に東京区部では 11% 増加と顕著である．年齢別に見ると，平成 20 年には平成 10 年と比較して全体的に 1 人 1 日当たりのトリップ数は増えているが，特に高齢者において増加が顕著であり，元気で活動的な高齢者が増加していることを表している．しかし，70 代を超えると，外出が年齢とともに下がっている．一方，20 〜 30 代の若年層のトリップ数は経年的にも下がる傾向にある．一方，地域間のトリップ数で見ると，東京区部を中心に増加傾向にあるが，埼玉北部，千葉西部，千葉西南部等の郊外の一部では地域間内々トリップ数が減少している地域もある．

一方，図 6.2.4 は代表交通手段分担率の年度別推移 (通勤目的) を表している．平成 10 年まで増加基調であった自動車分担率が平成 20 年に初めて減少しており，その一方で鉄道分担率が増加に転じている．自動車トリップ数は実数も減少している．地域別に見ると，鉄道の便の良い都心部等では，環境への配慮や自動車保有にかかるコストの増加等により自動車離れの傾向にあるが，都市圏の郊外部に当たる埼玉北部，千葉西南部，千葉東部，茨城南部等では自動車分担率が増加しており，1 世

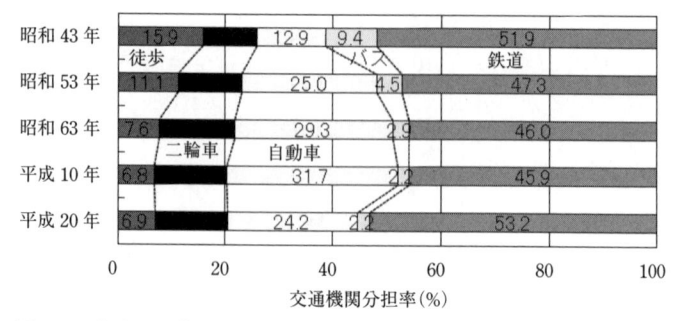

|   | 徒歩 | 二輪車 | 自動車 | バス | 鉄道 |
|---|---|---|---|---|---|
| 昭和43年 | 15.9 |  | 12.9 | 9.4 | 51.9 |
| 昭和53年 | 11.1 |  | 25.0 | 4.5 | 47.3 |
| 昭和63年 | 7.6 |  | 29.3 | 2.9 | 46.0 |
| 平成10年 | 6.8 |  | 31.7 | 2.2 | 45.9 |
| 平成20年 | 6.9 |  | 24.2 | 2.2 | 53.2 |

交通機関分担率(%)

図 6.2.4　代表交通手段分担率の年度別推移（通勤交通）（東京都市圏パーソントリップ調査の結果に基づき著者作成）

帯複数車両の保有が進んでいる様子が窺える．

### 6.2.5　都市と環境と交通

#### (1)　都市密度と環境負荷

地球温暖化問題への対応はきわめて重要な課題である．現在のエネルギー大量消費社会の構造を維持したまま $CO_2$ を削減するのは困難であり，国土，都市のありかたやライフスタイルの変革も含めた「低炭素・循環型社会の構築」を行っていくことが必要である．特に，都市は大量の $CO_2$ 排出量の発生源となっており，とくに自動車を中心とした交通部門は $CO_2$ 排出量のうち大きな割合を占めている．

都市の人口密度と自動車からの1人当たり $CO_2$ 排出量の関係を図 6.2.5 に示した．人口密度が小さくなるにつれて，1人当たり $CO_2$ 排出量が増加する傾向にある．これは，人口密度が小さくなると，公共交通機関が成立しなくなるため，自動車による輸送がメインにならざるを得ず，結果的に $CO_2$ 排出量の増加につながるためである．

#### (2)　低炭素型都市を実現するための方策

できるだけ自動車に頼らない都市を形成するためには，公共交通機関が活かされるような都市と交通の関係を構築する必要がある．そのためには，公共交通機関の駅等を中心として土地利用を集約化すること，すなわち集約型都市構造の構築を目指すこととなる．図 6.2.6 にそのイメージを示す．左側は都市域全体に低密度な都市が広がっている様子を表しているが，これを駅等の拠点を核として集約し，拠点間を鉄道，LRT，バス等の公共交通機関でネットワークとして結ぶことにより，自

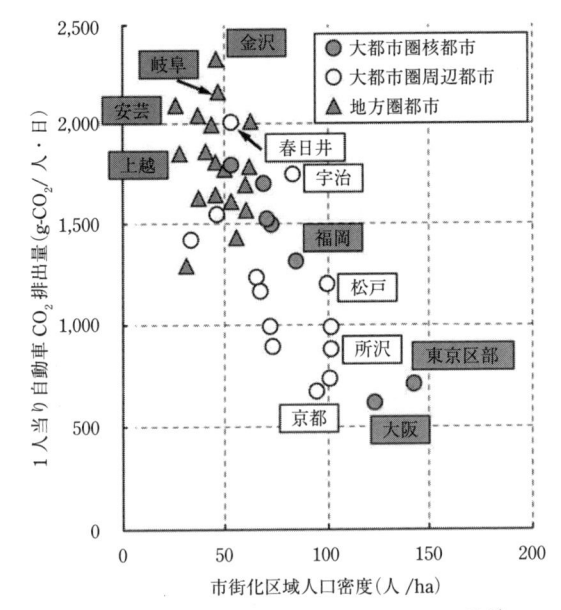

図 6.2.5　人口密度と1人当たり $CO_2$ 排出量の関係 [12]

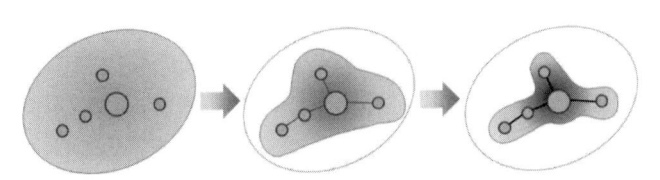

図 6.2.6　集約型都市構造のイメージ [13]

動車に過度に依存することなく，住民が都市サービスにアクセスできるような都市が構築できる．

　低炭素型都市を構築するためには，集約型都市構造への転換を図りつつ，公共交通の利用を図るための利用促進策と，自動車の利用を減らし，道路交通を円滑化し，エネルギー消費量や $CO_2$ 排出量を減らすための対策を合わせて実施していかねばならない．これらの枠組みは図 6.2.7 に示されるとおりである．

```
                集約型都市構造の実現
    交通流対策の推進
【道路整備】(走行速度改善)      ・バス走行空間の整備      ・公共公益,サービス
・環状道路等幹線道路ネットワー                          施設等の集約拠点
 クの整備                    ・鉄道,LRT,BRTの整備      への立地
・交差点の立体化
・ボトルネック踏切等の対策      ・コミュニティバス導入      ・交通拠点への居住の
・高度道路交通システム(ITS)の推                          誘導
 進
  【自動車交通需要の調整】                             ・交通結節点の整備
  (交通需要マネジメント)                              ・運賃設定の工夫
  ・カーシェアリング                                   ・運行頻度の改善
  ・相乗り              ・P&R,P&BR                   ・バス停の改善
  ・自転車利用環境の整備   ・トランジットモール            ・IT技術の活用
  ・テレワーク           ・モビリティマネジメント          (ICカード導入等)
  ・駐車マネジメント
                       公共交通機関の利用促進
```

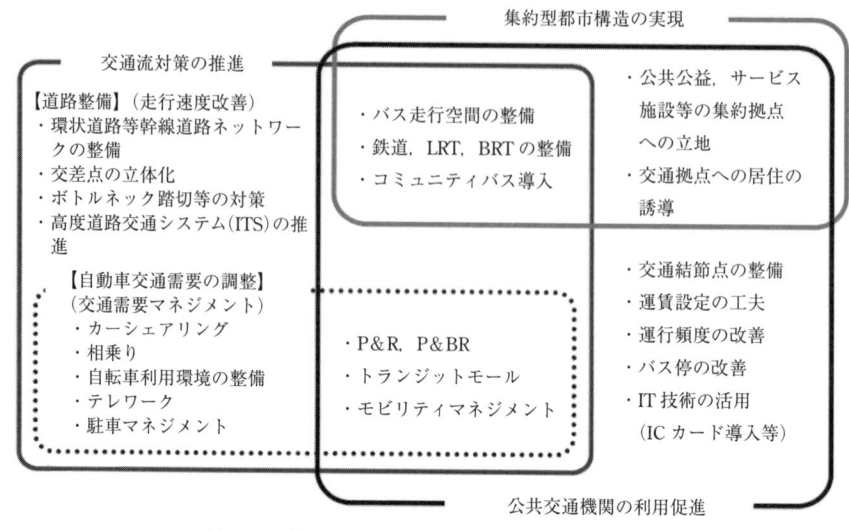

図 6.2.7 低炭素型まちづくりのための施策イメージ[13]

## 6.3　道路交通の管理・運用

### 6.3.1　道路交通

#### (1)　都市における道路交通とその課題

　都市における道路交通は非常に重要な役割を担っている．東京都市圏では，旅客交通の29％が道路交通によって分担されており[平成20(2008)年東京都市圏パーソントリップ調査]，物流交通ではほとんど道路交通が分担している．そのため，道路の機能を最大限発揮させることは，都市の活動を支え，活力を維持，発展させるためには非常に重要な要素といえる．

　さて，道路は自動車(自家用車，バス，タクシー，トラック等)のみならず，バイク，自転車，歩行者等の様々な「交通主体」が，交通の「場」として利用している．都市部ではこうした様々な交通主体の需要(交通需要)が空間的，時間的に集中しやすく，これが道路という「交通施設」が捌くことのできる能力(供給側の性能)の限界を超えると，交通渋滞が発生する．あるいは性能の限界を超えなくても，道路利用が集中すれば道路は混雑する．

一方，道路交通において非常に重要な課題は，交通安全の確保である．モータリゼーションの急速な進展に道路整備が追いつかず，交通事故も増加していった．昭和 45(1970)年には，最悪の 16,765 人の交通事故死者を数えた．なお，日本の交通事故統計では，事故発生から 24 時間以内に死亡した人数を交通事故死者としてカウントする．したがって，実際に事故で死亡した人数はもっと多い．その後，歩道等の道路施設整備，道路の幾何構造対策，交通運用の高度化，車両側の対策(ABS, エアバッグ，Pre-Crush Safety 技術等)，飲酒運転の厳罰化等の様々な施策により，交通事故は平成 26(2014)年には 4,113 人まで減少した．しかしながら，まだ多くの事故死者が発生しており，さらなる対策が必要である．

道路交通に関しては，道路環境問題も大きな課題である．道路沿道では道路交通騒音，窒素酸化物(NOx)，浮遊粒子状物質(SPM)等が長年大きな課題となってきた．これらについては，車両に対する発生源対策，道路構造対策，交通流対策，沿道対策等の様々な対策を行うことにより，近年では相当改善してきた．一方，近年では微小粒子状物質(PM2.5)等の新たな課題も顕在化するようになっている．また，地球温暖化等の地球環境問題に関係するのが $CO_2$ 排出量であるが，総排出量のうち約 20％弱は自動車由来であり，対策を検討していく必要がある．

**(2) 交通工学と道路交通の管理，運用の役割**

上記に示したような交通渋滞，交通安全，環境等の諸課題に対しては，様々な手法に基づいて対策を実施していく必要がある．「交通工学」は，主に道路の自動車交通の持つ問題を解決するために興った学問で，日本では戦後のモータリゼーションの急速な進展とともに発達してきた．その成果は，例えば道路の設計指針を定めた「道路構造令」および解釈や運用を示した「道路構造例の解説と運用」[14]，特に平面交差点の設計の指針を示した「平面交差の計画と設計」[15]，道路の交通容量のマニュアル[16]，交通信号の設置，運用の指針[17]，その他関連する技術・施策等の指針・マニュアルが集大成として編み出されてきた[18〜20]．これらの中では，道路の線形，幾何構造等のような道路施設の計画，設計，つまり道路の造り方の視点とともに，道路交通をどのように管理，管制して運用するか，という道路の使い方の視点も重要な要素として含まれる．安全で効率的な道路交通を実現するためには，「造り方」と「使い方」は高度に連携している必要がある．

ここでは，主に「交通渋滞」に的を絞り，理論的な見方と道路交通管理，運用の実際例を示す．さらに，最近の高度な情報通信技術，センサー技術，制御技術等を活

用したITSによる交通社会の変革についても紹介する．

## 6.3.2 交通渋滞

### (1) 交通渋滞の定義と表現

交通渋滞は，「交通容量上の隘路区間（ボトルネック）に，そのボトルネックの交通容量を上回る交通流率（交通量を単位時間当たりに換算したもの）の交通需要が到着した時に，ボトルネックを通過できずにその手前の区間に溢れて溜まっている部分の交通状態」として定義される．すなわち，「容量を超過した需要が捌けきれずに滞まっている状態」である．この定義の中には「速度が遅いダラダラ状態」，「車が詰まって密度が高い状態」，「渋滞列が長い区間にわたって続く」等，渋滞列の状態に関する記述はない．しかし，捌けきれずに溜まっている交通流（渋滞流という）は，低速度，高交通密度となる特徴がある．また，交通需要やボトルネックの交通容量を厳密に計測することは必ずしも容易ではない．そのため，実務的には「区間平均速度20 km/h以下を渋滞，20～40 km/hを混雑（首都高の場合）」等のように速度等で定義されることが多い．

道路には，自動車の交通流率に最大の限界値が存在する．つまり，交通を流すことが可能な限界値＝「交通容量」がある．自動車には軽自動車から大型車，空荷から満載まで千差万別で，加減速特性等も異なる．これを仮にすべて乗用車1台（PCU: passenger car unit）当たりに換算できるとすると，理想的な道路区間（各車線の幅が十分広く複数の車線があり，真っ直ぐで平坦な区間）の交通容量は，片方向1車線につき1時間当たり約2,200（PCU/時/車線）程度であることが知られている[12]．実際には，様々な道路交通条件に応じて交通容量も変化する．前後区間よりも容量の小さい区間は"bottleneck"（ボトルネック＝隘路）と呼ばれ，ボトルネックにおいて最大流れる交通流率が交通容量として決まってくる．

### (2) 交通渋滞の特徴

ここでは，累加交通量曲線を用いて交通渋滞を分析する．累加交通量曲線とは，ある地点での通過交通量を累積的に計測した曲線である．累加交通量曲線の傾きが交通流率（flow rate）となる．なお，交通流率は，単位時間として1時間をとれば台/時間という単位で表される．ここで，ある1車線で1方向の道路を考えてみる．この道路の下流側に交通容量 $a$ のボトルネックがある．ここで，累加交通量曲線をボトルネックへの需要交通と流出交通について描く．この際，ボトルネックまで

は待ち行列に並ばずに到着し，ボトルネック地点で縦に積まれた待ち行列に並ぶと仮定する［このような行列を縦積み行列（point queue）という］．すると，累加交通量図で待ち行列，すなわち渋滞の様子が分析できる．図 6.3.1 を見てみる．あるボトルネックの交通容量は傾き $a$ の直線で表現される．累加交通量曲線の傾きが $a$ を超えた時点で渋滞が始まり，ボトルネックから捌ける交通量は傾き $a$ となる．一方ボトルネックへ到達する交通需要の傾きは $a$ を超過しているのだから，到着した交通需要の累加交通量曲線と捌ける累加交通量曲線はずれてしまう．需要交通の曲線を $D$，流出交通の曲線を $C$ とすると，2 つの曲線の縦軸の差 $\delta$ は，その時刻において捌けきれずに滞留している車両の台数を意味し，渋滞長（渋滞車列の台数）となる．また 2 つの曲線の横軸の差 $\lambda$ は，その車両の渋滞巻き込まれ時間になる．

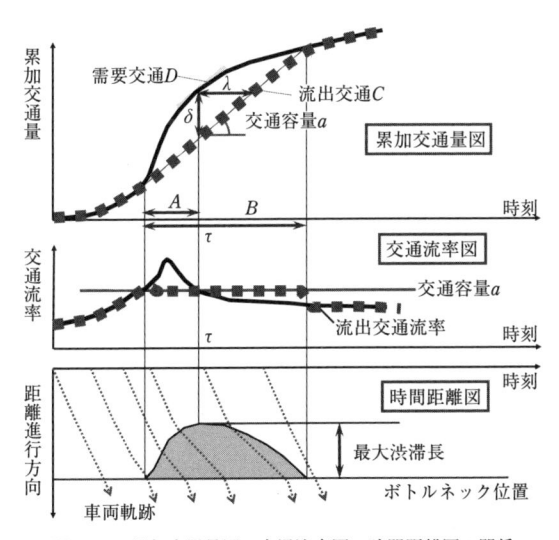

**図 6.3.1** 累加交通量図，交通流率図，時間距離図の関係

ここで渋滞長 $\delta$ は，需要曲線 $D$ の傾きが $a$ よりも大きい［（交通需要）＞（交通容量）］限り，つまり交通需要が交通容量を超過している限り増大し続けることがわかる．やがて需要曲線 $D$ の傾きが $a$ よりも小さくなり始めた時点 $\tau$ ［（交通需要）＜（交通容量）］で，初めて渋滞長は短くなり始める．図中の $A$ の時間帯だけが交通容量を交通需要が超過しているが，渋滞は $B$ の時間帯だけ継続する．

渋滞はその見た目にとらわれると，その実態を間違ってしまう可能性がある．その主なものを示すと，以下のとおりである．

渋滞が長い間継続していると，その間ずっと交通需要が多過ぎるように思われがちであるが，実はそれ以前の時間帯における需要超過を原因とする渋滞を見ている場合も少なくない．また，交通需要のピークと渋滞のピークは異なっており，渋滞のピークが後に訪れる．図 6.3.1 の真ん中の図は交通流率図，一番下の図は時間距離図に渋滞の様子を描いている．真ん中の図のピークが最大需要，下の図のピークが最大渋滞長であるから，最大渋滞長の前に最大需要が来ていることがわかる．実際に人々の目に触れるのは渋滞だけなので，そちらに目が行きがちである．しかし，渋滞が起きてから対策をするのは手遅れである場合も多く，渋滞が発生する前の需要が伸びる段階で対策を取ることが求められる．

また，ある時刻における渋滞長は，その瞬間の交通需要の多さを反映したものではなく，渋滞が発生した時点からその時刻までに超過した交通需要を累加したものを意味する．したがって，ある時刻に渋滞車列が長いのを見て，その瞬間の交通需要が非常に多いとは限らない．ほんのわずかな需要の超過でもそれが長時間継続すれば渋滞車列は長くなる．渋滞発生時の超過需要は，文献[21]によると，平日の朝の渋滞でもたかだか 5〜10% であり，ボトルネック容量の 2 倍も 3 倍も来ているわけではない．別の言い方をすれば，渋滞をなくすためには需要を半分にする必要はなく，10% 程度減らせばよい（または，容量を 10% 増やせばよい）．

### 6.3.3 交通渋滞の原因と対策

#### (1) 交通集中渋滞と突発渋滞

渋滞には大きく分けて交通集中渋滞と突発渋滞がある．前者は，ボトルネックの交通容量を上回る交通需要が時間的に集中することによって発生するものである．一方，後者は事故，工事等により車線が閉塞され，交通容量が一時的に減少し，交通需要を下回ってしまうために発生する渋滞である．

事故はまさに突発的に発生し，予見は困難であることから，道路の信頼性の低下にもつながる．事故の起こりにくい道路環境の確保と，事故発生時の処理時間の低減等で対応することとなる．一方，工事は，緊急のものを除き計画的に実施できる．そのため，できる限り交通への影響を与えないよう，実施時期の調整，複数の工事を同時期に行うなど，計画的に実施する必要がある．

#### (2) 交通集中渋滞の発生原因と対策：一般道路の場合

一般道路の場合，ほとんどの場合で交差点がボトルネックとなる．これは，複数

の方向からの交通が道路空間を共用するため，必然的に交差点の間(単路部という)に比べて交通容量が下がるためである．そのため，交差点での交通容量を上げることが一般道路における渋滞対策の中心となる．

交差点における交通容量を下げる要因は何か．最も影響が大きいのが，実は交差点近傍の路上駐車である．渋滞対策という観点から路上駐車対策を考えると，単路部には神経質になる必要はないが，交差点周辺は徹底的に排除する必要がある．平成18(2006)年6月より導入された駐車監視員による路上駐車取締や，交差点近傍の最外側車線を赤色路面にして駐車排除を促すいわゆる「レッドゾーン」[22]等も，これらを狙ったものである．

信号制御の適切な調整も考慮すべき点である．とくに，ある方向が渋滞しているのに，交差方向は全く渋滞していない場合等は，青時間を渋滞している側に振り分けることにより渋滞が解消する可能性がある．例えば，サイクル長80秒，渋滞方向の青時間40秒である場合，非渋滞側から2秒振り分けると，容量は2秒/40秒＝0.05で5％増加する．先に述べたように，超過需要はたかだか5％程度であると考えれば，5％容量が増加しただけで渋滞の解消や大幅な改善につながる可能性がある．このような場合,「たかが2秒」ながら効果的な対策となり得る．

### (3) 交通集中渋滞の発生原因と対策：高速道路の場合

では，次は高速道路(自動車専用道路)の場合について見てみる．高速道路の渋滞原因となるボトルネックとしては，以下のものがある．
・料金所
・合流部，織込み区間等
・トンネル入口部
・サグ部(sag)(道路の勾配が下りから上りへ変化する区間)

以前は料金所がたいへん大きな渋滞発生原因となっていたが，6.3.4で紹介するようにETC(自動料金収受システム)の導入が進み，大きな問題とはならなくなっている．合流部は2方向から来た交通が合流するが，合流前の車線数よりも合流後の車線数が少ない場合も多く(例えば，2車線＋2車線が合流して2車線になるなど)，必然的にボトルネックとなる．このような場合の対策としては，2車線をいったん1車線に絞って整流化してから合流させたり，車線運用の変更により優先する方向を変えるなどの方策がある[23]．

また，織込み区間とは，2方向から来た交通が合流してすぐにまた2方向に分流

していくような合流と分流が近接した区間であり，複数の方向に行く動線が錯綜することにより容量が低下する場合がある．織込み区間では，合流直後に無理に車線変更しようとして後続車両を阻害することがあるため，車線変更位置を工夫するなどの対策がある．

　上記のように容量低下の要因が比較的明確な場合に比べると，トンネル入口部，サグ部は普通の区間であって，渋滞の原因もはっきりせず，いつの間にか気付かぬうちに発生する．その原因は，おおむね以下のようである．一般に，交通量が多くなってくると，車線利用率のアンバランスが生じ，追越車線の交通量が増え，追越車線側に高密度な車群が発生する．この時，サグ部やトンネル入口では車群先頭車両が気付かずに減速してしまうことがある．すると，後続車両が減速し，結果的に車群後方ではかなり速度が低下して，渋滞に至る．あるいは，前方車両の減速により後続車両が無理に走行車線に車線変更し，その影響が走行車線にも及ぶこととなる．やっかいなのは，いったん渋滞が発生すると，捌け台数が低下し，渋滞が継続するとさらに低下してしまうことである．そのため，できれば渋滞が発生しない方がよいし，発生しても捌け台数ができるだけ下がらないようにしたい．

　したがって，発生メカニズムを考慮すると，渋滞発生前には「車線利用率を平準化する」，「車群を安定させる」，「車群先頭車両を速度低下させない」等がある．また，渋滞発生後には「渋滞先頭からの発進を速やかに行い，捌け台数を増加させる」等の対策がある．いろいろな施策があるが，LEDによる情報提供で，サグ部での加速を促したり[24]，車線利用の平準化を促す[25]ことも効果がある．また，近年では，移動発光体を自動車の移動に沿って動かすことによって，渋滞からの捌け台数の増加を図ること等も行われており，数％の渋滞時捌け台数が増加するようである[26]．

### 6.3.4　情報化の進展とITS

#### (1)　ITSとは

　近年，急速に社会生活の中に情報化，コンピュータ化，携帯電話等の通信技術の革命が起きており，情報技術(IT：information technology)革命とも呼ばれている．IT革命の恩恵を交通の運用管理や人や物の移動，交通に取り入れようとする動きがあり，これをITS(Intelligent Transportation Systems：高度道路交通システム)と言う．ITSとは，「人と道路と自動車の間で情報の受発信を行い，道路交通が抱える事故や渋滞，環境等の様々な課題を解決するためのシステム」[27]である．日本の

ITS分野の研究開発は，1970年代の初めから始まった．当初はITSといった用語もなかったが，平成7(1995)年，横浜の第2回ITS世界会議を機に，日本人の研究者からITSという用語が提唱され，世界共通の用語として定着した[27]．その後，国際的な協調・連携と競争の中，産官学民の協力のもと国家プロジェクトとして推進されており，様々な開発，実用化，展開がなされてきている．この中には広く国民の間に普及し，交通の仕組みを変えてきているものもあれば，今後，都市の交通を革新的に変えると期待されている将来の技術もある．以下で簡単に紹介する．

### (2) ETCとVICS

ITSで既に実用化され，浸透した施策としては，ETC(Electric Toll Collection：自動料金収受システム)，VICS(Vehicle Information and Communication Systems)がある．

ETCは，料金所を止まることなく料金決済ができるシステムである[28]．平成13(2001)年に高速道路での実運用が開始され，平成27(2015)年現在，ほぼ料金決済ベースの利用率はほぼ9割前後となっている[29]．なお，現在では，ETCの利用範囲をさらに広げ，渋滞回避や安全運転支援等のサービスに加え，ITSスポットを通して集約される経路情報を活用した新たなサービスであるETC2.0の導入も進められている[30]．

その結果，料金所渋滞は大幅に削減された．例えば，首都高速道路の例では，平成15(2003)年3月には本線料金所の渋滞長が56.2 km·h/日だったものが，平成19(2007)年3月には2.8 km·h/日にまで減少した[31]．また，料金所における一旦停止がなくなることにより，燃料消費量削減効果もあると言われている．

このような直接的な効果ももちろん重要だが，さらに大きいのは柔軟な料金制度が導入できる点である．ETCにより，車種や時間帯，路線を絞った料金制度を導入することが可能となる．環境負荷の高い大型車を湾岸線に誘導するための環境ロードプライシングや，交通量の大きい時間帯の料金を上げ，少ない時間帯の料金を下げることにより交通量の平準化を図ろうとする料金等もETCならではの料金である．都市高速道路では，以前は料金所の渋滞を防ぐため(地域別の)固定料金制であったものを，ETC利用率が十分に高まったのを踏まえて平成24(2012)年1月より対距離料金制度に移行し，利用距離に応じた以前よりも公平な料金制度となった．

一方，VICSは，自動車のカーナビゲーション上で道路の交通情報をリアルタイ

ムに提供するシステム[32]で，平成8(1996)年に東京・神奈川・千葉・埼玉地区で本格的なサービスの提供が開始された．導入後，対応するカーナビゲーションの出荷台数も順調に伸び，公的な機関により収集した交通情報に基づいて提供されるサービスとして定着している．FM多重を用いた広域交通情報の提供や，光ビーコン（一般道），電波ビーコン（高速道）を用いた道路ごとの渋滞情報の提供が行われている．光ビーコンでは，車両からの通信（アップリンク）も行われ，ビーコン間の旅行時間の計測等も行える．

### (3) プローブ車両の活用と展開

近年では，交通状況の把握にプローブ車両が活用されている．プローブ車両とは，車両そのものをセンサーとして活用する技術である．車両にカーナビ等が搭載されていれば，GPSにより自車の位置情報がわかる．この位置情報を時々刻々記録してセンター等に送信，蓄積すれば，車両が通過した区間の速度等が観測される．これならば，感知器等の固定センサーが設置されていない区間（特に幹線道路以外の道路等）の情報も取得できる（図6.3.2）．さらに，位置情報とともに急減速を記録すれば，事故の起こりやすいヒヤリ・ハットの場所等も判定できる．プローブ車両の活用は交通状況等の観測のうえで革新的であると言える．プローブデータの取得は

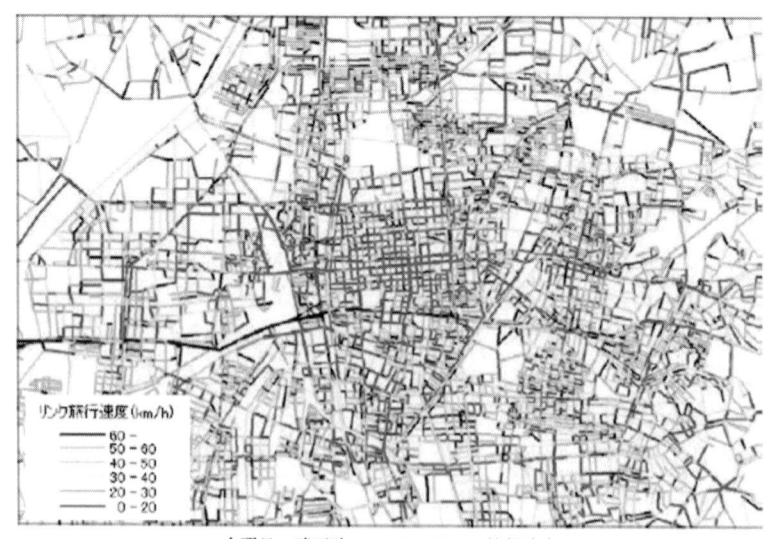

金曜日，晴天時，18:00のリンク旅行速度

**図6.3.2** プローブデータを用いて算出したリンク旅行速度の例[37]

カーナビや専用機器を用いて行われることもあるが，近年ではスマートフォンの活用も行われている．また，当初はタクシーや商用車を用いたものが多かったが，後述するように現在では一般車両をプローブとして活用する仕組みも多くできている．

公的なプローブ車両としては上述したETC2.0を活用したものが挙げられる．ETC2.0では，個別車両の位置情報が記録されており，路側に設置されたビーコンを通過すると，位置情報をアップするようになっている．平成27(2015)年10月現在，普及台数は約87万台と必ずしも多くはないが，今後普及が進むにつれて様々な活用が期待される．

一方，民間でもプローブデータの活用は進んでいる．自動車メーカーは，情報提供サービスの一環としてテレマティクスサービスを提供している（トヨタ：G-Book[33]，日産：Carwings[34]，本田：インターナビ[35]等）．ここでは，会員車両の移動データをプローブとして収集，解析することにより旅行時間を分析し，最適な経路情報の提供サービス等を行っている．また，Googleでは，スマートフォンを持ったユーザの移動情報を収集，解析し，Google Mapにおいて渋滞状況の提供を行っている[36]．

### (4) Active Safetyと自動運転の可能性

車両側のITS技術としては，自動運転技術が注目されており，自動運転に向けた様々な技術，すなわち自車の状態や他車との距離，周辺状況等をセンシングする技術，それらの状況を的確に判断して意思決定する技術，それに基づき車両を制御する技術の開発が盛んに行われている．

自動運転には，交通事故の低減，交通渋滞の緩和，環境負荷の低減，高齢者等の移動支援，運転の快適性の向上等の効果が期待されている．自動運転のレベルは以下のように分けられる[38]．

・レベル1：加速・操舵・制動のいずれかをシステムが行う状態．
・レベル2：加速・操舵・制動のうち複数の操作をシステムが行う状態
・レベル3：加速・操舵・制動をすべてシステムが行い，システムが要請した時はドライバーが対応する状態
・レベル4：加速・操舵・制動をすべてドライバー以外が行い，ドライバーが全く関与しない状態

このうち，レベル1は安全運転支援システムと位置付けられ，ACC(Adaptive Cruise Control：定速走行・車間距離制御装置．アクセルとブレーキをコントロー

ルして前を走るクルマとの車間距離を一定に保ちながら追従走行して自動で定速走行するシステム），PCS(Pre-Crush Safety．事前に衝突を検知し，警報を発したり，自動でブレーキ等が作動することにより衝突被害を軽減するように働きかけるシステム），DSSS(Driver Safety Support System with infrastructure：交通安全支援システム．インフラと車両の協調により必要時にドライバーへ車両周辺の危険要因に対する注意を促すシステム）といった形で既に実用化され，市販車に搭載されている．

また，レベル2，3は準自動走行システム，レベル4は完全自動走行システムに位置付けられる．単体としての自動運転技術もあれば，複数車両の隊列を形成して自動運行させる隊列走行等の研究や実証実験も行われている[39]．民間の自動車メーカー等でも既に様々な形で実道での実証実験等も行われており，技術的には実用化は近いと言われる．自動運転中の事故発生時の法的な責任や，運転免許の問題等，まだ解決すべき問題は多々あるが，実現した場合，今後の交通環境を大きく変えることとなる．今後の動向に注目したい．

**参考文献**

1) 石倉智樹，横松宗太：公共事業評価のための経済学，コロナ社，2014．
2) 谷口守：入門都市計画，森北出版，2014．
3) 土木学会土木計画学研究委員会編：交通社会資本制度仕組と課題，土木学会，2010．
4) 金子雄一郎：交通計画学，コロナ社，2012．
5) 広辞苑（第五版），岩波書店，1998．
6) 黒川紀章：共生の思想，p.297，徳間書店，1987．
7) 加藤晃，竹内伝史：新・都市計画概論，共立出版，2004．
8) 新谷洋二，髙橋洋二，岸井隆幸：都市計画（改訂版），コロナ社，2001．
9) 毛利雄一，森尾淳：東京都市圏50年の変遷と展望 〜データが語る都市の変遷と未来〜，IBS Annual Report 研究活動報告 2014，pp.5-18，2014．
10) 東京都建設局HP，http://www.kensetsu.metro.tokyo.jp/douro/sankanjyo/，平成27年11月12日アクセス．
11) 東京都市圏交通計画協議会：第5回東京都市圏パーソントリップ調査 人の動きから見える東京都市圏，東京としけん交通だより，Vol.22，2014．
12) 谷口守：都市構造から見た自動車$CO_2$排出量の時系列分析，都市計画論文集，No.43-3，2008．
13) 国土交通省都市局都市計画課：低炭素まちづくり実践ハンドブック．
14) 道路構造例の解説と運用，日本道路協会，2015．
15) 改訂平面交差の計画と設計−基礎編−，交通工学研究会，2007．
16) 道路の交通容量，日本道路協会，1984．
17) 改訂交通信号の手引，交通工学研究会，2006．

18) 路面標示設置マニュアル，交通工学研究会，2012．
19) 生活道路のゾーン対策マニュアル，交通工学研究会，2011．
20) 自転車通行を考慮した交差点設計の手引，交通工学研究会，2015．
21) 越正毅，赤羽弘和：渋滞の研究，道路交通経済，45号，1988．
22) 東幸生，高田邦道，岐美宗：路上駐停車禁止強化区間「レッド・ゾーン」における駐車管理効果，交通工学研究発表会論文報告集，Vol.15, pp.29-32, 1995．
23) 首都高速道路 HP，http://www.shutoko.jp/news/2010/data/3/0312/，平成 27 年 11 月 12 日アクセス．
24) 石田貴志，野中康弘，米川英雄：高速道路単路部における渋滞定着現象の実証的研究，交通工学論文集，Vol.1, No.2 特集号，p.B_26-B_31, 2015．
25) 原田秀一，深瀬正之，前島一幸，Jian XING，瀬古賢司：高速道路での車線利用率平準化による渋滞対策に関する研究，土木計画学研究・講演集，Vol.38, 2008．
26) 亀岡弘之，小根山裕之，渡部義之，櫻井光昭：路側発光体の動的点滅制御による渋滞発生後の渋滞緩和に関する効果検証，高速道路と自動車，Vol.58, No.2, pp.28-36, 2015．
27) ITS Japan HP，http://www.its-jp.org/about/，平成 27 年 11 月 12 日アクセス．
28) ETC 総合情報ポータルサイト，http://www.go-etc.jp/，平成 27 年 11 月 12 日アクセス．
29) 国土交通省道路局 HP，http://www.mlit.go.jp/road/yuryo/riyou151008.pdf，平成 27 年 11 月 12 日アクセス．
30) 国土交通省道路局 HP，http://www.mlit.go.jp/road/ITS/j-html/etc2/index.html，平成 27 年 11 月 12 日アクセス．
31) 国土交通省道路局 HP，http://www.mlit.go.jp/road/ir/ir-perform/h19/13.pdf，平成 27 年 11 月 12 日アクセス．
32) VICS HP，http://www.vics.or.jp/，平成 27 年 11 月 12 日アクセス．
33) トヨタ G-Book HP，http://g-book.com/pc/default.asp，平成 27 年 11 月 12 日アクセス．
34) 日産 CARWINGS HP，http://drive.nissan-carwings.com/WEB/index.htm，平成 27 年 11 月 12 日アクセス．
35) ホンダインターナビ HP，http://www.honda.co.jp/internavi/，平成 27 年 11 月 12 日アクセス．
36) Google Japan Blog，http://googlejapan.blogspot.jp/2011/12/google_09.html，平成 27 年 11 月 12 日アクセス．
37) 国土交通省国土政策研究所：次世代マルチモーダル ITS 研究会報告 – プローブデータを活用した交通情報の把握に関する研究 –．
38) 内閣府：SIP（戦略的イノベーション創造プログラム）自動走行システム研究開発計画，2015．
39) NEDO HP，http://www.nedo.go.jp/activities/FK_00023.html，平成 27 年 11 月 12 日アクセス．

第7章　　　　　　　　　　　　　　　　　都市を守る

## 7.1 地盤の液状化

### 7.1.1 なぜ土が液状化するのか？

「土」は，土粒子（固体）と水（液体）から構成されている．地表面に近い部分では空気（気体）が入っていることもあるが，日本のような湿潤な環境では，建物等を支えている土の隙間（固体粒子以外の部分）は，水で飽和しているのが普通である．土の中で粒子と水が占める割合は土の種類によって異なるが，通常の自然地盤では，全体積の 40 〜 50％程度が水である．このように，固体と液体という力学的性質の全く異なる物資の「まざりもの」である，という事実が「土」という物質を特徴付けている．すなわち，土は，固体としての性質と液体としての性質の両者を併せ持っているのである．

それでは，固体と液体の「まざりもの」である土が，全体としてどのような力学的な性質を示すのかということになると，土の種類によって大いにその様子が異なる．一般に「粘土」と呼ばれる土の場合には，土粒子の寸法が数 $\mu$m よりも小さく，電気的な極性を持っているため，やはり電気的な極性を持つ水の分子と結合しやすい性質を持っている．このように水との親和性（土質力学の用語で「コンシステンシー」と言う）が大きい土では，固体粒子と間隙水が一体となって挙動するために，土全体の性質としても固体と液体の中間的なものとなってくる．すなわち，液体のようには軟らかくないが，固体というほど硬くもない，塑性体としての性質が現れてくる．そして，間隙水の量が極端に増減しない限りは，硬さや強度が突然著しく変化することはないのが普通である．

これに対して，一般に「砂」と呼ばれるような粒子の大きさが目で見える程度のも

のになってくると，粒子と水との結び付きがほとんどなくなって，両者がバラバラに挙動するようになり，土全体の挙動も固体の性質と液体の性質の2つが，状況に応じて別々に，しかも極端に現れるようになる．砂というと，公園の砂場や海岸の浜辺を連想してさらさらしていて頼りないものに感じる人も多いと思うが，圧力下で粒子同士がしっかりと噛み合っている時には大変強固なものである．試みにビニール袋に砂を入れて内部を真空状態にすると，砂には1気圧の拘束圧が作用する．これはおよそ地下10mでの状態に相当し，この状態では砂はカチンカチンで，叩きつけたり踏みつけたりしても全く変形するものではなく，明らかに固体である．砂粒子がぎっしり詰まっていて間隙が少ない場合には，これを変形させようとして大きな力を加えると，粒子同士の噛み合わせがますます強固になり，砂の粒子自身，すなわち石英等の結晶が粉砕されるまで抵抗力が増加するから，ほとんど岩石に匹敵する強度を発揮することもある．しかし，粒子の間の間隙がある程度大きい場合には，土が強制的な変形を受けた時に粒子間の噛み合わせが外れる傾向がある（これを土質力学では「負のダイレタンシー」という）．すると，平常時には土に作用する圧力が粒子の噛み合わせで支えられ，固体としての性質を持っていたものが，突然，粒子間に作用する力が消滅し，圧力がすべて間隙水によって支えられるようになるため，水の性質が土全体を支配するようになる．そのため，土はせん断力に対して抵抗を持たない液体状になってしまう．これが地盤や土の液状化と呼ばれる現象である．

上述のように液状化する危険性が大きい地盤は，粘土のような細かい粒子を含まない砂で構成され，しかも，砂の粒子が緩く堆積している場所である．すなわち，地質時代が比較的新しく地盤の密実化が進んでいない河川・海岸沿いの砂州や，人工的に造成された埋立地等がとくに液状化が発生する危険性の高い地盤である．日本の大都市の多くはこのような地盤に立地しているので，都市の防災を考える際には，液状化の危険性を考慮することが不可欠となっている．

地盤の液状化を発生させやすい外力の種類には，地震振動のように土に加わる力の方向が入れ替わって繰り返し作用する場合に，とくに粒子間の噛み合わせが外れやすい傾向がある．したがって，地盤の液状化現象が発生する原因は，ほとんどの場合，地震の震動であ

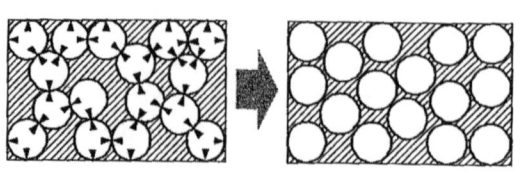

図7.1.1 粒子間の噛み合わせが失われて土が液状化する様子の模式図

るといってよい.

### 7.1.2 液状化の被害

　液状化が発生すると，前述したようにそれまで粒子間力によって支えられていた外力が間隙水に置き換わるため，地盤内の間隙水圧が急上昇して，水や液状化した砂が地表面に吹き出してくる．写真 7.1.1 に見られるように，地表面のき裂等から噴出した砂は，富士山のような火山状に堆積するので，砂火山（sand volcano）と呼ぶこともある．水や砂が地上に吹き出した分だけ地表面は沈下して凹凸を生じる．そのため，道路面や鉄道線路等の平坦性を必要とする施設の機能が失われることになる．また，地中に埋設されている上下水道管，ガス管等のライフラインの破断が

**写真 7.1.1** 東京湾岸の護岸で生じた砂火山
［平成 23（2011）年東北地方太平洋沖地震］

生じる．これらのライフラインは，破断箇所が少なくても広範囲の施設の機能が停止するうえに，埋設管の場合には破断箇所の特定，修復が難しく，長時間にわたって機能が停止して市民生活，産業活動に大きな支障をもたらすことが多い．とくに，

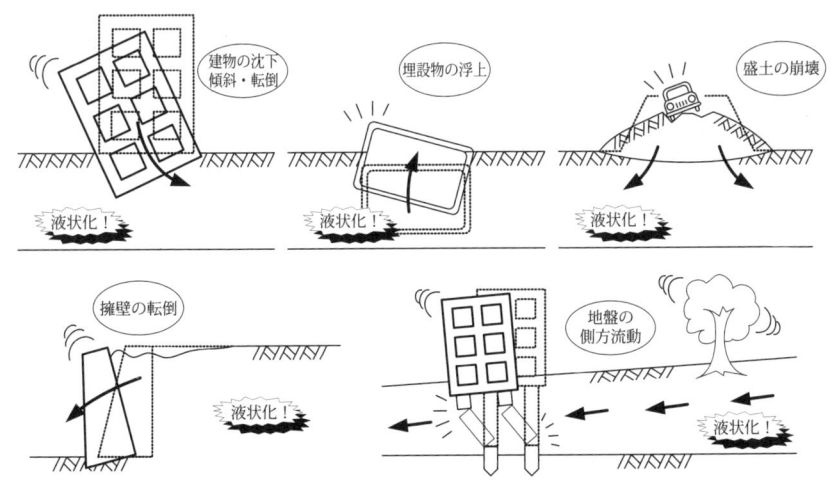

**図 7.1.2** 地盤の液状化によって引き起こされる様々な構造物の被害形態

**写真 7.1.2** 沈下・傾斜した構造物や植栽［平成 23（2011）年東北地方太平洋沖地震］

**写真 7.1.3** 地盤の液状化によって 1m 以上も浮き上がったマンホール［平成 15（2003）年十勝沖地震］

高圧ガスや石油類の大型貯蔵施設において配管類の破断が生じた場合には，大きな災害や環境汚染につながる可能性がある．

さらに，間隙水圧上昇に伴ってももともとは強固な固体として機能していた砂地盤が液体状になるため，建築物や盛土等の地上にある構造物を支える力が急激に失われ，図 7.1.2 に模式的に示したような構造物の地中への沈み込み，傾斜，転倒等の変状を生じることになる．写真 7.1.2 は，地盤の液状化によって沈下・傾斜した構造物の例である．反対に，地中にあるタンク類等の軽量の構造物は，液状化した土から浮力を受けて浮上してしまう．写真 7.1.3 は，地盤の液状化によって浮上した排水施設の例である．

構造物の支持力が失われない場合でも，液状化した土自身が構造物を破壊する場合もある．例えば，図 7.1.2 に示されている擁壁構造物の場合，平常時に擁壁が土から受ける水平方向の圧力は，土の重さによって生じる鉛直圧力の 1/3 か，せいぜい半分程度である．ところが，土が液体となった場合には，圧力分布は，突然等方的となるので，土の重さによって生じる鉛直圧力と同じだけの水平圧力が擁壁に作用し，擁壁が押し出されてしまうことになる．このような被害は，港湾の岸壁施設で頻繁に生じている．写真 7.1.4 はその一例である．

また，地表面が僅かでも傾斜している場合には，液状化によって地盤自身が低い方向へと流動して構造物に巨大な力を作用させる．過去の地震被害調査では，地表面の傾斜が 1°程度であっても，10m 以上の地盤流動が生じた事例が報告されている．最近では，緩い砂地盤の上に重要な構造物を構築する際には，液状化が生じても支持力が失われないように地中の強固な地層まで杭を打設することが普通である．

**写真 7.1.4** 海側に押し出されて破壊した護岸[平成7(1995)年兵庫県南部地震]

**写真 7.1.5** 道路盛土の崩壊[平成15(2003)年十勝沖地震]

ところが，液状化によって上部の地層が側方に移動した場合には，地盤から構造物に作用する横方向の力は巨大で，たとえ鉛直方向に十分な支持力が確保されている場合でも，杭基礎や構造物は簡単に破壊されてしまう．写真7.1.6の道路橋の被害は，埋立地盤が液状化して海方向へ側方流動し，橋脚を杭基礎もろとも海側に押し出したため，橋桁が落下したものである．

**写真 7.1.6** 平成7(1995)年兵庫県南部地震(阪神高速道路3号神戸綿の被害)

### 7.1.3 液状化対策

　地盤の液状化によって生じる構造物への被害を防ぐ方法として，まず，地盤が液状化しても構造物の破壊，変形を生じないよう構造物自体を頑丈にすることが考えられる．そのような設計をするには，地盤が液状化した時に構造物に作用する荷重

を予測する必要がある．橋梁，高架橋，建築物等の地上部分(上部構造)が地震時に受ける荷重はかなり正確に計算でき，それに基づいた設計や補強工事が行われている．一方，上部構造を支えている杭等の地下部分(下部構造)が液状化した土から受ける荷重は，世界各国の研究者が競って研究しているにもかかわらず，その概略の大きさについてすらわかっていないのが現実である．また，たとえ荷重が算定できたとしても，過去の被災例から見て，液状化層厚が大きかったり，液状化した土が大きく側方へ流動したりする場合には構造物に及ぼす荷重が巨大で，技術的にも経済的にも設計が不可能な可能性が大きい．そのため，構造物側の強度で液状化に対抗することは，少なくとも現時点ではあまり現実的ではない．そこで，液状化が予測される地盤に構造物を建設しなければならない場合の対策工としては，地盤が液状化しないように地盤改良を行うのが一般的である．ただし，ガス管，水道管等の埋設ライフラインの場合，施設範囲全域を地盤改良することは不可能である．これらのライフライン構造物はかなり大きく変形しても，破断しない限りはその機能に支障のないもので，液状化した地盤に追随してフレキシブルに変形することによって荷重を低減する仕組みを取り入れる方が現実的である．

　地盤改良の代表的な方法は，地盤を締め固めて密度を増大させることである．密度が大きくて土の粒子間の間隙が小さい場合は，地震によって土がある程度変形しても，粒子同士の噛み合わせが外れることはなく，逆により強固に接触するようになるので，固体としての性質が保たれる．地盤の密度を増大させる方法としては，サンドコンパクションパイル工法(図7.1.3)が用いられることが多い．この工法では，次のようなものである．

① 先端に蓋の付いたケーシングと呼ばれる鉄管を振動させながら地盤に貫入させる．
② ケーシングを1mほど引き抜く．この時，先端の蓋が開いてケーシング内の砂が地盤内に供給される．
③ ケーシングを振動させて打ち戻す．この時は蓋が閉まっているので，先に供給した砂が高密度に締め固められる．
④ 引抜き，打戻しを繰り返しながら地表面まで砂を詰める．

　このような手順で砂杭(サンドパイル)を打設する．砂杭は非常に密実で強固なので，地震時の地盤の変形を小さく抑えるほか，打戻し時に砂が側方へ膨らみ，原地盤も締め固められて強固になるという効果がある．もちろん，砂杭をたくさん打設してその間隔を小さくする方が効果は大きい．サンドコンパクションパイル工法は，

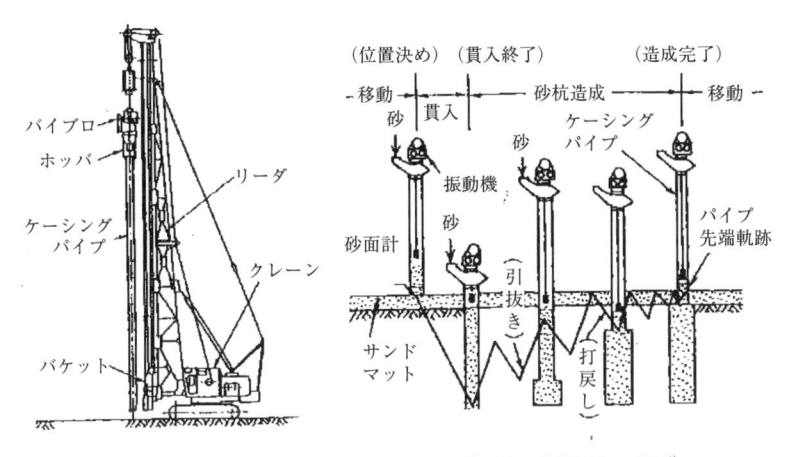

図 7.1.3 サンドコンパクションパイル工法の施工機械と施工手順[1]

地盤の締固め効果は大きいが，振動を伴うため，既存の建物等がある場合の適用は難しい．既に開発の進んでいる都市部における地盤改良のため，最近では貫入，打戻しの際に振動を伴わない静的に締め固める工法も研究されている．

サンドコンパクションパイル工法と類似した簡略な工法には，特別なケーシングを用いずにH形鋼等を貫入し，振動させて地盤を締め固め，砂等の充填材を地上から供給する振動棒工法，バイブロフロットと呼ばれる振動器を内蔵した振動棒を用いる工法がある．

また，締固め工法以外の対策工としては，セメント溶液を地盤に注入，撹拌して土を固化させる薬液注入工法が多く用いられている．これは，地盤改良範囲が既存の構造物に近接していて振動締固めができない場合や，振動締固めの重機が搬入できない場合に適した工法である．

写真 7.1.7 セメント溶液を地盤に注入，撹拌するための重機

## 7.2 地震による揺れを予測する

### 7.2.1 地震と地震動

一般に「地震」というと，断層が破壊する現象と，それによって地面が揺れる現象の両方を指すが，地震学や地震工学等の専門分野では，断層の破壊現象を「地震」，それにより地面が揺れる現象を「地震動」，さらに被害を伴うような強い地震動を「強震動」と使い分けている．彼を知り己を知れば百戦殆うからず．地震防災においても彼（＝地震動）をできる限り正しく知り，己（＝地域の特性）を知ったうえで対策を講じることがきわめて重要である．本節では地震防災において重要な地震動を予測するための技術について紹介する．

### 7.2.2 日本の地震活動

まず，地震のメカニズムについて見てみる．日本とその周辺で発生する地震は，「海溝型地震」と呼ばれるプレート境界で発生する地震と，「内陸型地震」と呼ばれる陸域の浅い部分で発生する地震の2つのタイプに分類することができる（図7.2.1）．

海溝で沈み込む海のプレートは陸のプレートを引きずり込み，引きずり込まれた陸のプレートが元に戻ろうとする力がプレート同士の摩擦力よりも大きくなると，陸のプレートが跳ね上がって元に戻る．この跳ね上がりが地震である．このようなメカニズムで生じる地震を海溝型地震と呼ぶ．平成23（2011）年3月11日に発生した東北地方太平洋沖地震（M 9.0．写真7.2.1）や，大正12（1923）年の関東地震（M 7.9）

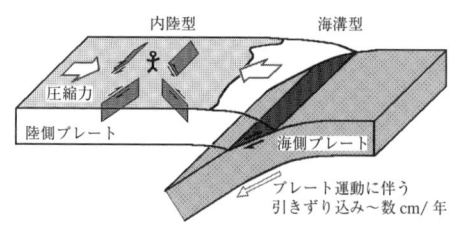

図7.2.1 海溝型地震と内陸型地震［出典：防災科学技術研究所］

写真7.2.1 平成23（2011）年東日本大震災（岩手県田老町の津波被害）

(関東大震災の原因となった地震)は海溝型地震である．

　一方，日本の内陸部では，周辺のプレート運動によって主に押される力(圧縮力)を受けている．このため，陸のプレート内部に歪みが蓄積し，岩盤の破壊強度を超えた時に急激に破壊が生じて地震となる．このタイプの地震を内陸型地震と呼ぶ．平成7(1995)年に発生した兵庫県南部地震(M 7.2，写真7.1.6)，平成16(2004)年の新潟県中越地震(M 6.8)は，内陸型地震に分類される．

　海溝型巨大地震は，プレート運動により直接歪みが蓄積されるため，100～200年の繰返し周期で発生するとされているが，内陸型地震は，陸のプレートに間接的にゆっくりと歪みが蓄積されるため，地震が発生するまでの時間はプレート境界に比べ非常に大きくなり，繰返し周期は数千～数万年と考えられている．

　繰返し周期という言葉は，同じような場所で，同じような規模の地震が一定の間隔で発生する(繰り返す)，という考え方を表している．これを固有地震説と呼んでいて，日本の地震対策は，固有地震説を基本に考えられている．プレート境界で発生する海溝型地震については，同じような場所で，同じような規模の地震が発生しているケースが観測されていて，ある程度の発生予測も可能であると考えられていた．しかし，そんな時に発生したのが東北地方太平洋沖地震で，固有地震として想定していなかった巨大地震である．地震防災に関わる者にとって，自然現象を理解することの難しさを改めて思い知らされた．

　さて，図7.2.2は，明治33(1900)年から平成25(2013)年までの人的被害が発生した地震について規模(マグニチュード)と死者数を地震のタイプごとにグラフにしたものである[2]．このグラフによると，海溝型地震で死者が出るのはM 6.5以上の地震に限られていることがわかる(もちろん，規模の小さい地震も発生している)．一方，内陸型地震では，M5程度の地震でも死者が出る場合がある．これは，内陸型地震が我々の生活圏に近い場所で発生した場合もあり，被害が発生しやすいことが原因である．したがって，内陸型地震に対しては規模が小さいものも要注意である．

### 7.2.3　震度とは

　さて，地震による地面の揺れを地震動ということは先に述べたが，この地震動の強さの指標として用いられているのが「震度」である．日本の震度は，気象庁によって定められた独自の震度階級で，震度0から7までの10階級となっている．0から7なのに10階級あるのは，震度5と震度6には「弱」と「強」が存在するためである．

*218* 第 7 章 都市を守る

| 年 | 地震名 | M | 死者数 |
|---|---|---|---|
| 2011 | 東北地方太平洋沖地震 | M9.0 | 21,613人* |
| 1952 | 十勝沖地震 | M8.2 | 33人 |
| 1933 | 三陸沖地震 | M8.1 | 3,064人 |
| 1946 | 南海地震 | M8.0 | 1,443人 |
| 1911 | 喜界島地震 | M8.0 | 12人 |
| 2003 | 十勝沖地震 | M8.0 | 2人 |
| 1923 | 関東地震 | M7.9 | 105,385人 |
| 1944 | 東南海地震 | M7.9 | 1,223人 |
| 1968 | 十勝沖地震 | M7.9 | 52人 |
| 1993 | 北海道南西沖地震 | M7.8 | 230人 |
| 1966 | 台湾東方沖 | M7.8 | 2人 |
| 1983 | 日本海中部地震 | M7.7 | 104人 |
| 1994 | 三陸はるか沖地震 | M7.6 | 3人 |
| 1909 | 宮崎県西部 | M7.6 | 2人 |
| 1940 | 積丹半島沖地震 | M7.5 | 10人 |
| 1993 | 釧路沖地震 | M7.5 | 2人 |
| 1938 | 福島県東方沖 | M7.5 | 1人 |
| 1968 | 日向灘 | M7.5 | 1人 |
| 1978 | 宮城県沖地震 | M7.4 | 28人 |
| 1947 | 与那国島近海 | M7.4 | 5人 |
| 2012 | 三陸沖 | M7.3 | 1人 |
| 1901 | 八戸沖 | M7.2 | 18人 |
| 2011 | 宮城県沖 | M7.2 | 4人 |
| 1941 | 日向灘 | M7.2 | 2人 |
| 1945 | 青森県東方沖 | M7.1 | 2人 |
| 1931 | 日向灘 | M7.1 | 1人 |
| 1915 | 広尾沖 | M7.0 | 2人 |
| 1961 | 日向灘 | M7.0 | 2人 |
| 1987 | 日向灘 | M6.6 | 1人 |
| 1939 | 日向灘 | M6.5 | 1人 |
| 2009 | 駿河湾南部 | M6.5 | 1人 |

*東日本大震災の死者・行方不明者数は平成 26(2014)年 3 月 1 日現在

海溝型地震 (計 133,250 人)

東日本大震災と関東地震を除くと 6,252 人

内陸型地震 (計 17,830 人)

| 年 | 地震名 | M | 死者数 |
|---|---|---|---|
| 1964 | 新潟地震 | M7.5 | 26人 |
| 1995 | 兵庫県南部地震 | M7.3 | 6,437人 |
| 1927 | 北丹後地震 | M7.3 | 2,925人 |
| 1930 | 北伊豆地震 | M7.3 | 272人 |
| 1924 | 丹沢地震 | M7.3 | 19人 |
| 1905 | 芸予地震 | M7.3 | 11人 |
| 1943 | 鳥取地震 | M7.2 | 1,083人 |
| 2008 | 岩手・宮城内陸地震 | M7.2 | 23人 |
| 1948 | 福井地震 | M7.1 | 3,769人 |
| 1914 | 仙北地震 | M7.1 | 94人 |
| 1914 | 桜島地震 | M7.1 | 35人 |
| 1978 | 伊豆大島近海 | M7.0 | 25人 |
| 1900 | 宮城県北部 | M7.0 | 17人 |
| 1961 | 北美濃地震 | M7.0 | 8人 |
| 2011 | 福島県東部 | M7.0 | 4人 |
| 1902 | 三戸地方 | M7.0 | 1人 |
| 2005 | 福岡県西方沖 | M7.0 | 1人 |
| 1974 | 伊豆半島沖地震 | M6.9 | 30人 |
| 1922 | 島原地震 | M6.9 | 26人 |
| 1931 | 西埼玉地震 | M6.9 | 16人 |
| 2007 | 能登半島地震 | M6.9 | 1人 |
| 1945 | 三河地震 | M6.8 | 2,306人 |
| 1925 | 但馬地震 | M6.8 | 428人 |
| 2004 | 新潟県中越地震 | M6.8 | 68人 |
| 1909 | 江濃地震 | M6.8 | 41人 |
| 1984 | 長野県西部地震 | M6.8 | 29人 |
| 1939 | 男鹿地震 | M6.8 | 27人 |
| 2007 | 新潟県中越沖地震 | M6.8 | 15人 |
| 1922 | 浦賀水道地震 | M6.8 | 2人 |
| 2008 | 岩手県沿岸北部 | M6.8 | 1人 |
| 1952 | 吉野地震 | M6.7 | 9人 |
| 1948 | 田辺市付近 | M6.7 | 2人 |
| 1987 | 千葉県東方沖 | M6.7 | 2人 |
| 2001 | 芸予地震 | M6.7 | 2人 |
| 1969 | 岐阜県中部 | M6.6 | 1人 |
| 1952 | 大聖寺沖地震 | M6.5 | 7人 |
| 1962 | 宮城県北部地震 | M6.5 | 3人 |
| 2000 | 伊豆諸島 | M6.5 | 1人 |
| 1949 | 今市地震 | M6.4 | 10人 |
| 1935 | 静岡地震 | M6.4 | 9人 |
| 1936 | 河内大和地震 | M6.4 | 9人 |
| 1955 | 徳島県南部 | M6.4 | 1人 |
| 1936 | 新島近海 | M6.3 | 3人 |
| 1917 | 静岡県中部 | M6.3 | 2人 |
| 1930 | 石川県西方沖 | M6.3 | 1人 |
| 1949 | 安芸灘 | M6.2 | 2人 |
| 1909 | 沖縄島近海 | M6.2 | 1人 |
| 1941 | 長野県北部 | M6.1 | 5人 |
| 1968 | えびの地震 | M6.1 | 3人 |
| 1965 | 静岡地震 | M6.1 | 2人 |
| 1916 | 神戸付近 | M6.1 | 1人 |
| 1938 | 屈斜路湖地震 | M6.1 | 1人 |
| 2012 | 千葉県東方沖 | M6.1 | 1人 |
| 1933 | 能登半島沖 | M6.0 | 3人 |
| 1956 | 宮城県南部 | M6.0 | 1人 |
| 1983 | 山梨県東部 | M6.0 | 1人 |
| 1943 | 野尻湖付近 | M5.9 | 1人 |
| 2011 | 長野県中部 | M5.4 | 1人 |
| 1961 | 長岡付近 | M5.2 | 5人 |

明治 33(1990)年〜平成 25(2013)年

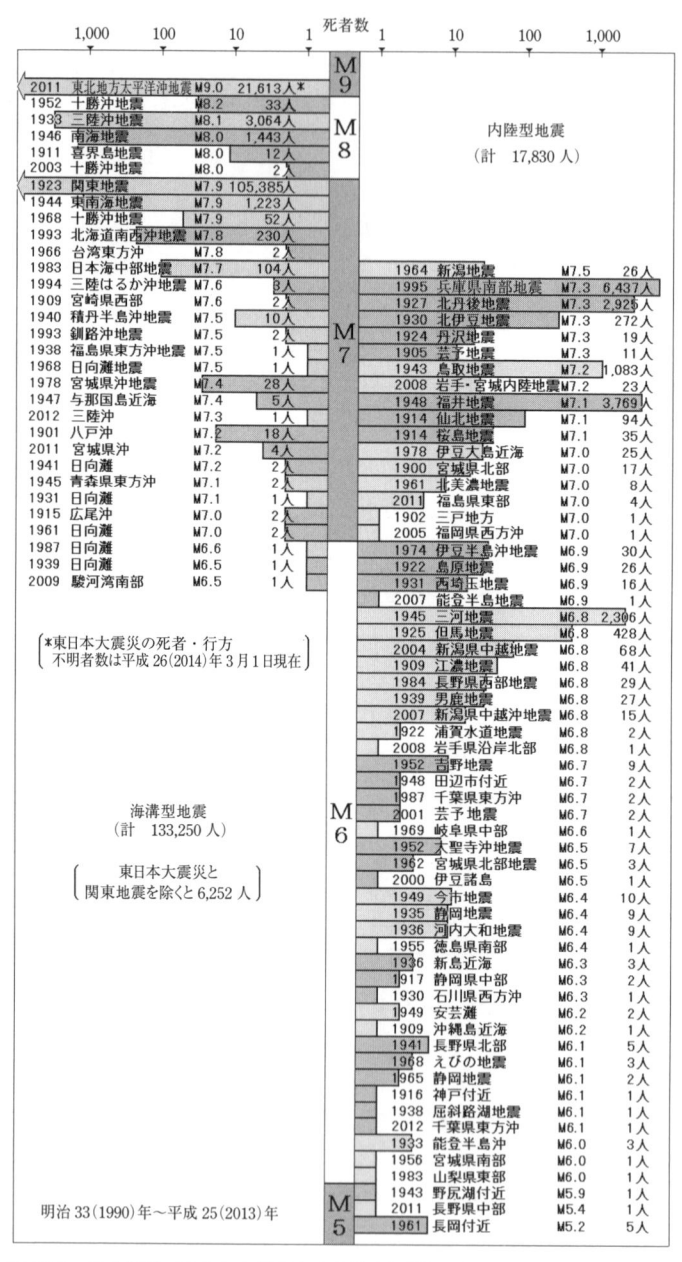

**図 7.2.2** 日本周辺で発生した地震と人的被害［明治 33(1900)〜平成 25(2013)年］
［出典：防災科学技術研究所[2]］

日本の震度観測は，明治17(1884)年から始まっている．観測開始当時は，『地震報告心得』(内務省地理局東京気象台)に基づいて全国の役所約600箇所から地震の状況を収集していた．『地震報告心得』によると，「地震ノ強弱ヲ測ルハ微，弱，強，烈ノ四種ニ区別ス」となっており，人の体感や周辺の被害状況によって地震動の程度を4つに区分していた．その後，階級が細かく分類され，明治31(1898)年には7階級になっている．その後，甚大な被害が発生した昭和23(1948)年の福井地震を契機に震度7が新たに加えられた．

　震度観測は，観測開始以来，上述のように人の体感や被害状況により行われていたが，平成8(1996)年より地震計(震度計)により観測された地表加速度から算出される計測震度を採用している．加速度から計測震度を算出するに当たっては，過去の体感による震度とおおむね整合するように変換式を定めている．震度が計測化されたことにより，客観的で物理的根拠がより明確になるとともに，地震発生後すぐに全国各地の震度情報が得られるようになった．また，地震計を設置することにより観測点数も増やすことが可能となり，現在では全国約4,400地点に震度計が設置されている．なお，日本では10階級の気象庁震度階が用いられているが，これは日本独自の震度表示である．例えば，米国では，改正メルカリ震度階という12階級の震度階が用いられている．

### 7.2.4　東京都の被害想定(震度分布)

　日本の防災対策は，災害対策に関する基本法である災害対策基本法[昭和36(1961)年法律第223号]に基づいて，中央防災会議(内閣府)が作成する防災基本計画に基づいて実施されている．この防災基本計画，地震災害対策編の冒頭で，「国(内閣府，文部科学省等)及び地方公共団体は，地震災害対策の検討に当たり，科学的知見を踏まえ，あらゆる可能性を考慮した最大クラスの地震を想定し，その想定結果に基づき対策を推進するものとする」と規定している．この方針に則り，地方公共団体では，地域の特性を考慮した被害想定を作成し，地域防災計画に反映させている．ここではその一例として，東京都の被害想定(震度予測)を見てみる．

　東京都では，平成18(2006)年に「首都直下地震による東京の被害想定」を公表していたが，東日本大震災を踏まえた全面的な見直しを行い，平成24(2012)年4月に「首都直下地震等による東京都の被害想定[3)]」を公表した．この被害想定では，首都直下地震として，東京湾北部地震(M7.3)と多摩直下地震(M7.3)，海溝型地震として元禄型関東地震(M8.2)，そして活断層で発生する地震として立川断層帯地震

220　第7章　都市を守る

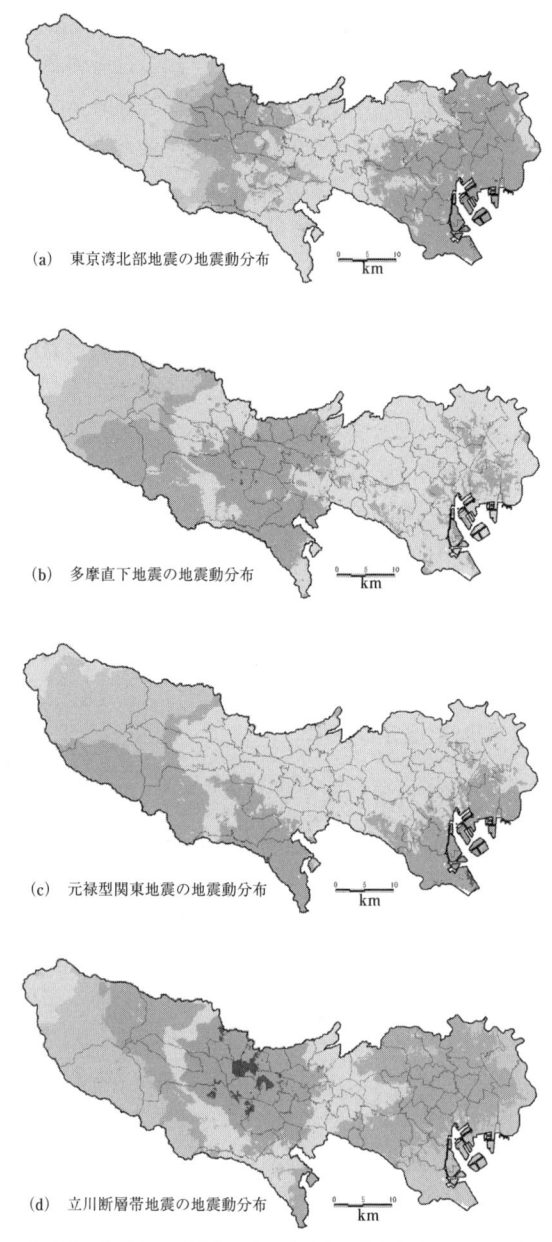

(a) 東京湾北部地震の地震動分布

(b) 多摩直下地震の地震動分布

(c) 元禄型関東地震の地震動分布

(d) 立川断層帯地震の地震動分布

**図7.2.3**　首都直下地震等による東京都の被害想定における震度分布[出典：東京都防災会議[3)]]

表 7.2.1 各想定地震における震度 6 強の面積と全壊被害数[出典：東京都防災会議[3)]]

| | 震度 6 強の面積($km^2$) | 全壊被害数(棟) |
|---|---|---|
| 東京湾北部地震 | 444 | 114,109 |
| 多摩直下地震 | 459 | 73,322 |
| 元禄型関東地震 | 364 | 74,399 |
| 立川断層帯地震 | 318 | 34,399 |

(M7.4)の4つの地震を対象として被害想定を行っている．

図 7.2.3(a)～(d)は，それぞれの地震による震度分布を表している．想定する地震により震度分布は大きく異なることがわかる．表 7.2.1 は，それぞれの地震において震度 6 強と予測された領域の面積と建物の全壊被害数を示したものである．震度 6 強の面積が最も大きかったのは多摩直下地震であるが，全壊被害が最大となるのは東京湾北部地震であった．これは，耐震性の低い昭和 56(1981)年以前の木造建築棟数が多い区部の揺れが大きいことが主な原因である．このように被害は揺れだけでなく，社会的要因によっても大きく変化することが見て取れる．

さて，この震度分布，震源に近い場所ほど震度が大きくなる傾向あると同時に，同じような場所でも震度に違いが生じていることもわかる．なぜこのような違いが生じるのか，震度分布の予測方法を少し詳しく見てみよう．

### 7.2.5 地震動を予測する

ある地点での地震動は，震源の形状や破壊形態(震源特性)，地震波が震源から岩盤内を伝播する際の影響(伝播経路特性)，そして対象地点付近の表層地盤による地震波の増幅(サイト特性)によって決まる．したがって，地震動を精度良く予測するためには，これら3つの特性をきちんと把握する必要がある．地震動を予測する具体的な方法はいろいろと提案されているが，ここでは，国や地方公共団体の被害想定でよく用いられている手法，すなわち，(1)理論的手法，(2)半経験的手法，それらを合わせた(3)ハイブリッド法，そして(4)経験的手法，を紹介する．表 7.2.2 にそ

表 7.2.2 予測手法と特性の扱い

| | 手 法 | 震源特性 | 伝播経路特性 | サイト特性 |
|---|---|---|---|---|
| ① | 理論的手法 | 微視的パラメータ | 3 次元モデル | 増幅率等 |
| ② | 半経験的手法 | 微視的パラメータ | 観測波形 | 観測波形または増幅率 |
| ③ | ハイブリッド法 | 微視的パラメータ | ①+② | ①+② |
| ④ | 経験的手法 | 巨視的パラメータ | 距離 | 増幅率等 |

れぞれの手法における震源特性，伝播経路特性，サイト特性の取扱い，そして得られる計算結果について整理した．なお，予測手法の詳細は文献[4]を参照されたい．

### (1) 理論的手法

理論的手法では，震源断層の形状や破壊形態等の詳細な情報を含む震源モデル（微視的震源パラメータ）と媒質である地下構造のモデルを作成し，震源から地表まで波動理論に基づいた数値計算（差分法や有限要素法）によって地震波の伝播を計算する．この方法は，波動理論に基づいた数値計算を行うため，理論的に正確な計算結果が得られるというメリットがあるが，その一方で，まだ発生していない地震の震源や，震源断層が存在する地下数十 km から地表までの地下構造を正確にモデル化することは非常に難しく，入力パラメータに不確実性が含まれてしまう．特に細かい揺れ（短周期の地震動）を計算するためには，より細かいモデル化が必要で，現状では周期1秒程度の地震動の計算が限界となっている．より短周期（高周波数）の地震動を予測するためには，後述する半経験的手法を用いるのが一般的である．

### (2) 半経験的手法

ある点にインパルスが入力された時の他の点での出力をグリーン関数という．どんな波形でもインパルスの重ね合わせで表現できるため，2地点間のグリーン関数がわかれば，重ね合わせにより任意の入力に対する出力が計算できることになる．つまり，震源-観測点のグリーン関数がわかれば，任意の震源波形（入力）に対する地震動（出力）が計算できる．

想定する地震と同じ震源域で発生した中小地震の観測記録がある場合は，これを震源-観測点間のグリーン関数と考え，重ね合わせにより大地震の揺れを予測する．これを経験的グリーン関数法という．しかし，多くの場合は想定する大地震の震源域で発生した中小地震の観測記録が得られない．このような場合は，小地震を人工的に作成してグリーン関数とする統計的グリーン関数法を用いる．これら半経験的手法の概念を図 7.2.4 に示す[4]．

半経験的手法は，波形の重ね合わせを行うことにより，複雑な震源破壊過程の大地震に対しても比較的容易に短周期の地震波まで計算が可能である．

### (3) ハイブリッド法

理論的手法では，モデル化の精度やコンピュータの性能限界から短周期の地震波

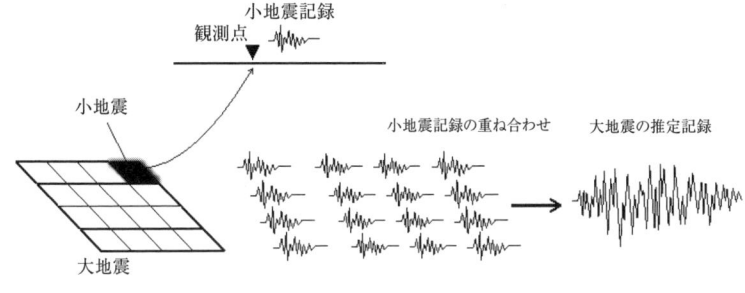

図 7.2.4　半経験的手法の概念

（細かい揺れ）を計算することが難しいことは先に述べた．そこで，理論的手法が適用できるおおむね周期1秒以上の長周期成分を計算し，短周期の地震波を統計的手法で計算して，それらを合成するハイブリッド法がよく用いられる．ハイブリッド法を用いることで長周期から短周期までより現実に則した地震動予測が可能なため，近年，多くの被害想定でこの方法が採用されている．ハイブリッド法の概念を図 7.2.5[5]に示す．

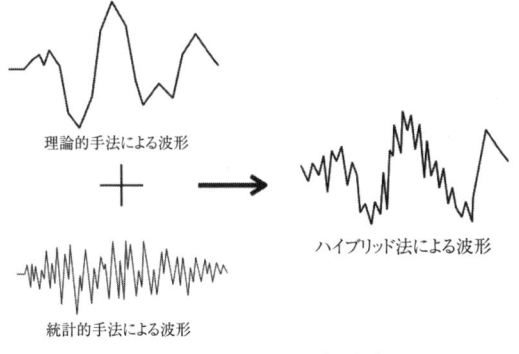

図 7.2.5　ハイブリッド法の概念

### (4) 経験的手法

経験的手法とは，過去の経験，すなわち過去の地震記録から，震源からの距離（震源距離）と揺れの最大値との関係を求め，これを未知の地震に当てはめる方法である．この震源距離と揺れの最大値の関係式を距離減衰式という．距離減衰式を使えば，震源位置とマグニチュード（巨視的震源パラメータ）から，地震による揺れの大きさが計算できる，というとても簡便な方法である．ただし，距離減衰式は，

工学的基盤上の揺れを予測するものが一般的であるため，予測結果にサイト特性として震度増分を加えるのが一般的である．

この距離減衰式は，蓄積された過去の地震データを用いて統計的に作成する．つまり，経験に基づいた予測方法であるため，経験的手法と呼ばれている．経験的手法は，瞬時に計算が可能なため，緊急地震速報でも利用されている．

### 7.2.6 地下を可視化する物理探査

前述の理論的手法を行う際には地下構造のモデル化が必要であり，そのためには地下の構造や物性の情報が不可欠となる．また，サイト特性の評価においても，地下構造や物性がわかればより高い精度でサイト特性を知ることがでる．さらに，断層評価においても，地下構造探査が行われている．

このように，地下構造をできるだけ正確に知ることは，地震動を評価するうえで非常に重要である．しかし，地球最後のフロンティアとも言われる地下を知ることは容易ではない．直接的に地下構造を調べる方法は，地面に穴を掘ること（ボーリング調査）であるが，20年以上かけて掘った世界で最も深い穴（ボーリング孔）の深さは，たかだか12 km程度である．ボーリング調査は，高い技術と費用，そして時間を必要とするのである．そこで，ボーリングをせずに地下構造を調べるために物理探査が活用されている．物理探査は，物理現象を利用して地下の構造を間接的に可視化する技術で，利用する物理量（地震波，電気，電磁波，重力等）によって様々な手法がある．ここでは，地震防災分野でよく利用されている反射法地震探査と屈折法地震探査，そして微動アレイ探査を紹介する．

#### (1) 反射法地震探査

弾性波は，波の伝わる速度と密度の積である音響インピーダンスが異なる地質境界に入射すると，反射・屈折現象を生じる（図7.2.6）．このような弾性波の基本的

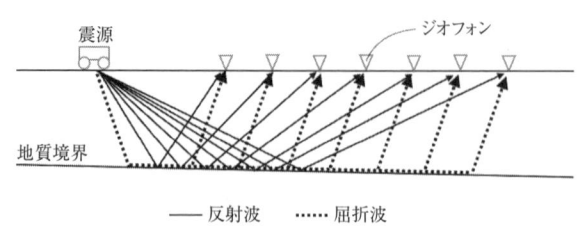

図 7.2.6 反射波と屈折波

な物理現象を利用し，間接的に地下の様子を推定するのが地震探査または弾性波探査と呼ばれる探査法である．

弾性波探査の代表的な手法の一つである反射法地震探査（以下，反射法）は，地表付近で人工地震を発生させ，その波が地下の境界面で反射し，再び地表に戻ってきた波（反射波）を利用する．主に石油探査の分野で技術発展した手法であるが，高分解能で地下を可視化できる手法として防災分野でも広く活用されている．反射法のアイディアは，タイタニック号の沈没から，氷山を検出するための技術が発明され，それを地下の資源探査に応用したものとされている．

反射法のデータを記録するためには，人工地震を発生させる震源が必要となる．より深部までの構造を推定するためには，より大きなエネルギーが必要となる．代表的な震源としては，爆薬（ダイナマイト），バイブレータ，エアガン，油圧インパクタ等がある．図7.2.7は，関東平野（東京都）地下構造調査[6]で反射法により得られた地下構造である．

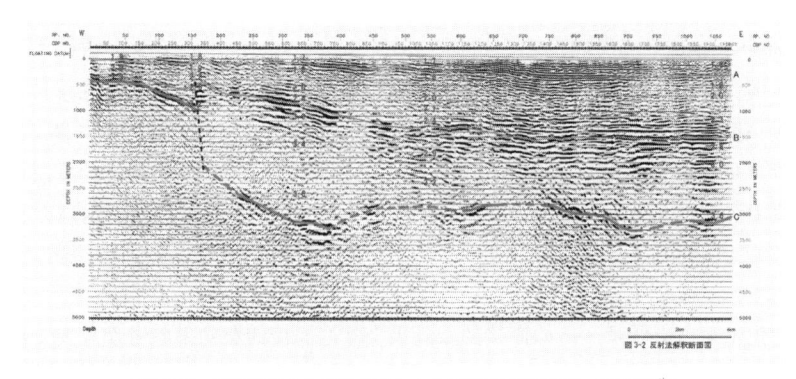

図 7.2.7　反射法により可視化された地下構造の例［出典：東京都[6]］

### (2) 屈折法地震探査

屈折法地震探査（以下，屈折法）は，地下の地質境界面で屈折して地表に戻ってきた屈折波を利用する（図7.2.6）．日本で最も利用されている探査法の一つで，主に土木分野で利用されてきた．屈折法のデータ取得は，おおむね反射法と同じで，測線上に等間隔でセンサ（ジオフォン）を配置し，人工地震データを記録する．得られた観測記録から地震波が最初に到達する時刻（初動）を読み取って走時曲線を作成し，これを解析することで地下構造を推定する．

### (3) 微動アレイ探査

自然現象や人間活動によって生じた微小な振動を常時微動といい，この常時微動を利用したのが微動アレイ探査法である．したがって，反射法や屈折法のように震源を必要としない受動的な探査法といえる．医者が患者に聴診器をあてて診察するのに似ている．常時微動の主な成分である表面波には，波の周期によって伝わる速度が変化する位相速度の分散性という性質があり，この分散性は，地下構造によって決まる．微動アレイ探査では，複数のセンサを並べて（アレイ）設置して，常時微動を計測し，観測記録から表面波の分散性を求める．そして，そこから地下構造を推定する．

## 7.3 海岸の津波・高潮対策

### 7.3.1 温暖化と津波・高潮対策

20世紀を通じての人間活動の結果，温室効果ガスの排出は大気の組成を変化させ，二酸化炭素，メタン，亜酸化窒素濃度の増加を招く結果となってしまった．気候変動に関する政府間パネル（IPCC）が発表した平成19(2007)年の報告書[7]によると，世界平均表面温度は明治39(1906)年から平成18(2006)年の間に約0.74℃増加し，世界の平均海面は0.12～0.22m上昇した．IPCCは，2100年の地球の平均気温は平成2(1990)年に対して2.4～6.4℃上昇し，その結果，海面の上昇が26～59cmになるであろうと推定している．

温暖化による影響は，その直接的な効果よりも間接的な効果の方が重要であることも確認されてきている．例えば，海面上昇は，低地への塩水の浸入や砂浜の侵食を引き起こし，台風の出現頻度と強度に影響を与えると言われている．21世紀末までには台風の発生数は減少するものの，非常に強烈な台風の頻度が著しく増えることが予測されている．エルニーニョ等による気候変化が同時に起こった場合には，台風の発生場所も変化し，何処を襲うのかも想定できない．その結果，今までに経験したことのない高潮が各地の海岸を襲い，過去の統計データを基本に設計された海岸構造物上での越流量は許容値をはるかに超え，沿岸地域の水害に対する脆弱性は著しく増大することになる[8]．

従来，都市建造物は，強固な地盤に定着するものが常識であったが，地球規模の温暖化による海面上昇や自然災害の激化によって，そのような考えだけで建設され

た土木構造物ではハード面に限界があることが，近年の高潮や津波被害からわかってきた．平成17(2005)年8月に発生したハリケーンカトリーナがメキシコ湾から米国ルイジアナ州に上陸した際，海水は護岸を越え，基礎は洗い流され，ニューオーリンズの町の約80％が浸水し，1,600人以上もの人命が失われた．ポンプ能力の限界をはるかに上回る水を街から排出できなかったことが，さらなる大被害をもたらす原因になってしまった．一方，平成23(2011)年3月の東日本大震災の津波被害では，三陸地震[明治29(1896)年]やチリ地震[昭和35(1960)年]の津波被害を教訓に築かれた沖合の防波堤や海岸の防潮堤は，設計外力を超える想定外の大津波の威力により大きく損壊し，津波は湾内の防潮堤を越え，ハザードマップに示されていた浸水域よりもはるかに被害が広がった．東日本大震災では，大規模な地盤沈下が発生したのも一つの特徴である．一度，地盤が下がると自然には元に戻らない．震災数年が過ぎても，高潮や満潮の発生時に道路や住宅が広範囲に冠水している．

　高潮や津波によって水没してしまった場所は，いかにしたら再び居住できるようになるのか．その方法の一つとして盛土が考えられるが，次の地震による液状化が心配される．ほかには新たに巨大な防潮堤や護岸を海側に築くことだか，膨大な費用が掛かるし，何十年後は老朽化による改修費用も発生し，後年度負担が増える．そこで，自然災害，とくに水害に対しては，巨大な土木構造物に頼るのでなく，自然に逆らわず，水と共生できる安全な社会生活基盤を確立できるようなアイデアが必要になってくる．

　地球の気候変化がもたらす海面上昇や台風の大型化による高潮，いつどこで起きてもおかしくない巨大地震や津波による洪水氾濫に加え，最近ではゲリラ豪雨と呼ばれる突然の雨による冠水被害が頻発しており，社会問題化している．地上をコンクリートで覆われた都市は，雨水を地面に浸透させず，地下に設置された導管により河川や海に排水してきた．しかし，導管の口径が十分でなく，想定外の雨量をさばききれず都市型洪水を引き起こしている．また，台風が陸地を襲う場合を考えると，台風が襲来する前に台風に刺激された前線が山岳地に大雨を降らし，それが濁流となって河川へ流れ，水位の上昇とともに流速も速くなることが起こりうる．これが次にやって来る台風によって引き起こされる高潮とぶつかり合うと，河川流域の都市が危険にさらされることがきわめて容易に想定できる．水流の方向が互いに逆方向であることから，水位，水量が増し，きわめて危険な状態が河口近くの地域で起こりうることが危惧される．

　堤防そのものが破壊されれば，その結果として一瞬にして多くの生命を奪う大災

害になってしまう．これらの問題を解決するために，我々は軟着底式の浮体構造物を活用した全く新しい社会生活基盤を提案してきた．今後に向けた安全な社会創造を目的として，そのアイデアを以下に紹介する．

### 7.3.2 浮体構造物を用いた新しい洪水対策の考え方

　浮体構造物用いた海洋空間の利用計画については，1950年代の後半，米国の当時の社会的背景を反映し，土地，人口，工業用地等の問題等を解決するための手段として提案がなされた．1970年代に入ると，浮遊方式によって生産，操業，移動を可能にし，さらに海上で発電，造水，資源貯蔵，汚水・廃棄物処理といった資源・エネルギー問題を解決する方法が提案されるようになった．この時代の集大成が，沖縄海洋博覧会の時に造られた半潜水型の海上都市（アクアポリス）である．

　日本では，平成2(1990)年に大規模な浮体構造物を設置するプロジェクトの創出と実現を目的とした「マリンフロート推進機構」が誕生し，続いて超大型浮体構造物研究開発を行うために「メガフロート技術研究組合」が設立された．メガフロート研究計画は，フェーズⅠとフェーズⅡとに分かれ，それぞれ3年の期間で実証実験が進められた．フェーズⅠでは，「浮体そのものの基礎基盤技術の確立」を目標に，平成7(1995)年から，長さ300 m，幅60 m，深さ2 mの浮体モデルを製作し，海上接合が可能であることを実証し，動揺，温度変化，騒音・振動の伝播の予測，環境に対する負荷がきわめて小さいことの確認等を行った．フェーズⅡでは，「空港等建設技術の確立」を掲げ，6つのユニットに分けて造った1,000 mの浮体空港モデルを海域に曳航する試み，実際の飛行機を離発着させて空港の設計・建設に必要な技術開発，計器類の作動やパイロットの操縦感覚の実験，メガフロートの安全性と信頼性を実証する研究底部に付着する生物の研究等を行った．

　ここで示す新しい都市の概念は，海抜の低い土地に水域を造成し，水面上昇に対しても沈まない浮体構造物を設置することによる安全な社会基盤を創造する従来にない画期的な方策である．浮体構造物の動揺を最小限にするため，構造物の総重量の一部をコンクリート杭で支える．都市の発展や縮小への対応が素早くでき，構造物の廃棄の場合も産業廃棄物とせず，再利用できる観点からも自然に優しい．海または川の近くにある海抜ゼロメートル地帯のウォーターフロント造成が可能である．

　提案の概略は，図7.3.1に示すとおりである[9]．

① 全体の敷地面積の一部あるいは全部の土地を数m程度掘削する．残土は，必要な場所で盛土する．

② 地震等で崩れることのないよう，掘削された場所の周りをコンクリート等で固め，その後，水深が海抜ゼロの状態になるように水を引き込み，人工の水域とする．この時，近くの河川あるいは海とこの人工水域を結ぶ水門を介してつなぐ．なお，水門は，船等の交通や浮体建設の際の出入り口となるが，荒天時は閉鎖する．
③ 人工水域に浮体を基礎とする建築物群を配置し，生活するうえで必要な浮体と陸上部を結ぶ橋も設置する．ここで考えている浮体基礎は，メガフロート計画で居住性が実証されたバージ型（箱型）の構造物である．構造材料は，コンクリート，鋼，FRP 等が考えられ

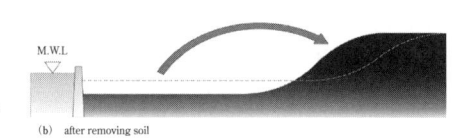

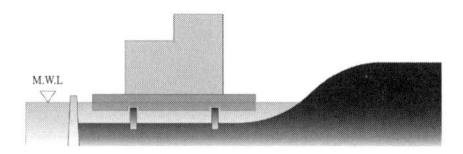

図 7.3.1 水域の造成と浮体構造物［出典：Nakajima & Umeyama[9]］

るが，中空とすることで浮力を得る．浮体の上部に建設する建築物の重量を加えても浮かんでいられるよう，十分な浮力が得られるようにする．
　水上都市を構成する浮体ユニットの大きさは，(財)日本船舶技術研究協会と(財)日本造船技術センターからの情報提供や助言から全長を 100 m，幅を 25 m とした．また，高さについては，浮体内部を有効活用することを第一に考え，その高さを

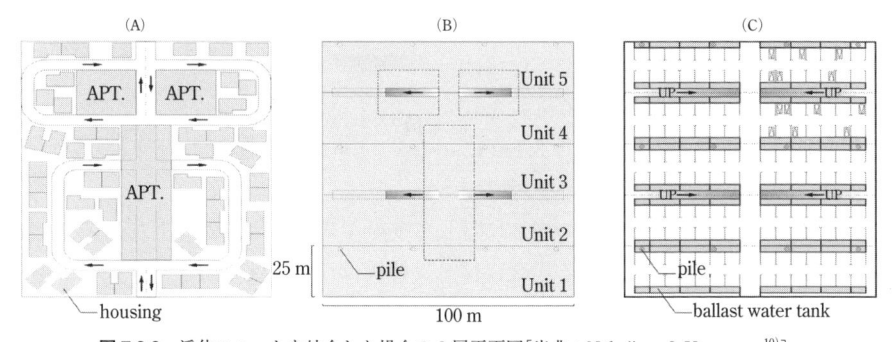

図 7.3.2 浮体ユニットを結合した場合の 3 層平面図［出典：Nakajima & Umeyama[10]］

4.5 m（乾舷 1.5 m，喫水 3.0 m）とした．したがって，標準浮体ユニットは，最大 7,500 t の構造物を支えることができる．図 7.3.2 は 5 つの浮体ユニットを結合した場合の (A) 甲板部平面，(B) 結合平面，(C) 内部平面を示したものである[10]．それぞれ浮体表面にアパートや私邸が配置された様子，ユニット間の溶接による連結状態，浮体内部の駐車場およびバラスト水タンクが示されている．

図 7.3.3 は，浮体上にアパートを載せた場合の正面および側面図を示す．軟着底式の浮体は 12 〜 16 の杭によって支えることができる．図 7.3.4 は，異なる環境での浮体の様子を示している．(a) は浮体ユニットが造船場から曳航されている状態で，喫水は 0.8 m である．(b) は浮体表面に建物が建設された後の状態で，喫水は 3.0 m である．杭はその先端に設置されたゴム・フェンダで支えている．(c) は緊急な洪水状態の，水位が 1 m 増加した場合の様子で，浮体は 0.7 m 上昇している．喫水は 3.0 m になり，浮体が杭から離れて先端からは 3.3 m になるが，全く沈むことはない．これは，

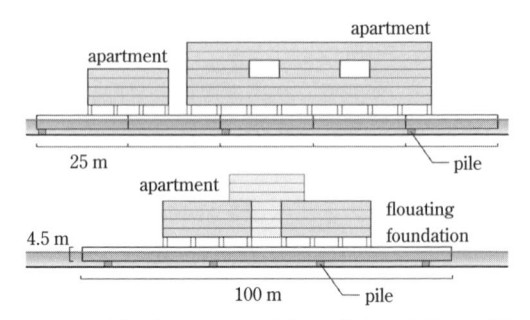

図 7.3.3 浮体上部にアパートを載せた場合の正面および側面図［出典：Nakajima & Umeyama[10]］

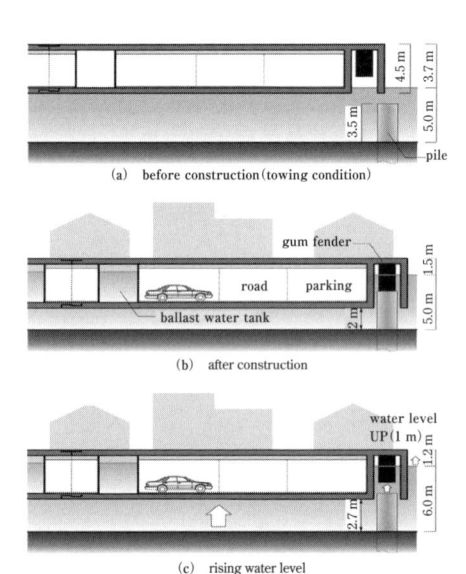

図 7.3.4 浮体ユニットの異なる水位条件での喫水［出典：Nakajima & Umeyama[10]］

浮体都市が洪水のような水位の増加に対して安全であることを意味している．それに対して，逆に水位が減少する場合には，支持杭は浮体が沈むのを防ぐ役目がある．

### 7.3.3 浮体構造物を用いた都市の例

#### (1) 江東区プロジェクト [10～12, 14, 15]

　江東区は，隅田川と荒川に囲まれた江東三角地帯の低い土地の上にある．かつては東京近郊の工業地帯として栄えたが，多量の地下水が汲み上げられたために地盤が沈下し続け，現在，その2/3が東京湾の平均水面より低い．この一帯は，多くの水門，堤防および護岸によって守られている．とくに東側の地域は，地盤面がきわめて低く，集中豪雨や堤防決壊があると街が水没する危険性が高いため，船を使った海運・水上交通についても閘門(ロックゲート)を介して隅田川，荒川と間接的に繋がっている．荒川の堤防については，国土交通省により平成18(2006)年にその安全調査が実施されたが，全長212 kmのうち123 km(58%)が安全基準を満たさず，長時間で水がしみ込んで一気に崩れる「浸透破堤」の危険性が指摘された．この調査では，「越流破堤」や「洗掘破堤」については行われておらず，それを考慮すると，破堤による浸水の危険性がきわめて高い場所であることがわかる．

　堤防を修理することは経済的な面からも困難で，一部の敷地に荒川の水を引き込んで造成水域とし，水上に都市を築く浮体式鋼製人工地盤を考えることにする．この計画には，次のような利点がある．すなわち，①荒川の氾濫(高潮，津波，破堤，海面上昇)の抑制，②ゲリラ豪雨から町を守ること，③都市のヒートアイランドに対する熱負荷の低減，④水運・水上交通の復活，⑤地下に水を浸透させることで水循環と地盤沈下の回復，⑥渇水時や災害時の水の確保，⑦地震時の免振，等が挙げられる．

　荒川の堤防が決壊した場合，大洪水が懸念される江東区東砂町付近(南北約2 km，東西約1 km)を想定計画地として選定し，浮体ユニットを用いた水域都市計画とともにフィージビリティ・スタディを実施した．全体面積は，約 $1.25 \text{ km}^2 (125 \text{ ha})$，現在の人口は約2.75万人(1.26万世帯，223.6 人/ha)である．図7.3.5は，当該水域に配置した浮体ユニット群(ここでは，130を超えるユニットからなる)を示している．この場所を利用して，中高層ビルを中心とした住宅地(約560人/ha)にし，オープンスペースとしての水域を都市計画面積の半分程度($62.5$ 万 $\text{m}^2$, $22.7 \text{ m}^2$/人)とした計画を行った．

　居住空間以外にも多様な都市施設を置くことで，さらに活力ある都市を計画することとした．具体的には，写真7.3.1の1/2,000の模型に示すように，1)居住に必要な商業施設群，2)集約させた町工場の工業地，3)荒川沿いのアクアリゾート空間，

232　第7章　都市を守る

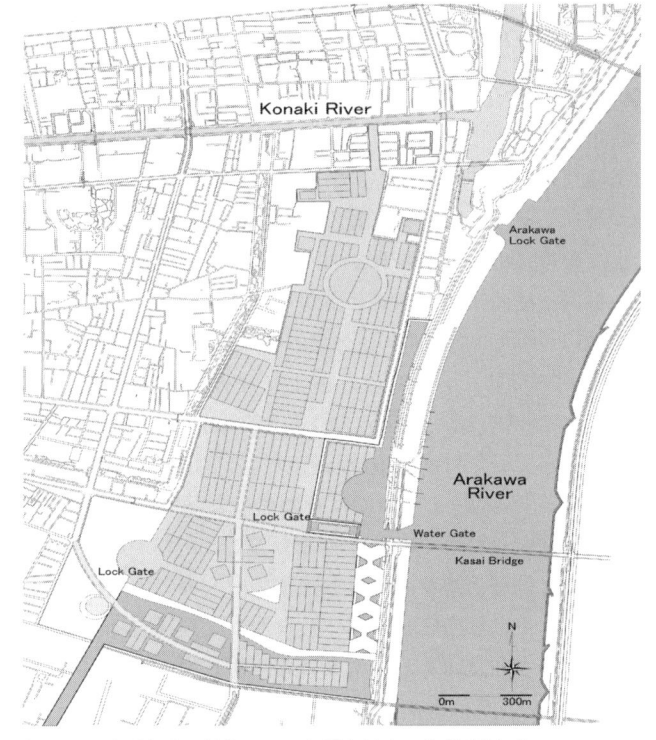

**図 7.3.5**　計画水域に浮体ユニット群を浮かべた様子［出典：Nakajima & Umeyama[10]］

4) オフィスビル，等の多様な建築物を設ける計画とした．また，都市計画の対象となる土地を水域化することで，水の恩恵が得られる心豊かな安らげる都市とすることを考えた．

そして，水運・水上交通を復活させることで，道路の混雑の緩和を目指した．本計画で造成された水路を利用し，水上バスが行き来できる水上交通網を張り巡らす計画とした．この水路は，北は小名木川とつながり，南北を貫いて地下鉄東西線南砂町駅付近にある商業施設区域と結ぶことを考えている．小名木川は，西に扇橋閘門を介して隅田川と，また東は，荒川ロックゲートを介して荒川とつながっていることから，きわめて便利な水上交通手段として水上バスの運行が可能で，道路に次ぐ補助的通行手段として考えることができる．一方，この水路は閘門を介して南側のオフィス群のある水域，さらに南下するとマリーナに抜け，最後には新砂水門を出て東京湾に至る．また，小名木川は，JR 亀戸駅と JR 錦糸町駅の中間を貫く横十

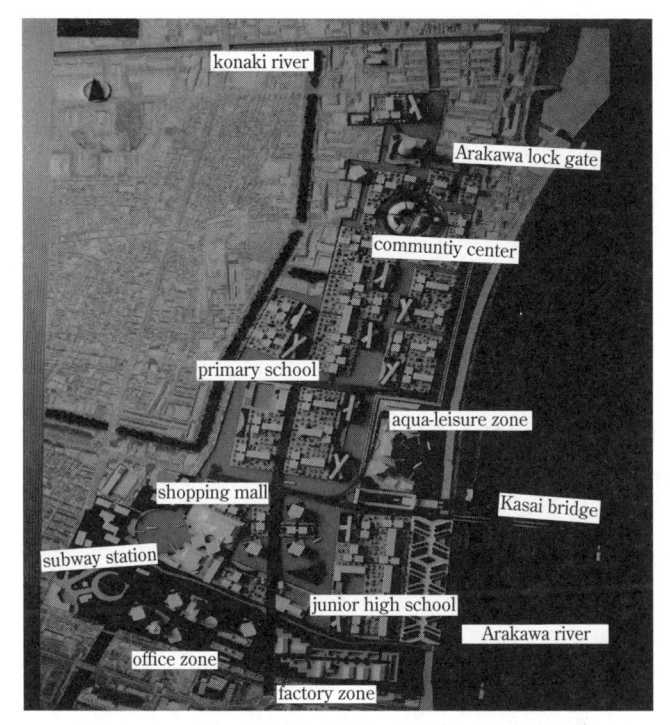

写真 7.3.1　1/2,000 の現地模型[出典：Nakajima & Umeyama[10]]

間川につながり，江東区北部へのアクセスでき，北十間川を利用して旧中川へもつながるので，火災の場合は，これら水路を使った消防艇による消火が考えられる．

(2)　気仙沼プロジェクト [13, 16]

本プロジェクトは，東北地方を襲った地震，火災，津波の巨大複合災害後の再建に向けた気仙沼市魚町・南町内湾地区の復興まちづくりを提案したものである．防災，減災の方法とともに，街づくり，住まいづくり，コミュニティづくりを目指し，市民の約 40％が関わっている漁業や観光産業を中心とした気仙沼本来の産業の再生・活性化と賑わいを取り戻せる快適な良好な空間の創出を基本理念とした．計画地の大震災前の平成 23(2011)年におけるこの地域の人口は 840 人，340 世帯であったが，今後の発展を考え，ここでは想定人口を 1,280 人(520 世帯)とした(ただし，浮体上は 268 世帯)．また，この再開発は，産業や住居を震災前の場所で設置を計画すること，都市，観光・物産施設のほか，産業の目玉は水産業の事業所数 274 の

図 7.3.6　気仙沼内湾地区の浮体を使った土地造成計画模型［出典：Nakajima et al.[13)]］

うち 124 を，そしてコミュニティスクールは 20 を浮体上に設置することを考えている．図 7.3.6 は，左から気仙沼内湾地区の水域造成，浮体設置，建物建設の 3 段階を示した模型である．

　日本政府の東日本大震災の復興計画指針では，"数十年〜百数十年に 1 度来襲する頻度の高い津波を海抜 6.2 m（レベル 1）と最大クラスの津波で 500 年〜1,000 年に 1 度の頻度（レベル 2）の 2 段階を示す"ことが要求されたので，それに従い，レベル 1 に対応する防潮堤を気仙沼唐桑線の道路とし，高さを海抜 6.2 m（レベル 1）とした．レベル 2 については，防潮堤の内側の建築物は，着底浮体構造システムの上に建設し，12.0 m 程度の津波高さに対しても十分対応可能となっている．また，今後も大津波に襲われることが考えられるので，浮体の周囲には 15m の鋼製のガイドレール柱を設置することとし，通常は，街灯，スピーカ等の設備に利用する計画とした．

　このガイドレールが津波から受ける水平力を計算すると，平成 16（2004）年のインド洋大津波で実測値での流速の実測値秒速 8 m（水深 10 m）を用いて計算すると，1,936 t あるいは 18,945 KN（喫水 3.8 m）である．浮体の没水部の高さ（喫水）は，浮体の長さに比べて小さいため，津波力は浮体下を潜り抜けることになり（アスペクト比が小 3.8:76.0），そのため，ガイドレール柱に加わる水平力は小さくなる．図 7.3.7 は，水位上昇による浮体の上昇と，その時の風および流れの状況を示したものである．

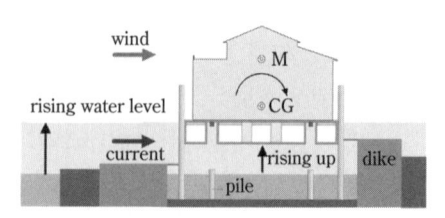

図 7.3.7　水位上昇による浮体の上昇 9.4 mm［出典：Nakajima et al.[13)]］

## (3) 島嶼プロジェクト[12, 15, 16]

モルディブ，ツバル，キリバス，トンガ，クック諸島，ソロモン諸島は，いずれも海面上昇に悩まされており，沿岸低地の浸水が進めば，人が住めなくなると予測されている．しかし，海面が数 m 上昇したところで，その国が海洋上にとどまっていられないというわけではない．メキシコのテスココ湖上には，かつて人工島が浮かび 25 万人が生活していたし，現代でもペルーのチチカカ湖上では水草で作られた浮島村で人々が暮らしている．浮体構造物を島嶼に浮かべるイメージは，より未来的なビジョンに彩られることになるのかもしれない．図 7.3.8 は，沿岸地域を掘削し，海側を盛土し，人口水域を造成した様子を示している．その中に浮体ユニットを配置したコースタル・ビレッジの模型を図 7.3.9 に示した．結局のところ，資金が頼りだが，世界が支援すれば海面上昇の危機にある島嶼が現在の場所にとどまることは技術的に可能である．

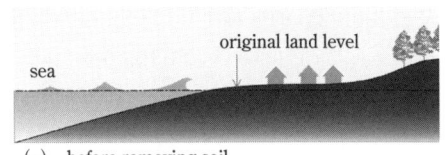

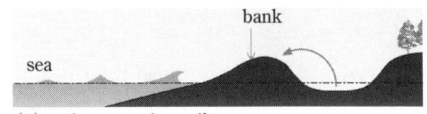

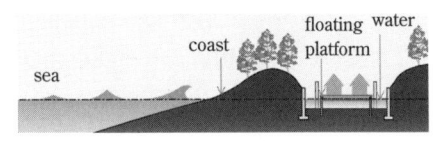

図 7.3.8 沿岸地域での人口水域造成概念図［出典：Nakajima & Umeyama[15]］

図 7.3.9 コースタル・ビレッジの模型［出典：Nakajima & Umeyama[16]］

## 7.4 都市型水害とその対策

### 7.4.1 最強の自然災害は地震か？

日本における自然災害（飢饉を除く）の中で，死者・行方不明者数が最大なのは，

大正12(1923)年9月1日に発生した関東大震災での10万5,000人余が群を抜いており[17],この日は昭和35(1960)年に「防災の日」に設定された.明治以降で見ると,これに続くのは,明治29(1896)年の明治三陸地震(死者・行方不明者数2万2,000人弱),記憶に新しい平成23(2011)年の東日本大震災(1万9,000人弱),明治24(1891)年の濃尾地震(7,300人弱),平成7(1995)年の阪神・淡路大震災(6,500人弱)と地震災害が続く[17,18].その次が,風水害で最大の犠牲者を出した昭和34(1959)年9月の伊勢湾台風で5,100人弱である.この伊勢湾台風を契機に「都市防災」という言葉が使われ始め,昭和36(1961)年10月に「災害対策基本法」が施行された[19].

ここで,世界中で明治33(1900)年から平成26(2014)年までの115年間における主な地震(地震が原因による津波を含む)による全体の死者・行方不明者数を見てみる.米国地質調査所(USGS)の資料より平成19(2007)年9月末までの死者・不明者数は214万人余となっており[20],それ以降の地震災害の死者数を加えて試算すると,ざっと250万人弱と推定される.そのうち日本ではおよそ20万人ほどである.一方,昭和6(1931)年,中国の長江流域で起こった洪水では,死者数(溺死,餓死,感染症による病死を含む)は何と370万人であり[17,20],たった1度の洪水で,過去115年間に世界中で発生した地震による死者数の総数をはるかに上回っているのである.また,中国では昭和34(1959)年にも死者数およそ200万人となる洪水に見舞われている[17].このほか,中国では旱魃でも,昭和3(1928)年におよそ300万人が犠牲となっている.20世紀の中頃までは,旱魃により,旧ソビエト連邦,インド,バングラデシュでも100万人を超える死者が出ている[17].近年では,サイクロン,高潮により,バングラデシュで昭和45(1970)年と平成3(1991)年にそれぞれおよそ30万人,14万人弱,そして,平成20(2008)年にミャンマーで14万人弱の死者・不明者が出ている[17].

図7.4.1は,世界の自然災害[明治33(1900)～平成16(2004)年]の死者数,影響人数,経済損失を,主要な災害要因別に示したものである[21].これを見ると,死者数の3割強,影響人数の5割強,経済損失の3割弱を洪水が占めており,地震は経済損失では3割弱を占めるものの,死者数の1割弱,影響人数の2%を占めるにすぎない.経済損失では暴風によるものも3割あり,世界的に見ると,暴風を含めた風水害は,死者数,影響人数,経済損失では地震を圧倒していることがわかる[21].なお,風水害とは,一般に気象災害と呼ばれる災害の一つで,洪水災害,高潮災害,風害,土砂災害等に分類される[19].

一方,日本でも風水害は毎年のように発生しており,合計すると,地震被害に比

べその人的，経済的損失が格段に小さいというわけではない[21]．

## 7.4.2 水害のリスク

水害等による自然災害とは，水害発生の潜在的要因となる豪雨，洪水・浸水等の自然外力［ハザード(hazard)］が原因となって，人の生命，財産あるいは社会生活に被害［ダメージ(damage)］が生じることを言う[19]．すなわち，極論すれば，どんなに雨が降って大洪水・大浸水が起きても，人が住んでおらず資産もなければ，ダメージはなく，災害(disaster)が発生したとは言わない．その意味においては，水害に限らずすべての災害は，社会現象であり人災である．なお，加害要因である個々の自然外力のことを一般にハザードと言う[22]が，厳密には損失の原因である豪雨をペリル(peril)，浸水しやすい状態をハザードと言い，浸水被害の可能性がリスク(risk)となる[23]．水害等のダメージの大小は，ハザードの規模とハザードに曝される人間社会(exposure)，そしてハザードに対する脆弱性(vulnerability)の兼ね合いで決まるというのが，洪水リスクマネジメントの基本である[23]．さらに，水害の場合，無秩序な都市開発等の人間活動がペリルやハザードをも変化させるという特徴がある．なお，人類が生存する限り，ゼロリスク，すなわち絶対に安全ということはこの世にあり得ず，常に我々は様々なリスクに曝されて生きているのである[21,24]．

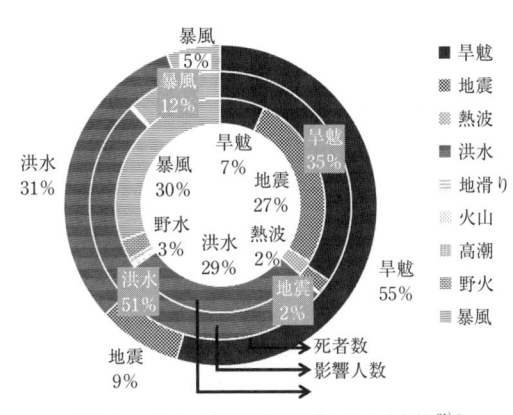

図7.4.1 世界の自然災害被害［出典：沖大幹[21]］

## 7.4.3 治水対策の変遷

ここで，簡単に日本での水害，治水の歴史を振り返ってみる．江戸時代までの治水方針は，城を中心とした都市を重点的に洪水氾濫から防ぐことであり，農村地域ではある程度以上の洪水は，河道に閉じ込めず氾濫することを許容していた[25]．このため霞堤(かすみてい)のような不連続な堤防や洪水を越流させる越流堤(えつりゅうてい)が築造され，また防水林が積極的に植えられた．そのような農村地域では，住居をなるべく高い場所に建てたり，輪中堤の築造，高く盛り土した水屋等の建設，船の常備等，生活様式を工夫した自衛的な治水対策がとられ，いわば洪水との共存を図る治水方式がとら

れていた[26]。

　しかし，明治期には西欧を中心とする近代文明を積極的に導入し，都市化，工業化へと政策の大転換が行われた．それに伴い，これまでの地先の改修から，洪水の全流量を氾濫させず，流域全体を守るため連続長大堤防を築き，河道内の水を素早く流下させ海まで流すという治水方策が採用された[25,26]．明治29(1896)年には旧河川法が公布され，それに基づいて全国の主要河川に次々と大治水事業が展開された．すなわち，堤防の嵩上げや河床の掘削，蛇行河川にはショートカット(捷水路)を設け，また大放水路の開削等が行われた．明治から昭和の初期にかけ各地で実施された歴史に残る大治水工事により，大河川の沖積平野からデルタにかけての地域では，ほとんどの中小洪水による氾濫を防ぐことができるようになり，その後の国土発展の大きな基礎を築いた[25,26]．

　第二次世界大戦敗戦の昭和20(1945)年から昭和34(1959)年までの15年間は，敗戦直後の昭和20(1945)年に西日本(特に広島県)で甚大な被害をもたらした枕崎台風，昭和22(1947)年の利根川破堤で大水害となったカスリーン台風，昭和34(1959)年の戦後最大の風水害となった伊勢湾台風等，日本は毎年のように大水害に見舞われた．この15年間に水害で死者数が1,000人を下回ったのは，昭和21，25，27(1946，1950，1952)年の3年のみであり，明治以降この15年間の水害の凄まじさは群を抜いていた[25]．その原因として，森林の乱伐等による国土の荒廃，戦前・戦中の治水事業の停滞，未曾有の豪雨が集中した期間であったなどが言われているが，洪水流量が大洪水発生とともに年代を追って着実に増加しており，明治以来営々と実施されてきた連続大堤防方式の治水事業自体が洪水を激化させた一因と指摘されている[25]．とくに，戦後の治水対策では，ダムによる洪水調節方式が導入され，明治以降の連続堤防で川に洪水を押し込める治水対策は，さらに一歩進み，洪水をより積極的にコントロールするようになっていた[26]．この間，昭和39(1964)年には新河川法が公布され，水系一貫主義に基づく(最近では「流域一貫」も用いられるようになっている[21])水系単位の河川管理が明確化され，水系全体を単位とした治水計画が策定されるようになった．

### 7.4.4　都市水害と都市型水害

(1)　背景と歴史

　20世紀後半，世界では先進国，途上国を問わず，都市化が急速に進み，とくに日本においては，欧米の都市化とは比べものにならないほど激しく都市化が進行し，

森林や畑だった流域の山地や丘陵地が次々と開発され，また水田をはじめ農地が一斉に宅地化された[27]．その結果，河川周辺の遊水機能が失われ，それが浸水リスクの高い市街地へと変貌し，さらに降雨が地下へ浸透せず，そのまま都市河川もしくは整備された下水道へ一気に流れ込む典型的な都市型の流出形態となり，都市水害が頻発するようになった．

　日本で初めて都市水害として注目されたのは，前述の戦後15年間の水害激甚期の昭和33(1958)年に起きた狩野川（かのがわ）台風水害であった．伊豆の狩野川流域の被害もさることながら，横浜の台地における崖崩れ等による被害を発生させ[26]，そして，東京都内においては過去最大の氾濫・浸水被害をもたらした[28]．東京では東側の低地において広範囲に浸水被害が発生したが，それまで水害とは無縁と考えられていた東京台地部，すなわち神田川流域等の山の手地区においても甚大な浸水被害が発生した[23]．神田川は東京都内の代表的な中小河川で，流域面積105 km$^2$，流路延長25 kmであり，台地面に谷底低地が樹枝状に入り込む地形的特徴を持っている[29]．狩野川台風の東京管区気象台観測記録による総雨量は402.2 mm，60分最大雨量は76 mmと，当時としては過去2番目の大変な豪雨であった[28]．しかし，台地部でこのような浸水被害が生じたのは，流域全体で都市化が進行し，また谷底低地が宅地に変わったことによる都市型の洪水流出の影響および宅地の水害に対する脆弱性が大きな原因であった．

　さらに，新型の都市水害としては，日本の観測史上最大の一時間雨量187 mmという驚くべき値を記録した昭和57(1982)年7月の長崎水害が挙げられる．長崎水害は死者行方不明者299人，被害額3,000億円を超す近年希な大水害となった．長崎水害の大きな特徴は，車社会，情報化社会特有の脆弱さを露呈したことにある[25,27]．すなわち，約2万台にものぼる車の被害により人的被害が増加し，ビルの地下の動力施設，電気・水道・ガス等のライフライン，そして諸種の通信施設の被害が甚大であり，さらにそれが住民の避難行動にも大きく影響を及ぼし，人的被害を増大させた［詳しくは参考文献27)を参照されたい］．

### (2) 都市水害の洪水流出機構

　まず，都市流域の概念としては，流域の大部分が沖積平野，洪積台地，扇状地，丘陵地等の平地であり，上・中・下流の全域が都市部に含まれ，流域面積もおおむね100 km$^2$より小さいことが挙げられ，具体的にはいわゆる都市中小河川流域のことである[23]．そして，都市流域の洪水流出機構に影響を与える要因として，①不

浸透域の拡大，②雨水排水系である下水道の普及，③河道の改修整備が挙げられる[23]．

これらの要因により，都市水害を引き起こす洪水流出機構の特徴が以下のように要約される．①洪水時の流出率(降った雨が洪水流量として河川に出てくる割合)が増大し，②雨水が河川に流れ込むまでの洪水到達時間(単純には降雨強度のピークから河川流量のピークまでの時間)が短くなり，また短い時間になればなるほど降雨の特性として降雨強度は強くなるので，その結果，③洪水のピーク流量が非常に大きくなる[21,23,29]．例えば，横浜市を流れる一級水系鶴見川では，都市化の進展により，同一規模の降雨量に対して，80%開発後のピーク流量は未開発時の約2.5倍になると推定された[29]．

### (3) 都市型水害とは

守田[23]は，「都市水害」を不浸透域の増加，下水道の普及，河道整備を背景に洪水流量が増大し，流域の人口・資産の集中により被害ポテンシャルも高くなる結果もたらされる都市流域の水害とし，1990年代以降に聞かれるようになる「都市型水害」とは区別している．近年の都市域の水害(これを「都市型水害」と呼ぶ[23])は，以下のように従来の「都市水害」よりさらに複雑化してきている．

まず，雨の降り方として，地球温暖化に伴う気候変動や都市化によるヒートアイランド現象の影響とも考えられているが，近年，とくに1990年代以降，時間50 mmを超える豪雨の発生回数が増加し，東京においても時間100 mmを超える熱帯のスコール並みの豪雨も珍しくなくなってきた[23,25]．豪雨の原因としては，台風本体，線状降水帯，熱雷豪雨の3種類に区分される[30]が，とくに大都市においては都市化の影響と考えられる「都市型豪雨」の熱雷豪雨，すなわち，俗に「ゲリラ豪雨」[30]と呼ばれる予測の難しい局地的集中豪雨の発現頻度が増加している．

次に，都市型水害の浸水要因の特徴として，それまでの「外水氾濫」と呼ばれる河道からの溢水・越水よりも，下水道施設からの溢水による「内水氾濫」が顕著となったことが挙げられる．これは，都市中小河川の河川改修等により治水安全度が高まってくると相対的に下水道の内水氾濫が顕在化してくること，また河川水位上昇により下水道からの内水排除が困難になること，そして計画を超える豪雨により下水道施設の雨水排水能力を超えること等が原因である．もちろん，下水道が普及する以前にも，降雨のたびに恒常的に浸水状態が発生し，内水氾濫は生じていた[23]．内水氾濫は，外水氾濫に比べ規模は小さいものの頻度が高く，内水氾濫による水害

被害額［平成 6 ～ 15(1994 ～ 2003)年の 10 年間］は，全国では約 5 割弱であるのに対し，東京都では 9 割以上を占めている[23,31]．

また，都市型水害の特徴として，近年，地下開発とビルの高層化による大都市の立体化が急速に進み，そのために浸水脆弱性が増している．平成元(1999)年には福岡市と新宿区で豪雨による地下室浸水により死亡事故が起きた．東京都における地下空間には顕著な増加傾向が見られ，都内の地下鉄延長も伸びている．そして，平成 6(1994)年の建築基準法改正によって地下室を居室として利用することも可能となり，半地下式の共同住宅や駐車場等も増加傾向にあり，地下空間の浸水被害ポテンシャルは確実に増大している[23]．

さらに，都市型水害の根底として，新しく都市域に入ってきた住民意識の変化（被害許容レベルの低下等）も挙げられよう．例えば，都市化前であれば，雨が降ってぬかるみ，それにより靴や衣服が汚れることは当たり前であり，誰も文句を言わなかった．しかし，もともと河川沿いで浸水常襲地域であり，多少の浸水は許容されていたような地域であっても，都市化が進むにつれ，徐々に少しの浸水であっても住民はクレームをつけるようになってきた．その背景として，1960 年代後半から全国的に公害反対，自然保護重視等の住民運動が活発化し，70 年前後から水害訴訟が相次いだこと等も要因として挙げられよう[27]．

最近では，豪雨に対して，「大雨警報」に加えて平成 25(2013)年からは「大雨特別警報」も発表されるようになり，各自治体はそれらに基づいて「避難勧告」や「避難指示」を発令できる．しかし，発令しても住人が避難しないことが問題となっており，住民避難行動の適切な啓発は現在大きな課題となっている[21,25,32]．また，少子高齢化社会の進行等も本課題に追打ちをかけている．

さて，都市で発生する災害を河田[33]は，以下の 3 つに分類している[19]．

① 都市化災害　都市人口が急激に増加し，社会資本の整備がとくに空間的未整備，不十分なために起こる災害，
② 都市型災害　都市化に伴う市街地の拡大はほぼ終わったものの，社会基盤施設の安全性が不十分だったり，古くなったりしたために起こる都市の災害，
③ 都市災害　外力と被災形態との因果関係が未然にわからない災害であって，人的・物的被害が巨大となる災害．

上述の「都市水害」は「都市化災害」に，また「都市型水害」は「都市型災害」の水害にほぼ対応するであろう．しかし，通常はあまり細かく分類を意識せず，都市でとくに近年発生する水害は総称して「都市型水害」と呼ばれている．

## 7.4.5 都市型水害への対策

### (1) 治水対策の新展開

　従来の治水対策は，ダムによる洪水調節，そして堤防の嵩上げ，河道の拡幅，河床の掘削等の河川改修を主として，河川によっては遊水地を組み合わせるものであった．しかし，とくに都市河川においては，宅地が河川のそばまで迫っており，用地買収に要する費用や時間の点から河道の拡幅等は短期間では困難な状況にあり，河川改修のみで都市型水害に対応することには限界があった．

　そこで昭和52(1977)年，河川改修と合わせて，流域全体を対象とした流域の保水・遊水機能の確保を図るハードおよびソフト対策を総合して都市型水害へ対応する新しい総合治水対策が実施されることとなった[26,27]．図7.4.2にそのイメージを示す[34]．なお，ソフト面の対策としては，浸水を許容する土地利用や警報システムの整備，避難体制の整備，水害保険等の対策がある[26]．次いで，超過洪水対策として，昭和62(1987)年から溢水しても破堤しない高規格堤防（スーパー堤防）の整備が重点的に進められるようになった．これらの対策は，明治以降推進されてきた連続堤防で川に洪水を押し込める近代治水対策の転換を意味し，いわば洪水と共

図7.4.2　総合治水対策イメージ図[出典：国土交通省水管理・国土保全局資料[34]]

存しつつ水害に対処する江戸時代の手法を習うものといえる[26]．

さらに平成 16(2004)年，都市部で頻発する内水氾濫被害に対して効果的な対策を講じるため，特定都市河川浸水被害対策法が施行された．これにより従来の総合治水対策ではできなかった対策を，河川管理者，下水道管理者，関係地方公共団体が共同で浸水被害対策のための総合的な計画を策定し，実効性を持たせるため，流域での雨水貯留浸透施設の設置や雨水浸透阻害行為の規制等ができるようになった[35]．

### (2) 東京都における都市中小河川の治水対策

東京都の代表的な都市河川で都市型洪水治水対策が進んでいる神田川流域では，そのハード治水対策として，1)河道拡幅，2)地下分水路，3)調整池，4)地下調整池，5)環七地下河川，6)雨水の流出を抑制する下水道，等を実施している．これらの詳細に関しては参考文献 27,29)を参照されたい．また，本流域では雨水浸透施設(雨水浸透枡，浸透トレンチ，透水性舗装等)の導入も進んでおり，これらの洪水流出抑制効果も評価されている[36]．さらに，保水セラミックを建物の屋上等に敷設して洪水流出を抑制する対策[37]等も検討されている．

東京都では，昭和 61(1986)年，「東京都における総合的な治水対策のあり方について　本報告」に基づき目標を定め，既定計画として時間 50 mm，長期計画として時間 75 mm，そして基本計画として時間 100 mm に対応すべく，順次整備レベルを向上させるものとしている．その後，平成 19(2007)年に策定した「東京都豪雨対策基本方針」では，おおむね 30 年後の長期見通しとして，河川や下水道の流下施設，貯留施設，流域対策や家づくり対策を併せ，おおむね時間 75 mm の降雨までは床上浸水や地下浸水被害を可能な限り防止すること等を目標としていた[38]．

現在，東京都建設局では，平成 24(2012)年に「中小河川における都の整備方針〜今後の治水対策〜」を発表し，中小河川の目標整備水準を，従来の 3 年確率降雨(3 年に 1 度の豪雨)に相当する時間 50 mm の降雨規模への対応から，20 年確率降雨(20 年に 1 度の豪雨)への対応，すなわち，区部で時間 75 mm の豪雨，多摩部で時間 65 mm の豪雨対応に引き上げた[28]．これにより，前述した狩野川台風規模の豪雨による河川からの溢水を防止し，安全を確保すると表明した．なお，20 年確率降雨とは，その降雨強度よりも強い降雨が降る確率が毎年 1/20(＝5％)である豪雨のことである．

また，都市の雨水排水に関しては河川法と下水道法が別々に関係しているが，下

水道法では平成 17(2005)年の改正で，その目的に内水排除が加えられた．現在，東京都下水道局では，平成 25(2013)年に「豪雨対策下水道緊急プラン」を発表し，最大で時間 75 mm の降雨までを下水道施設で対応することとした[31]．そして，平成 26(2014)年には「東京都豪雨対策基本方針」が改定され，豪雨への一層の対策強化が図られている[39]．図 7.4.3 にその改定に基づく各対策の役割分担イメージ図を示すが，おおむね 30 年後を目指し，時間 60 mm 降雨までは浸水被害を防ぎ，20 年確率降雨に対しては床上浸水等を防止し，そして目標を超える降雨に対しても生命安全を確保するとしている[39]．

さらに，平成 27(2015)年に施行された改正水防法では，これまでの洪水に加えて下水道からの内水に係る水位周知制度や浸水想定区域制度の拡充等が図られたほか，同年施行の改正下水道法においても，官民連携による浸水対策の推進や雨水排除に特化した公共下水道の導入が可能になるなど，ソフト・ハード両面からの浸水被害対策を進める条件が整ったところである[40]．

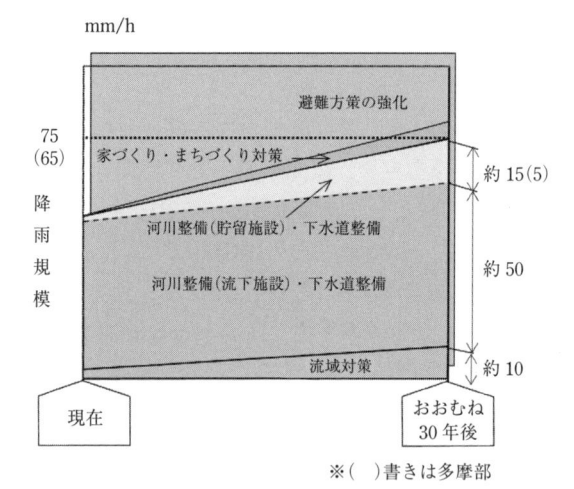

**図 7.4.3** 治水対策役割分担イメージ図[出典：東京都豪雨対策基本方針(改定)[39]]

### (3) 精緻な洪水流出氾濫浸水解析モデル(TSR モデル)

都市型水害への有効な対策をとるためには，まずその基礎として，都市流域に豪雨が降った場合，それがどのぐらい，どのように流域から河川へ流れ出てくるのかを予測する必要がある．そのためのモデルが洪水流出モデルであり，流域の空間分

布特性を直接扱うかどうかにより大きく集中型概念モデルと分布型物理モデルに分けられる．筆者らは，都市流域の流出機構を考慮した集中型概念モデルとして「都市貯留関数(USF)モデル」[41]を，また，都市流域の詳細な土地利用種別および雨水・下水道管網情報を組み込んだ分布型物理モデルとして「TSR(Tokyo Storm Runoff)モデル」[42,43]を提案している．ここでは，TSRモデルについてその概略を簡単に紹介する．

都市流域は山地流域と異なり，地表面は雨水が浸透しない家屋，ビル，道路等の人工物で覆われ，地下には下水道等の雨水排除施設等が網の目のように錯綜し，さらには雨水貯留・浸透施設等の流出抑制施設や治水施設も整備されている．このような都市流域において，集中豪雨による洪水流出，氾濫浸水を精度良く予測するために構築したのがTSRモデルである．

従来，入手可能なデータが限られていることやモデル構築の簡便さから，流域をグリッド型(格子状)に分割し，そのグリッド内の不浸透・浸透特性により流出率を設定して表面雨水流出を解析するグリッド型モデルが主流となっている．しかしながら，グリッド型モデルはグリッド内を均一表面として取り扱うため，個々の地表面地物(独立したビルや家屋，道路，駐車場等)の情報は考慮されず，また，雨水流出で重要な役割を果たすマンホール，下水道管路がどの地表面地物と正確に接続されているかということも表現できない．

そこで，GIS(地理情報システム)を用いて，1/2,500地形図上の地表面地物をそのまま抽出してデータベース化し，さらにマンホール，下水道管路のデータも取り込み，地表面地物との接続情報をデータベース化した．そしてこれを「高度な地物データGIS」と名付けた．次に，それぞれの地物要素での流出モデルを構築し，それらを積み上げ，全体として豪雨の流出経路を物理的に忠実に再現する精緻な洪水流出・氾濫浸水解析モデルであるTSRモデルを構築した．

図7.4.4は，神田川流域の支川江古田川下流域の地表面形状を従来のグリッド型モデルとTSRモデルで比較したものである．これよりTSRモデルでは格段にその精緻さが向上していることがわかる．TSRモデルでは，不浸透域面積を正確に表現できるだけでなく，総合治水対策で各戸に設置される雨水流出抑制施設や個々の道路の透水性舗装整備等もモデルとの対応関係が明確に設定できるなど，数々の長所が見出される．そして，大まかな洪水氾濫地域予測ではなく，地物単位での詳細な氾濫浸水予測が可能となった[44]．

さらに，2.1.4で述べたように，流域の水循環にとって「too much water」と「too

(a) グリッド型モデル　　　　　　　　　　(b) TSR モデル

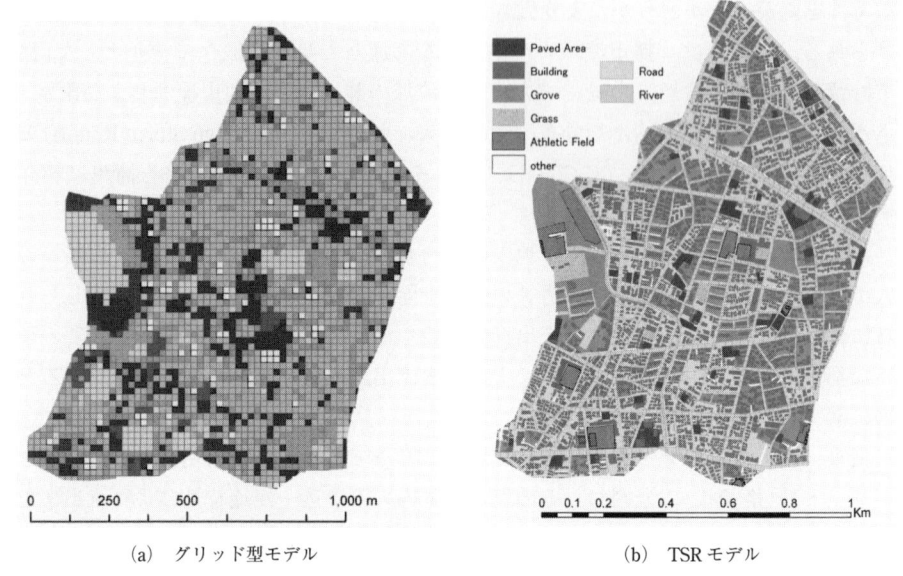

図 7.4.4　グリッド型モデルおよび TSR モデルによる地表面形状の違い

little water」は表裏一体の問題であり，筆者らは，「too little water」問題への基礎モデルとして，高度な地物データ GIS を活用した都市流域の地下水涵養モデル [36] や蒸発散モデル [45] についても提案，構築している．

### (4) 将来の方向性として

今後想定される地球温暖化に伴う気候変動により，海面水位の上昇，豪雨や台風強度の増大，そしてそれらに伴う土砂災害，高潮災害の増加，渇水の深刻化，積雪量の減少等が予測される．さらに，気候変動のみならず，日本では現代文明社会特有の複合大災害，例えば，地震や火山噴火等により洪水が発生する危険性もある [25]．とくに首都東京は，先進国の中では飛び抜けて災害危険度が高く，その危険性が多様にして深刻である [25,32]．その中でも東京都の江東デルタ一帯に広がるゼロメートル地帯は，地震，水害等に対し最も危険な地域で，かつ人口密集地域でもあり，現在，災害時の住人避難は喫緊の大問題となっている [32]．

これら想定される災害(水害)に防災立国としてどのように対応すべきか．その問題点として，高橋 [25] は，全国的視野に立った土地政策の欠如と災害ボケしている日本人の危機管理の不備を指摘している．自分の命を行政任せにせず自分で守ると

いう「自助」が防災の基本であり，自分の現在いる場所がどの程度災害に対して危険なのか，ハザードマップ等も利用しながら確認しておくことは必要不可欠である．

　財政的に厳しい現在，国も地方自治体も，即効的な効果が目に見え難い防災に予算を回す余裕は少なくなっている．高度成長期以来，土地が足りずに水害危険地域に広がった住宅地を守るため，とくに都市では致し方なしに後追いで治水施策が行われてきた[21]．しかし，今後，日本の人口が減少していくことも考え併せ（東京都でも近い将来人口がピークを迎えることが予想されており），災害を減らすために，危険な土地には住まず，また高度利用をせず，相対的に安全な土地に住むように誘導し，移転をも含む防災政策を立案することが重要になってくるであろう[21]．都市河川においても，例えば，今後長い目で，河川沿い等の氾濫危険地域を土地買収というよりもマーケット価格で徐々に購入していき，公園化して遊水地として利用していけば，健全な水循環のみならず，ヒートアイランド等の都市環境の改善にも資することになると考える．

**参考文献**

1) 地盤工学会：液状化対策の調査・設計から施工まで，pp.194-195，1988．
2) 防災科学技術研究所：地震の基礎知識とその観測，2015，http://www.hinet.bosai.go.jp/about_earthquake/1stpage.htm．
3) 東京都防災会議：首都直下地震等による東京の被害想定報告書，2012．
4) 防災科学技術研究所：強震動の基礎ウェブテキスト2000版，2000，http://www.kyoshin.bosai.go.jp/kyoshin/gk/publication/．
5) 先名重樹，藤原広行，河合伸一，青井真，功刀卓，石井透，早川讓，森川信之，小林京子，大井昌弘，奥村直子：山崎断層帯の地震を想定した地震動予測地図作成手法の検討，防災科学技術研究所研究資料，294．
6) 東京都：関東平野（東京都）地下構造調査（北多摩地区弾性波探査）に関する調査成果報告書，2003，http://www.hp1039.jishin.go.jp/kozo/Tokyo8Afrm.htm．
7) Intergovernmental Panel on Climate Change：IPCC Fifth Assessment Report-Climate Change 2014．Intergovernmental Panel on Climate Change，2014．
8) M. Umeyama：Shore Protection against Sea Level Rise and Tropical Cyclones in Small Island States, *Natural Hazards Review,* ASCE, 13(2), 106-116, doi:10.1061/(ASCE)NH.1527-6996.0000052，2012．
9) T. Nakajima and M. Umeyama：A Proposal for a Floating Urban Communities in the Man-made Inlets, *Proc. of ISSUE 2007,* TMU, 27-33，2007．
10) T. Nakajima and M. Umeyama：Floating Cities as a Solution to the Escalating Sea Level Rise in Lower-Lying Land Areas, *Proc. of Regional Conf. Environ. & Earth Resour.'* 09, 261-269，2007．
11) T. Nakajima and M. Umeyama：Study on a Waterfront Urban Community in Lower-lying Land Areas,

Techno-Ocean, 14-16, 2010.
12) T. Nakajima, T. Shintani and M. Umeyama：A New Concept for Lower-lying Land Areas and Coastal Villages Safe from Natural Disasters, Oceans' 11, 2011 MTS/IEEE Intrt. Symp., 19-22, 2011.
13) T. Nakajima, U. Kawagishi, H. Sugimoto and M. Umeyama：A Concept for Water-based Community to Sea Level Rise in the Lower-lying Land Areas, Oceans' 12, 2012 MTS/IEEE Inter. Symp., 14-20, 2012.
14) T. Nakajima, and M. Umeyama：Water City As Solution To Escalating Sea Level Rise In Lower-Lying Land Areas, Oceans' 13, 2013 MTS/IEEE Inter. Symp., 14-20, 2013.
15) T. Nakajima, and M. Umeyama：A New Concept for the Safety of Low-Lying Land Areas from Natural Ddisasters, *Journal of Ocean Engineering and Marine Energy,* Springer, 1(1), pp.19-29; oi:10.1007/s40722-014-0002-2, 2015.
16) T. Nakajima, and M. Umeyama：Novel Solution for Low-Lying Land Areas Safe from Natural Hazards—Toward Reconstruction of Lost Coastal Areas in Northeast Japan, *Journal of Marine Science and Engineering,* MDPI, 3(3), pp.520-538; doi:10.3390/jmse3030520, 2015.
17) 伯野元彦監修：日本の自然災害 M8.0 大地震襲来, pp.362-371, 日本専門図書出版, 2010.
18) 内閣府編：防災白書 平成 27 年度版, 日経印刷, 2015.
19) 目黒公郎, 村尾修：都市と防災, 放送大学教育振興会, 2008.
20) 広瀬弘忠：災害防衛論, 集英社新書, 2007.
21) 沖大幹：水危機ほんとうの話, 新潮社, 2012.
22) 日本自然災害学会監修：防災事典, 築地書館, 2002.
23) 守田優：都市の洪水リスク解析, フォーラムエイトパブリッシング, 2014.
24) 中谷内一也：リスクのモノサシ, 日本放送出版協会, 2006.
25) 高橋裕：川と国土の危機, 岩波新書, 2012.
26) 玉井信行編：河川工学, オーム社, 1999.
27) 高橋裕：都市と水, 岩波新書, 1988.
28) 石原成幸, 高崎忠勝, 河村明, 天口英雄：東京の中小河川における新たな整備方針とその特徴的な施策の背景, 河川技術論文集, 第 20 巻, pp.437-442, 2014.
29) 東京都立大学土木工学教室編：都市の技術, pp.32-41, 技報堂出版, 2001.
30) 鼎信次郎：局地的集中豪雨(いわゆるゲリラ豪雨)の降雨特性, 水循環 貯留と浸透, 第 73 号, pp.11-16, 2009.
31) 土屋十圀：激化する水災害から学ぶ, 鹿島出版, 2014.
32) 土屋信行：首都水没, 文春新書, 2014.
33) 河田恵昭：都市大災害, 近未来社, 1995.
34) 国土交通省水管理・国土保全局：流域と一体となった総合治水対策に関するプログラム評価書 参考図集, http://www.mlit.go.jp/river/shinngikai_blog/past_shinngikai/gaitou/seisaku/sougouchisui/pdf/fin_sanko01.pdf.
35) 福岡捷二：特定都市河川浸水被害対策法へ期待するもの, 河川, pp.14-17, 2014.
36) 荒木千博, 天口英雄, 河村明, 高崎忠勝：地物データ GIS を用いた都市流域地下水涵養モデルの構築および実流域シミュレーション, 土木学会論文集, B1(水工学), Vol.68, No.2, pp.109-124, 2012.
37) 戸辺裕, 天口英雄, 河村明, 中川直子：TSR モデルを用いた保水セラミックスによる雨水流出抑制効果の評価, 第 38 回土木学会関東支部研究発表会講演集, CD-ROM 版(Ⅱ-49), 2011.

38) 東京都下水道局：豪雨対策下水道緊急プラン，2013.
39) 東京都：東京都豪雨対策基本方針(改定)，2014.
40) 寺前大，橘有加里：「水防法等の一部を改正する法律」について，河川，第71巻，第7号，pp.7-9，2015.
41) 高崎忠勝，河村明，天口英雄，荒木千博：都市の流出機構を考慮した新たな貯留関数モデルの提案，土木学会論文集，B，Vol.65，No.3，pp.217-230，2009.
42) 天口英雄，河村明，高崎忠勝：地物データGISを用いた新たな地物指向分布型流出解析モデルの提案，土木学会論文集，B，Vol.63，No.3，pp.206-223，2007.
43) Amaguchi,H., Kawamura,A., Olsson,J. and Takasaki,T. : Development and testing of a distributed urban storm runoff event model with a vector-based catchment delineation. *Journal of Hydrology,* No.420-421, pp.205-215, 2012.
44) 河村明，天口英雄：地物データGISを利用した都市部における精緻な降雨流出経路のモデル化，月刊J-LIS，第2巻，第7号，pp.34-38，地方公共団体情報システム機構，2015.
45) 古賀達也，河村明，天口英雄：熱収支及び土壌水分を考慮した地表面地物要素毎の蒸発散モデルの構築と実流域への適用，土木学会論文集，B1(水工学)，Vol.70，No.4，pp.I_319-I_324，2014.

# 索　引

## 【あ】

ITS　202
隘路区間　198
亜鉛メッキ　138
アオコ　89
赤潮　89
アクアポリス　228
アサリ　43
アジアモンスーン地帯　28
アースダム　111
アセットマネジメント　133
アーチ形状　162
アーチ構造　106
アーチ式コンクリートダム　110
圧縮強度　104
圧送　112
当て板　142
鮎　40
荒川　33, 38, 39
RC　106
安全性　141

## 【い】

維持管理計画，下水道の　74
維持管理　6, 135, 142
維持管理費　142
伊勢湾台風　236, 238
一般化費用　187
一般廃棄物　74
ETC　203
イニシャルコスト　120
インダス文明　33
インフラストラクチャ　1, 135

## 【う】

ウイルス　13
ウォーターフロント　228
雨水貯留浸透施設　242
雨水排除システム　4
渦励振　124
宇宙カレンダー　2
埋立地盤　154

## 【え】

栄養塩　36, 88
液状化　210
　——の被害　154
液状化対策　213
エコセメント　99
ACC　205
エジプト文明　33
SRC　106
エッセル　44
H形鋼　161, 215
越流堤　237
江戸川　33
江戸時代の水道　58
N値　149
FRP接着工法　121, 145
LCC　102, 119, 132, 142
LCCO$_2$　102
エルニーニョ　226
塩害　117
塩害劣化　115
塩化物イオン　117

## 【お】

応力範囲　141
大雨警報　241
大雨特別警法　241
大阪港　46
沖合空港　51
オゾン処理　90
オゾン層　5, 11, 13
オゾンホール　13
汚泥処理　63, 69
オープングレーチング　125
温暖化　5, 226

## 【か】

開港　44
海溝型地震　216
開削トンネル　156
回収率　30
海上都市　228
海進　151

外水氾濫　240
改正下水道法　244
改正水防法　244
改正メルカリ震度階　219
海退　151
海面上昇　231
海洋構造物　111
改良工事　136
化学的酸素要求量　66
化学的侵食　118
河況係数　24
確率降雨　244
確率的手法　134
架替え理由　135
河口域　41
ガス化溶融炉　79
風荷重　124, 139
上総層群　148, 151
霞堤　237
カスリーン台風　238
化石燃料　13, 23
ガセットプレート　128
河川環境　40
河川侵入流　36
河川整備　34
河川法　34, 243
　旧河川法　34, 238
　新河川法　34, 238
型枠　114
渇水年　29
活性炭処理　90
カッタビット　159
家庭用水　30
家電リサイクル　82
狩野川台風　239
可変費用　15
軽石層　147
カルバート　109
環境影響評価　5
環境基本法　5
環境基準　66
環境の保全　3
環境への配慮　34
環境用水　30
環状道路　169
幹線交通ネットワーク　190

神田川　38, 39, 243
関東地震　216
関東大震災　236
関東ローム　147
カンブリア爆発　11

【き】
企業城下町　15
気象庁震度階　219
汽水域　42
基底礫層　151, 152
規模の経済　15
給水人口　31
急速ろ過池　62
橋脚　124
凝集沈澱　42
強震動　216
共同溝　156, 166
供用期間　119
恐竜　11
橋梁　135
橋梁長寿命化修繕計画　143
橋梁点検車　144
局部座屈　126
巨視的震源パラメータ　223
巨大隕石重爆撃期　10
魚道　41
き裂進展速度　141
記録　142
切羽　163
金属熔射　138
近代水道　58
近代治水対策　242

【く】
杭基礎　153
屈折法地震探査　225
繰返し回数　141
繰返し荷重　137
繰返し周期　217
グリッド型モデル　245
クリンカー　97
グリーン関数法　222

【け】
計画一日最大給水量　64

索　引　253

計画時間最大給水量　64
経験的グリーン関数法　222
経済的特性，都市における　15
傾斜堤　48
計測震度　219
下水処理場　69
下水道　1, 40, 58, 66
　――の合流改善　72
　――の再構築　72
　――の震災対策　72
　――の浸水対策　72
　――の歴史　57
ケーソン　49
ゲリラ豪雨　4, 32, 231, 240
ケレン　142
嫌気性微生物　71
嫌気性消化法　69
嫌気-無酸素-好気活性汚泥法　90
減災　132
原水　61
建設費　142
健全な水循環　32, 86

【こ】

広域交通情報　204
降雨確率　39
公害　5
公害対策基本法　66
高架橋　129
工学的基盤　149
黄河文明　33
好気性微生物　70
鋼橋　137
公共下水道　66
高強度コンクリート　105
工業用水　26, 33
公共用水域　66
光合成　10
工場製品　113
鋼床版デッキプレート　130
鋼上路トラス橋　127
更新　6, 135
更新費　142
洪水到達時間　240
高水敷　38
洪水リスクマネジメント　237

洪水流出機構　239
洪水流出モデル　244
洪水流出抑制効果　243
洪水流量　59
降水量　24, 59
鋼製セグメント　161
合成セグメント　161
高速道路の渋滞　201
交通　189
交通安全支援システム　206
交通機関別分担率　191
交通具　189
交通工学　197
交通事故　197
交通システム　188
交通社会基盤　18
交通渋滞　196, 198
交通集中渋滞　200
交通手段　189
交通需要予測　187
交通情報　203
交通動力　189
交通容量　198
交通路　189
交通量調査　190
江東デルタ　246
高度浄水処理　89
高度処理，下水処理水の　73, 89
高度道路交通システム　202
高度な地物データ GIS　245
鋼箱桁連続橋　129
鋼板接着工法　121
合板　114
降伏強度　140
工部大学校　47
神戸港　47
合流改善，下水道の　72
合流式下水道　66
高力ボルト　142
高齢化橋梁　135
高炉スラグ　99
高炉スラグ骨材　101
高炉スラグ微粉末　100
護岸　111
国際河川　25
国勢調査　18

254　索　引

国土計画　185
国土形成計画　182
湖沼水質保全計画　89
コースタル・ビレッジ　235
古生代　11
骨材　93
固定費用　15
固有地震説　217
固有振動数　124
コンクリート　93, 102
　──の劣化　118
コンクリート橋　107
コンクリート構造物　102
　──の寿命　116
　──の補強　120
　──の補修　120
　──の劣化　115, 137
　──の劣化防止策　120, 137
コンクリート床版　142
コンクリートセグメント　160
混合セメント　100
コンシステンシー　209
混成堤　48
コンポスト化　79
混練水　97
混和池　62

【さ】
財　15
災害対策基本法　219, 236
細孔　96
再構築　6
　──，下水道の　72
細骨材　93
最終埋立処分　79
最終沈澱池　69
再使用　74
最初沈澱池　70
再生骨材　101
サイト特性　221, 224
座屈　123
サグ部　201
鯖江市　16
さび　137
砂防　3
サーマル・リサイクル　74

山岳トンネル　108
産業革命　13
産業革命以降　15
産業活動　15
産業集積　15
産業廃棄物　74
サンドコンパクションパイル工法　214
サンドパイル　214
桟橋　111
残留応力　140

【し】
GIS　245
COD　66
市街化区域　182
市街化調整区域　182
紫外線　13
市街地再開発　168
時空間スケール　8
資源効率　83
資源循環型社会　58, 83
資源生産性　83
支持基盤　152
自助　247
地震　216
　──のメカニズム　216
地震動　216
　──のサイト特性　221
　──の伝播経路特性　221
自然外力　237
自然科学　180
自然災害　132, 236
自然流下　69
自動運転　205
自動車起終点調査　191
自動料金収受システム　203
し尿　75
地場産業　16
地盤　147
　──の液状化　210
地盤改良　154
地盤沈下　32
シビルエンジニアリング　2
支保工　108, 161
ジャイアントインパクト説　9
社会科学　180

索引　255

社会基盤施設　1, 179
社会基盤政策　18
　——の概念　179
社会資本整備重点計画　182
石神井川　38
斜張橋　123
砂利　97
修景用水　90
渋滞情報　204
渋滞長　199
渋滞流　198
集中型概念モデル　245
集約型都市構造　195
重力式コンクリートダム　109
取水堰　40
循環型社会経済システム　74
循環的な更新　7
消化ガス　71
焼却処理　78
焼却灰　71, 99
上下水道　57
蒸散　24
使用性　141
浄水処理プロセス　61
上水道　1, 155
　——, 東京の　59
　——の歴史　57
捷水路　238
状態評価　134
消毒設備　63
蒸発　24
蒸発散モデル　246
蒸発散量　24, 59
床版　137
上面増厚工法　121
消流雪用水　30
植物プランクトン　36
シリコンバレー　16
シールド工法　168
シールドトンネル　109, 113, 159
震源距離　223
震源特性　221
人口　18
人口集中　19
震災対策, 下水道の　72
浸食場　151

親水性　39
浸水対策, 下水道の　72
靱性　126
新生代　10
診断　142
震度　217
震度観測　219
新東京国際空港　51
振動棒工法　215

【す】

水温成層　36
水害危険地域　247
水系一貫　238
水源涵養能力　87
水質汚濁　32
水質汚濁防止法　6, 66
水質管理　36
水質の制御　35
水質変換機能　61
水送流　36
水道
　——, 江戸時代の　58
　——の管理　65
　——の計画　63
　——の広域化　64
水道システム　7
水道水　34
水道普及率　31
水文循環　23
水量の制御　35
水和反応　94
ストーカ炉　78
ストック　135
ストロマトライト　10
砂　97, 209
砂火山　211
砂杭　214
スノーボールアース　10
スーパーエコタウン　83
スーパー堤防　242
スプロール　182
スラグ骨材　100
すりへり　118

【せ】
生活用水　26, 59
脆弱性　237
制震　4
制震構造　125
脆性的破壊　126
生息場所の物理条件　43
性能設計　133
生物化学的酸素要求量　40
生物処理　69
セグメント　109, 113, 160
節水機器　31
説明責任　186
絶滅　10
セメント　94
セメントペースト　94
セメント水比　96
ゼロリスク　237
繊維強化プラスチック　144
全球凍結　10
潜在水硬性　100
全体座屈　129
選択取水　37
線引き　182

【そ】
総合治水対策　242, 245
走時曲線　225
送電用トンネル　156
藻類　89
総量規制基準　66
粗骨材　93
遡上　40
塑性体　209
措置　142
ゾーニング　40

【た】
耐震　4
耐震設計　125
耐震補強　121
大河川　38
　　──の河道断面　38
　　──の空間ゾーニング　39
耐久性　115, 141
耐久設計　133

耐候性鋼材　137
大深度地下　175
　　──の公共的使用に関する特別措置法　175
大深度地下利用制度　175
堆積場　151
ダイバージェンス　124
堆肥化　79
代表交通手段　189
耐風設計　133
ダイヤフラム　129
耐用年数　119
第四紀地盤　149
大陸移動　10
大量生産　14
高潮　226
濁水長期化　35
多孔材料　95
多摩川　33, 38, 39
玉川上水　58
ダム　109
ダム湖　35
ダム貯水池　34
　　──における水質対策　37
　　──の長寿命化　35
ダメージ　237
ダメージコントロール　133
炭酸化　117
淡水補給量　31
弾性波探査　224
端末交通手段　189
断面交通量調査　190

【ち】
地域特化の経済　16
地域防災計画　219
地下街　155, 168
地下河川　171, 243
地下空間　3, 165
　　──の特性　172
地下構造探査　224
地下水　23
地下水汚染　32
地下水涵養モデル　246
地下水涵養量　32
地下構造物　174
地下水低下　174

索　引　257

地下水流の阻害　174
地下鉄　155, 167
地下道路　169
地下連続壁工法　157
地球カレンダー　8
地球環境保全　5
地球環境問題　8
地球サミット　25
地球長　12
地球年　8
地球の気持ち　8
地区交通計画　190
地質学的基盤　148
治水　34
治水事業　238
治水対策　238, 242, 243
築港　44
窒素　36
地表面地物　245
着水井　62
中央防災会議　219
中性化　117
中生代　11
沖積層　152
沖積平野　34
超過洪水対策　242
調合　96
長寿命化　35, 142
潮汐　42
直接基礎　152
直立堤　48
貯水池対策　37
地理情報システム　245
沈澱　61
沈埋函　163
沈埋トンネル　163

【つ】
通信社会基盤　18
継手の強度等級　141
土　209
津波　226
吊橋　124

【て】
TSRモデル　245

DSSS　206
定期点検　144
定期点検要領　144
帝国大学　47
底質改善　43
泥水式シールド　160
低水路　38
定速走行・車間距離制御装置　205
低炭素型都市　194
低炭素・循環型社会の構築　194
堤防　38
撤去費　142
鉄筋　102
鉄筋コンクリート　102, 106, 108
鉄骨鉄筋コンクリート　106
デ・レーケ　44, 58
テレマティクスサービス　205
点検　142
点検制度　132
添接部　138
伝播経路特性　221

【と】
土圧式シールド　160
凍害　118
東京　17, 33
　──の上水道　59
東京港　45
東京国際空港　51
東京都市圏　191
　──の環状道路網　192
　──の人口移動　193
東京層　148, 151
東京都豪雨対策基本方針　243
東京礫層　148
統計的グリーン関数法　222
凍結防止剤　138
島嶼　235
東北地方太平洋沖地震　216
道路橋　135
道路橋床版　120
道路構造　170
道路交通　196
道路交通管理　197
道路メンテナンス会議　144
特殊堤　48

特定都市河川浸水被害対策法　243
都市　14, 188
　　——の規模　18
　　——の交通システム　188
都市インフラ　135
　　——のストック　135
都市化　12, 171, 239
　　——の経済　17
都市化災害　241
都市型災害　241
都市型水害　32, 238, 240
都市活動用水　30
都市計画　180
都市計画区域　181
都市計画マスタープラン　181
都市形成　14
都市下水路　68
都市鉱山　83
都市交通計画　190
都市ごみ　75
土質柱状図　150
都市災害　241
都市水害　238
都市生活者　188
都市成長　17
都市中小河川　38, 239
都市貯留関数モデル　245
都市発展の特徴　18
都市防災　236
都市流域　240
塗装　137
土地利用計画　182
突発渋滞　200
土留め　157
利根川　33, 38
土木工学　2
土木施設　179
豊田市　16
ドライドック　164
トリップ　189
トレードオフ　5
トンネル　108

【な】
内水氾濫　240
内陸型地震　216, 217

内陸航路　33
長崎水害　239
NATMトンネル　161

【に】
新潟県中越地震　217
ニューヨーク　17

【ね】
ねじれ振動　124
熱膨張係数　103
練り混ぜ水　97
粘土　209

【の】
農業用水　26, 33

【は】
廃棄物　75
　　——のコンポスト化　79
　　——の収集輸送　76
　　——の処理処分　78
　　——の発生抑制　74
　　——のリサイクル　81
配合　96
排水基準　66
排水性舗装　111
排水設備　68
バイパス放流　37
配分交通量　191
灰溶融技術　79
ハザード　237
ハザードマップ　227, 247
派生的交通需要　189
パーソントリップ調査　190
曝気循環　37
発散振動　125
発生・集中交通量　191
発電用水　30
発展途上国　4
破堤　231
羽田空港　51
パーマー　45, 58
ハリケーンカトリーナ　227
張出し架設　129
反射法地震探査　224

索引　259

氾濫　34

【ひ】

BOD　40
被害　237
東日本大震災　236
干潟　42
ピーク流量　240
PC　106
PCS　206
PC 斜張橋　108
微視的震源パラメータ　222
日立市　16
PDCA サイクル　186
ヒートアイランド現象　32
微動アレイ探査　226
一人一日平均使用量　31
ひび割れ　104, 118, 137, 142
ひび割れ幅　104
氷河期　10
兵庫県南部地震　217
標準活性汚泥法　69
標準貫入試験　149
費用便益分析　186
表流水　23
飛来塩分　138
疲労　123
疲労強度　141
疲労き裂　141
疲労照査　141
疲労設計曲線　141
貧酸素化　43

【ふ】

ファクター 4　83
不安定現象　124
VICS　203
風水害　237
風洞実験　124
富栄養化　36, 88
フェイス・トゥ・フェイス・コンタクト　17
フォーラム・デ・アル　168
吹付け工　108
吹付けコンクリート　161
腐食　106, 123, 137
　——のメカニズム　117

腐食速度　138
腐植土　147
不浸透域　240
浮体式構造物　53, 228
付着強度　104
物質透過性　96
物資流動調査　191
物理探査　224
物理的寿命　125
不動態皮膜　104
負のダイレタンシー　210
部分係数形式　133
フライアッシュ　99, 100
プラスティック型枠　114
プレキャスト製品　113
プレストレストコンクリート　106
フロック形成池　62
プローブ車両　204
分画フェンス　37
分級作用　148
分散性　226
分布型物理モデル　245
分布交通量　191

【へ】

閉鎖性水域　88
平野　34
ペリル　237
便益　186
変状　142
返送汚泥　70

【ほ】

防災　132
防災基本計画　219
防錆防食　137
補強　120, 142
補剛板　129
補修　120, 142
補償流　36
ボトルネック　198
ホモ・サピエンス　11
ポーラスコンクリート　111
ポラゾン反応　100
ボーリング調査　149, 224
本源的交通需要　189

ポンプ施設　69
ポンプ車　112

【ま】
埋設型枠　114
巻立て補強　121
マグニチュード　4
枕崎台風　238
マテリアル・リサイクル　74
マネジメントサイクル　186
マリンフロート　228

【み】
水資源　3, 23
水資源開発　26
水資源賦存量　24
水収支　86
水循環基本法　32, 86
水循環計画　87
水使用量　31
水処理　69
水セメント比　95
水辺空間　5
水問題　24
水輸送機能　61
ミネラルウォーター　26
ミレニアム開発目標　25

【む】
無筋コンクリート　108
無人検査器　144
ムルデル　44

【め】
メガフロート　54, 228
メソポタミア文明　33
免震　4
免震構造　125
メンテナンスコスト　120
メンテナンスサイクル　143

【も】
毛細管空隙　95
目視点検　131
モニタリング　128

【や】
薬液注入工法　215
薬品沈澱池　62
山留め　157

【ゆ】
有機物　42
遊水地　239
融雪剤　118

【よ】
容器包装廃棄物　81
養魚用水　30
洋上備蓄基地　54
溶接継手部　140
溶存酸素　42, 89
用途地域　182
横座屈　124
横ねじれ崩壊　123
横浜港　45
余剰汚泥　70
予防保全　142
四大文明　33
4段階推定法　187

【ら】
ライフサイクルコスト　102, 120, 132, 142
ライフサイクル$CO_2$　102
ライフライン　1, 125, 166

【り】
離間距離　176
リサイクル　81
利水　34
利水安全度　30
リスク　237
リダンダンシー　133
流域対策，ダム貯水池の水質の　37
流域下水道　68
流域単位　33
流動床　78
流出率　240
リン　36

【る】
累加交通量曲線　198

索　引　*261*

【れ】
礫層　148
劣化曲線　141
連結部　139

【ろ】
ろ過　61
路上駐車対策　201

ロックフィルダム　110
ロックボルト　161
ローム層　147
ロンドン　17

【わ】
輪中堤　238

都市の技術(改訂版)

2016年3月25日 2版1刷 発行　　　ISBN978-4-7655-1832-1 C3051

定価はカバーに表示してあります.

編　者　首都大学東京大学院 都市環境科学研究科 都市基盤環境学域
発行者　長　　滋　彦
発行所　技　報　堂　出　版　株　式　会　社

日本書籍出版協会会員
自然科学書協会会員
土木・建築書協会会員

〒101-0051 東京都千代田区神田神保町1-2-5
電　話　営業　(03)(5217)0885
　　　　編集　(03)(5217)0881
　　　FAX　(03)(5217)0886
振替口座　00140-4-10
http://gihodobooks.jp/

Printed in Japan

© Department of Civil and Environmental Engineering, Tokyo Metropolitan University, 2016

装幀・浜田晃一　　印刷・製本　三美印刷

落丁・乱丁はお取替えいたします.

|JCOPY|＜出版者著作権管理機構 委託出版物＞

本書の無断複写は著作権法上での例外を除き禁じられています. 複写される場合は, そのつど事前に, 出版者著作権管理機構 (電話 03-3513-6969, FAX 03-3513-6979, e-mail: info@jcopy.or.jp) の許諾を得てください.